新型职业农民培训系列教材

猪场疫病控制手册

章红兵　编著

中国农业大学出版社
·北京·

内容简介

该书主要内容包括生物安全建立的具体措施、疫苗的使用方法和科学免疫方案、消毒方法和高效消毒措施、保健的真正含义和养猪各阶段的合理保健措施、各阶段猪的精细管理、猪场疫病控制方案和重要疫病防治措施等。

图书在版编目(CIP)数据

猪场疫病控制手册/章红兵编著,—北京:中国农业大学出版社,2014.9

ISBN 978-7-5655-1061-8

Ⅰ.①猪…　Ⅱ.①章…　Ⅲ.①猪病-防治-手册　Ⅳ.①S858.28-62

中国版本图书馆 CIP 数据核字(2014)第 199660 号

书　　名　猪场疫病控制手册
作　　者　章红兵　编著

策划编辑　姚慧敏　伍　斌　　**责任编辑**　田树君
封面设计　郑　川
出版发行　中国农业大学出版社
社　　址　北京市海淀区圆明园西路 2 号　　**邮政编码**　100193
电　　话　发行部 010-62818525,8625　　读者服务部 010-62732336
　　　　　　编辑部 010-62732617,2618　　出　版　部 010-62733440
网　　址　http://www.cau.edu.cn/caup　　**e-mail** cbsszs@cau.edu.cn
经　　销　新华书店
印　　刷　北京时代华都印刷有限公司
版　　次　2014 年 11 月第 1 版　　2014 年 11 月第 1 次印刷
规　　格　850×1 168　32 开本　8.75 印张　217 千字
定　　价　20.00 元

前　言

目前，我国猪病种类繁多，而且有不断加重的趋势；一些新型病原的感染和毒株呈现多样化的发展趋势使疫病更加复杂，而且较难防控；病原的共同感染和继发感染引起临床复杂性的增加，使诊断结果不够准确，并且难以进行有效的控制；病原的隐性带毒以及亚临床感染使猪群处于亚健康状态；近两年猪流行性腹泻(PED)在中国广泛流行并造成重大损失，局部地区已免疫伪狂犬(PR)疫苗的猪场仍暴发伪狂犬病，许多猪场依然“谈蓝色变”，我国猪病防控形势严峻。

治疗猪病仅是应急措施，猪场一旦发病将劳民伤财，甚至倾家荡产。因此，猪场在做好生物安全措施、注射好疫苗、加强消毒的基础上，做好平时的保健，做到精细管理，提高猪的非特异性免疫力，猪才会少发病或不发病，才能正常地快速生长，才能用最少的饲料在最短的时间内养成肥猪上市出售，养猪才有效益。

本书通过对生物安全、科学免疫、高效消毒、合理保健、精细管理和疫病防控 6 个方面内容的介绍，希望规模猪场生产经营者及专业技术人员真正重视“养重于防、防重于治、养防结合、防治结合”并落到实处，做到健康养猪、幸福养猪。该手册涵盖了猪场疫病控制的关键技术，通俗易懂，具有很强的针对性和实用性，是新型职业农民培训教材之一，可以作为规模猪场生产经营者、专业技术干部及相关人员的继续教育教材，也可作为高职院校相关专业师生的参考教材。

本书由金华职业技术学院章红兵教授担任主编，并获金华职业技术学院专著出版基金资助；浙江东阳市良种场王跃飞畜牧师参与了编写并提供部分临床案例；北京农业职业学院李玉冰教授和原农业部农民科技教育培训中心陈肖安等同志对本书内容进行了审定，在此一并表示感谢。同时还要感谢所有在本书中提到或没有提到的文献资料的作者，他们的观点对本书的编写产生了很大的启发。

由于编者水平有限，加之时间仓促，本书中不妥和错误之处在所难免。衷心希望广大读者提出宝贵意见，以期进一步修订和完善。

编　者

2014 年 7 月

目录

专题一 猪场生物安全

当前规模化猪场中经过高度选育的猪群对疾病特异和非特异抵抗的免疫记忆逐代减少，有限的空间和较高的饲养密度进一步加剧猪群抵抗力的降低。猪场疫病泛滥、治疗困难、生产猪繁殖性能不佳、猪群生产性能低等问题严重制约着养猪业的发展。实施良好的饲养管理和免疫程序从理论上讲可显著改善猪场健康状况并降低发病率，但由于各种因素引起免疫失败而导致猪群的发病率上升的案例在猪场经常发生。从阻止疫病流行的三个环节入手，通过实施非常严格的生物安全措施，建立健康猪群，有效预防疾病的传入并最大限度降低猪场内的病原微生物，从而提高猪群的整体健康水平，保证猪场正常生产发展，最终获得更高的生产性能和经济效益，是摆在每个养殖者面前的问题。

规模化猪场生物安全体系的建立需要猪场系统各环节的紧密衔接与配合，同时，建立生物安全体系自我监督与第三方兽医监督相结合的反馈机制是促进生物安全体系不断健全完善的重要保证；人员是猪场的主体，通过持续的培训，强化员工的生物安全意识是规模化猪场能够长期严格执行生物安全措施的根本保证。

一、猪场生物安全体系建立的基础

（一）猪场生物安全体系的内涵

猪场生物安全体系就是通过各种手段以排除疫病威胁，保护猪群健康，保证猪场正常生产发展，发挥最大生产优势的方法集合体系的总称。总体包括猪场环境控制、猪群的健康管理、饲料营养、饲养管理、卫生防疫、药物保健、免疫监测、隔离消毒、兽医管理和现场管理等几个方面。它是为保证猪只健康安全而采取的一系列疫病综合防范措施，是较经济、有效的疫病控制手段。生物安全体系是最基本、最重要的兽医管理准则，其关键控制点在于对人和环境的控制，建立起防止病原入侵的多层屏障，使猪只生长处于最佳状态的生产体系。在我国必须强调树立“生物安全（biosecurity)”观念，从根本上减少依赖药物来防治动物疫病。主要包括三方面要求：防止猪场以外有害病原微生物（包括寄生虫）进入猪场；防止病原微生物（包括寄生虫）在猪场内的传播扩散；防止猪场内的病原微生物（包括寄生虫）传播扩散到其他猪场。

（二）猪场生物安全体系建立的基础

1. 猪场、猪群的健康等级

在生物安全体系中，不同的猪场由于地理位置和猪群的健康状况不同，其健康等级存在明显差别。猪群的健康状况高，其猪场的健康等级亦高；同样，在同一猪场的猪群中，其健康等级也是不同的。公猪是整个猪场的效益之源（提供精液）和发展动力（遗传改良），因而公猪的健康等级最高，其次是待配母猪群、妊娠母猪群、哺乳母猪群、保育仔猪群，健康等级最低的是肥育猪群。

2. 猪场、猪群的净区和脏区

净区和脏区是相对而言的，不同的区域其含义不同。相对于整个猪场区域，猪场以外是脏区，猪场以内是净区；而在猪场内部区域，生活区是脏区，生产区是净区；相对于生产区，凡是猪群活动的区域（赶猪道、圈舍）是净区，其他区域是脏区。

3. 猪群的单向流动不可逆原则

健康等级高的猪场的猪群可以向低等级猪场流动，同一猪场的猪群只能按照公猪舍→配种舍→妊娠舍→产房→保育舍→肥育舍流动；同样，猪群只能从净区流向脏区。上述的单向流动原则是不可逆的。

二、猪场生物安全体系建立的方法

(一)建立完善的猪场防疫制度

(1)防疫制度要深入人心,从每一个人做起,每一个入口处都应设置醒目的标志,提醒每个人都按要求去执行。

(2)每一个入口都有专门的消毒通道和消毒设施,比如脚踏池、洗手盆等。

(3)生产区员工一律穿场内工作服。

(4)后勤员工禁止进入生产区,饲料加工运送要有专人专车。

(5)场内的净道和污道要严格分开。

(6)拉运猪只或粪便污物的车和工具每次使用后必须在场外彻底清洗消毒。

(7)生产区员工统一在生产区宿舍居住,日常生活用品统一购买和集中消毒。

(8)猪场实行封场管理,员工因各种原因外出后归场,必须经严格淋浴消毒,更换工作服方可进入生产区,而且禁止带入食品(肉类)。

(9)员工进入猪舍工作前,先经猪舍入口处脚踏消毒池消毒鞋子,然后在门口消毒盆中洗手,而且每日下班前必须更换消毒池和消毒盆中的消毒液。通过脚踏消毒池和洗手均应保证一定的时间。

(10)员工禁止互相串栋,除集体劳动外,禁止互相借用劳动工具,而且每日下班后,劳动工具应在专门的消毒液中浸泡消毒。

(11)猪场内的排污设备只在本场使用,禁止外借。

(12)猪场内病死猪处理必须符合国家规定,严格执行兽医法规,焚烧或掩埋都有专人负责和记录。

(13)应该建立疾病诊断监测室,定期进行疾病的检测和饲养环境质量监测,及时了解猪的疫情动态和有害气体浓度。

(二)建立严格的考核培训制度

1. 营造合理的工作生活环境

生产区既是饲养员和兽医防治员的工作场所,又是其生活区域。要排除他们的后顾之忧,避免他们产生消极、抵触等不良情绪,需要改善其生活条件、工资待遇等,进而营造一种和谐的工作生活环境。

2. 建立完善的考核管理制度

考核管理制度要体现按劳分配,奖惩分明,责利统一。按劳分配制度要求工资报酬应根据工作量、工作强度、工龄和工作成效等拉开差距。制度要奖惩分明,责利统一,承担多大的责任,就要接受相应的奖罚。

3. 加强饲养员和兽医防治员的培训

规模化养猪是一项风险产业,员工素质的高低与养殖效益密切相关。因此,在生产实践中,一定要重视饲养员和兽医防治员的培训。要经常对他们进行饲养管理、疫病防控等方面知识的培训,及时组织他们总结经验,提高业务水平。

(三)重视猪场生物安全细节

目前国内多数大型种猪场已开始重视生物安全工作,对人员进出实行了有效控制,对降低引种风险采取了合理措施,对饲料和饮水卫生加强了监管,对死猪和疫苗瓶的处理逐渐规范,免疫接种日趋合理,病猪隔离及时到位,消毒药轮换使用,灭鼠工作规律进行,各栋舍门口放置脚踏盆与洗手盆以备消毒,实行全进全出的生产制度以阻断疾病在不同批次间传播,但以下几个方面的细节却往往被猪场管理者或员工所忽视,从而引发了传染病。

1. 通风与温度

通风与温度控制同等重要,不能过分地强调一方面而忽视另一方面。经产母猪的适宜温度为 19～20℃,初生仔猪的适宜温度为 32～33℃,仔猪断奶转群时的适宜温度为 27～28℃。对于经产母猪来说，温度每低于适宜温度1℃，一般每天需要多消耗100 g饲料以维持其体温。多数猪场对保温措施比较重视，尤其是冬季将窗户全部密封起来，与此同时却忽视了通风，造成空气污浊，氨气浓度升高，舍内湿度增大，细菌滋生，从而引发呼吸道等疾病的暴发。因此，在做好保温工作的同时，一定要保障空气的清新与流通。在生产中除了可以通过温度计检测猪舍温度外，还可以通过观察猪群的躺卧姿势以及是否存在扎堆现象判断舍内温度是否适宜。另外，在做好通风工作的同时还要防止贼风直接吹到猪体上，尤其是在冬天，当有贼风吹到猪体上时，如果再加上潮湿的水泥地面，则猪实际感受到的温度要远低于温度计所测舍内温度。为解决通风与防止贼风的矛盾，可以在猪休息区加挡风板。

2.工作服和水靴

多数猪场能够保障员工进入猪舍前淋浴更衣，但是员工的工作服和水靴有时一周甚至更长时间也不清洗一次，工作服和水靴上沾满粪尿，成为细菌滋生的重要场所，有些猪场的员工甚至在猪舍内穿布鞋工作，且互相串舍，增加了生物安全风险。

3.运猪车、运料车和场内饲料小推车

有些猪场没有自己的专用运猪车，而且不注意外来运猪车辆尤其是运送肥猪和死猪车辆的消毒工作，这些运送肥猪和死猪的车辆直接停靠在猪场中大猪舍门口，在装猪过程中容易发生已上车的肥猪调头跑回猪舍的情况或猪场员工踩踏运猪车后不经消毒再进猪舍的现象，由于这些车辆经常从不同的猪场拉肥猪、病猪和死猪，其携带病原菌十分复杂，不经严格消毒而直接进场会给猪场生物安全工作带来极大隐患。运料车也是容易被忽视的生物安全隐患之一，运送玉米或豆粕等原料的运输车经常穿梭于不同的猪场，多数猪场由场内员工负责将饲料原料从运料车上搬运至料库，场内员工与运料车和运料车司机接触，容易将病原菌带到猪舍。因此，对运料车也一定要做到严格消毒。

场内最好是一栋猪舍一个专用饲料小推车，饲料可由专门的送料员工从料库运送到各猪舍门口，各栋饲养员在门口签收饲料，这样既便于管理和控制喂料量，又降低了各猪舍饲养员推着各自饲料小推车去料库取料而造成交叉感染的风险。

4. 应激因素

气温变化、药物和疫苗注射、转群和饲料更换、分娩、断奶、去势等对猪群都是一种应激，应激条件下不仅减缓了猪群生长速度，降低了饲料转化率，也使猪群抵抗力下降，容易诱发疾病。因此，在生产中要尽量减小或避免各种应激的产生，应激产生前后在饲料或饮水中添加"常安舒"、"布他霖"等抗应激物质。

5. 参观顺序

平时要最大限度地减少外来人员参观猪场，若外来人员确实需要参观猪场时除淋浴和更衣外，进入猪舍后要有专人引领，遵循由小猪到大猪，最后再参观粪污处理区或死猪处理区的原则，因为小猪尤其是产房仔猪抵抗力最差，保育猪次之，如此参观可降低仔猪感染疾病的风险。

6. 减少寄养

猪场产房寄养现象一直比较普遍，有的猪场甚至出现同一头仔猪多次寄养、交叉寄养或不同产房的仔猪跨间寄养的情况，由于仔猪抵抗力较弱，寄养对仔猪来说是一种应激，不同窝间仔猪的寄养容易导致传染病的发生。因此我们应着重去改善母猪泌乳问题，最大限度减少寄养。对于确需寄养的仔猪要严格遵循在同一间产房、日龄相近窝间进行寄养的原则。

7. 弱仔和霉菌毒素

有些猪场对出生后只要有呼吸的仔猪即使再衰弱也会全力抢救；对于饲料原料如玉米，只要无明显霉变则不采取任何措施，殊不知弱仔和霉菌毒素构成了猪场疾病暴发的两大内部启动因子。因为弱仔是猪场病原菌的易感猪群，而霉菌毒素可以降低机体的抵抗力，增大了猪群感染疾病的机会，因此对于出生后体况偏差、精神不佳、体重低于 500 g 的弱仔要视实际情况及时淘汰，对于存在霉变的玉米等原料要适当添加脱霉剂，或添加“优壮”以提高机体抵抗霉菌毒素的能力，减少霉菌毒素对猪的危害。

8.后备母猪的适应

多数猪场能够对从其他种猪场所引种猪进行隔离适应，以规避疾病风险，但对于场内自选的后备母猪却不采取与老母猪逐渐接触适应的措施，从而导致后备猪群妊娠率降低、流产、产仔少，产死胎和木乃伊。这是因为虽然后备母猪与经产母猪生活在同一个猪场内，但它们生活在不同的栋舍，所处的环境相对独立，其体内常驻菌群不一致，当后备母猪配种后与经产母猪放在一起时就容易导致繁殖问题的出现。在生产中，后备母猪在配种前 2 个月要转移至配种舍，保障后备母猪每周至少 2 次、每次至少半个小时与断奶母猪或种公猪嘴对嘴、鼻对鼻的接触，以使其菌群逐步平衡，达到后备母猪接触适应的目的，接触适应的同时也可刺激后备母猪发情。

总之，生物安全工作是猪场日常管理工作中的一件大事，一定要引起猪场管理者以及全体员工的重视，并从细节上全面、认真地贯彻到猪场各项工作中，只有这样，才能保障猪群健康生长，从而提高养猪效益。

（四）防止外界病原微生物进入猪场

1.猪场场址的确定

场址是猪场生物安全体系中最重要的要素之一，场址一旦确定由于成本等因素一般很难改变，直接决定猪场是否能够长期健康发展。猪场应按照地势高、排水好、背风向阳、空气流通、水源充足、水质良好、排水排污方便、无污染、有良好供电的原则进行选址，最好有山坡、树林、湖泊等天然屏障隔离，同时应远离人居住地、交通主干道、屠宰加工场、畜产品交易点及其他养殖场。在选择场址时，主要考虑以下因素：

(1)场址所在区域猪群密度、场址周围猪群密度尽可能低。

(2)场址周围尽可能远离其他猪群（要求直线距离在 2 000～

5 000 m)和牛、羊、猫、犬等动物(要求距离 500～1 000 m)。

(3)场址尽可能远离集贸市场、屠宰场、畜产品加工厂、垃圾污水处理厂和牲畜交易市场,远离主要交通道路、村镇、城镇、居民区和公共场所 500 m 以上,远离风景区 2 000 m 以上。

(4)最好具有天然屏障保护,周围构筑围墙或者防疫沟,并建立绿化带,同时必须符合环保要求。

(5)影响场址的其他自然或社会因素。

上述因素是相互影响和制约的,同时猪场场址的生物安全风险随着本区域社会经济发展不断变化,因此,有必要建立场址生物安全风险评估标准,根据拟建猪场健康等级,量化评估场址是否符合健康要求以及定期量化评估已建猪场场址生物安全风险的变化可能对猪群造成的影响。

2.猪场围墙和大门

(1)使用栅栏或建筑材料建立明确的围墙和大门,且围墙、大门的高度和栅栏的间隙能够阻止猪场以外的人员、动物和车辆进入猪场内,与外界形成隔离。

(2)围墙外应设防洪沟,以利于排出雨水。

(3)大门随时关闭上锁。

(4)在围墙和大门的明显位置,悬挂或张贴"防疫重地,禁止入内"警示标志。

3.装猪台设施

装猪台是生产区与外界频繁接触的敏感区域,是对猪场卫生威胁最大的区域,在猪场的生物安全体系中,装猪台是仅次于场址的重要生物安全设施,应按严格的制度管理。建造装猪台时需考虑以下因素:

(1)在猪舍和装猪台之间建立专门的通道,建立透明的观察室,每日专人清洗消毒通道和观察室。

(2)划分明确的装猪台净区和脏区,猪只只能按照净区到脏区单向流动,内外人员绝对不能交叉换位,生产区工作人员禁止进入脏区。

(3)冲洗消毒观察室及装猪通道的污水，有专门的下水道排入生产区外的污水处理池。装猪台的设计应保证冲洗装猪台的污水不能回流到出猪台。

(4)建造防鸟网和防鼠设施。

(5)保证装猪台每次使用后能够及时彻底冲洗消毒。

(6)饲养人员禁止触摸或进入运输猪只的车辆，猪只上车后，饲养人员必须经消毒室严格消毒后，并将赶猪通道彻底消毒后方可返回生产区。

4.猪场规划布局

在猪场内部布局上，要树立单向流程和全进全出的观念。设计全进全出的工艺时，同时考虑实际工作时的可操作性和场内猪舍数量上的合理密度。根据我国大部分地区的气候特点，公猪和母猪舍应重点考虑夏天的降温措施，保育舍重点考虑保温的要求。

(1)总体规划布局　按生产区与办公区、生活区分开的原则将办公区、生活区设在远离生产区的上风向，生活区必须相对封闭，只留一条通道与生产区相通。猪场的生产区与生活区(行政区)必须严格分开，并保持一定距离。猪场大门入口处要设置能全方位消毒车辆的消毒设施。

(2)场内规划布局　猪场生产区由上风向到下风向各段依次安排为配种舍—妊娠舍—产房—仔培舍—保育舍—生长育肥舍—出猪台。各舍之间应有一定距离的缓冲防疫隔离带。净道和污道严格分开，防止交叉感染；道路两侧及猪舍之间栽种速生、高大的落叶树，猪场区外围最好种植 5～10 m 宽防风林。

(3)生产区门口　应该设有消毒室或沐浴室更衣消毒，设立车辆消毒池，对进入生产区的生产车辆实施消毒；猪场不同生产区之间要设置消毒池，猪舍入口处应设置消毒池或消毒盆，供人员进出消毒。外来车辆不得进入猪场。

(4)建立隔离猪舍　在猪场下风向至少 500 m 处建立专门的

隔离舍。隔离期观察和发现引进猪只中有疑似传染病的猪只，对生产中发现可疑疾病的猪只进行隔离、治疗、观察。

购入的猪群安置在隔离检验室，并且在进入和离开的时候都需要经过足履消毒池消毒。安排这些猪群的时候，人员需要另置一套饲养场工作罩衣和水靴。

5. 淋浴或消毒和登记制度

由于每天出入猪场的人员和物品频繁，因此有必要对进出猪场或生产区的人员和物品实行淋浴或消毒和登记制度，以便对出入猪场的人员和物品进行监督和生物安全风险评估，防止可能的病原进入场内，主要考虑以下因素：

(1)淋浴间的设计　淋浴间建造在生活区与生产区交界处，划分明确的脏区和净区，淋浴前所有衣物、鞋帽和私人物品在脏区保管，裸体充分淋浴，香波洗发后进入净区穿上生产区专用内外衣物鞋帽进入生产区；同样，出生产区前必须在淋浴间净区脱去所有生产区专用内外衣鞋帽，充分淋浴后在淋浴间脏区穿上个人衣物进入生活区；生产区专用内外衣鞋帽必须在生产区清洗消毒后在生产区保管；除非得到兽医许可并经过严格消毒，任何私人物品(包括手机、项链、数码产品等)不准进入生产区。

(2)物品消毒间的设计　在场外与场内的交界处，生活区与生产区交界处设立两处消毒间，分别用于进入生活区和生产区物品的熏蒸消毒。

(3)猪场生活区入口处和生产区入口处(即淋浴间入口处)设立脚浴消毒盆(池)用于脚底消毒并强制登记出入人员。

6. 安全的种群管理制度

引种是猪病传入的主要途径之一，细菌、病毒、真菌、支原体、体外和体内寄生虫等都会随买进猪只一起进入猪场，引种不当会给猪场造成巨大经济损失。而安全的种群管理制度可以规范引种，防止动物疫病的引入。到外地引种前，应全面了解引种地情况，了解来源猪群的健康状况，对引进的种猪要进行严格的健康检查和血清学检查，不能盲目引种。可要求供猪者出示原猪场疫病免疫情况、驱虫记录以及当地的疫病流行情况。不将患病或隐性感染的种猪引入场内。种猪到场后需隔离观察 30～45 d，对疑似患传染病的猪应立即隔离处理。经认定确已安全，体表消毒后方可转入猪舍饲养。此外，引进种猪应单独饲养，实行人工授精。

7. 完善的规范管理制度

采用“全进全出”制，以便对猪舍进行彻底的清洗，减少由于细菌或病毒的遗留所造成的疾病传播。猪场要做到单元化饲养、同批饲养、全进全出，降低不同年龄猪产生交叉感染的几率。

8. 人员管理

在猪场，人员进出是容易被忽视的环节，人员有可能会造成病原的传入，包括机械性和生物性的传播。当人员接触了患猪或被病原污染的设施之后再进入猪场，就会发生机械性传播。对于既感染人又感染猪的病原，则可能通过人员造成生物性传播。感染了这种病原的人员接触猪只之后，就可能将病原传给猪只。所以要加强猪场人员的生物安全意识教育，增强防范意识。

人员管理包括本场工作人员、管理人员和外界来访者的管理，主要考虑以下因素：

(1)未经猪场管理者和兽医的许可，任何人员不准擅自进入场区。

(2)任何人员（包括生产区员工）进入生产区前必须在场外隔离 24～48 h 和生活区隔离 48 h，经过彻底洗澡消毒后方可进入生产区。隔离时间不到，禁止进入生产区。如果猪场没有淋浴措施，增加 24 h 隔离时间。

(3)本场工作人员、管理人员不准在其他有猪区域居住，进场前至少 1 周未接触其他猪只。

(4)工作人员、管理人员集中休假制度：为了降低人员频繁进出带来的疾病风险，规定所有猪场工作人员和管理人员必须连续居住在场区内一段时间（>30 d）后实行集中休假制度。

(5)对于来访者,进场前必须登记,而且在大门口由专人负责经洗手消毒、换鞋、换衣服后方可进入生活区,绝对禁止进入生产区。对于购买种猪的客户须由场内工作人员陪同到指定的展示厅观察,挑选种猪,所有来访者走后,场内都要进行一次大消毒。

(6)任何参观者和工作人员在进入生产区均需更换饲养场工作罩衣和水靴。

(7)不同猪群的饲养人员不能串舍,饲养工具不允许交叉使用、不能借用,以防猪病的传播或交叉感染。技术员需检查猪群情况时,必须穿工作服,戴帽,换鞋。检查应该从健康猪到病猪,从小猪到大猪。戴手套可降低手的操作带来的感染风险,但手套不能代替洗手。原则上讲,进入不同类型的猪群都应换服饰。

9.兽医管理

在生产管理过程中,饲养员和兽医防治员是最活跃的因素,是生物安全的核心,他们专业水平和警惕性的高低对于防治疾病起着关键作用。

在做好免疫和免疫监测的基础上,兽医人员应该在猪群健康巡视、药物预防和治疗、病死猪及污物处理等兽医管理环节上突出时效性和有效性。

(1)猪群的健康巡视　猪群的健康巡视是猪场兽医人员每天的必修课。巡视中,兽医人员通过询问饲养员、观察猪群状态、检查猪只等方式进行。

需要了解猪只的采食饮水状况、活动性、精神状态、姿势、粪便与尿液的性状和色泽、皮肤光洁度和色泽、呼吸的频率和方式、有无咳嗽(干性还是湿性)、眼睛和鼻孔有无分泌物及其性状、异常猪的全身检查和体温测量等。通过巡视,可以及时地发现异常情况,针对性地采取必要的措施。

(2)药物的预防和治疗　根据猪群的情况,适时地采用药物进行疾病的预防是十分必要的。猪只在饲养过程中或多或少会接触到一些病原,必要的药物预防可以减少体内病原的增加,驱虫计划的实施有助于消除寄生虫的困扰。另外,当猪只受到应激时,适当补充“常安舒”、“布他霖”等,可显著增强猪只的抗应激能力。很多疾病的暴发都与应激有关,必须引起高度的重视。

(3)建立猪群的健康记录　兽医人员在日常的兽医管理工作中,要善于总结、归纳、提高,为此,必须建立一整套的猪场健康记录,包括免疫记录、监测记录、疾病诊治记录、药物使用记录、病死猪及其处理情况记录等,每种记录要求全面,内容必须准确,登记必须及时。在此基础上,以月、季度和年为单位对有关原始记录进行汇总,这样便于找出主要矛盾,分析原因,采取对策,从宏观上把握猪群的健康,保证生产的正常运转。

(4)病死猪及污物处理　病死猪和污物是疾病的重要传染源。当猪场发生疾病时,兽医人员要及时做出初步诊断,传染病或疑似传染病发生时应对病猪及时做出隔离、淘汰、扑杀处理,并在场内区域迅速封锁隔离,加强消毒,重要传染病及时上报有关部门。病死猪及污物的处理可采用焚烧或化制等方法,切忌随意抛弃或出售。

10. 现场管理

现场管理是疾病防治的一个重要环节,清洁卫生的饲养环境,合理的营养和饲喂,适宜的温度、湿度与清新的空气及有效控制应激是猪只健康生长的前提条件,良好的饲养管理可以增强猪只的体质,提高综合抗病能力。同时,良好的体质又使疫苗免疫能产生更理想的免疫抗体,更能有效抵御病原的入侵。

在现场管理中,兽医人员应配合饲养员做好饲喂计划,根据不同阶段和膘情状况合理的调控饲喂量,发现采食异常或膘情不理想,及时分析原因,采取措施。为了使猪群生长在舒适的环境中,避免应激造成疾病问题,兽医人员必须使猪舍保持清洁的状态,并以合理的消毒减少病原数量,减少猪舍有害气体的产生。调节好通风和保温这一对矛盾是减少诱发疾病的重要因素之一,因此,现场管理往往是评估猪场有效管理的一个重要环节。

11. 营养管理

在猪的饲养过程中，由于猪品种不同、日龄不同、饲养目的不同、胎次不同、气候条件不同，其营养的需求也不同；同时根据饲料原料的来源和品质的差别，在营养配制上要区别对待，重要的是给猪只提供充足而不浪费的配合饲料，以满足各自的营养需要。这些因素在饲料配制时必须引起高度的重视，必要时可寻求营养专家的支持。

12. 物品管理

包括猪场使用的设备、物资和食品，规定如下：

(1)任何进入猪场的设备和物资必须是崭新的，在相关管理人员监督下，去除所有的包装经过严格的熏蒸消毒后进入生产区。

(2)禁止任何可能受到猪源污染或接触过猪只的设备和物资入场。

(3)除了食用本场提供的猪肉，禁止场内人员食用非本场的猪肉(包括猪肉制品)，禁止含有上述肉品的食品制品(包括含有猪、牛、羊制品的方便面和罐头食品)入场；场外隔离期间禁止食用上述食品。

(4)职工食堂配备专职厨师，专人专车运送职工饭菜。

13. 饲料管理

饲料是直接与猪群接触最频繁的物质，猪群80%以上肠道健康问题与饲料有关，因此控制饲料及其原料、加工和运输过程中可能出现的生物安全风险，可以明显降低猪群健康问题的发生几率，主要考虑以下因素。

(1)饲料中禁止添加除鱼类加工品以外任何动物源性原料(包括猪、牛、羊骨粉、血粉、血浆蛋白粉和奶源性制品)。

(2)运输饲料的车辆做到专车专用，禁止运输猪只或其他可能遭受动物污染的物品。

(3)饲料车不能进入生产区，饲料袋禁止进入生产区和猪舍。

(4)选择合适的饲料厂，其原料不能含有污染源，不能有霉变、变质。

(5)为了加强饲料及其原料加工运输过程的控制,由猪场主管兽医或其他技术人员每半年对提供饲料的厂家进行生物安全评估。

(6)充分保证饲料的加工和运送,尽可能做到当天加工、当天运送、当天使用,保证饲料的新鲜、清洁、营养合理。

14.水源管理

包括猪场人员饮用水和猪只饮水,主要控制措施如下:

(1)水源选择:居民饮用自来水或本场自备深井水;猪只饮用水来自地下水,要配备专门的深水井和管道。

(2)定期添加次氯酸钠$(2\sim4)\times10^{-6}$消毒净化饮水。

(3)定期监测水质,保证水源无污染,符合人畜饮用水标准。

15.垫料管理

(1)未经兽医许可,禁止使用任何垫料。

(2)生产区使用的任何垫料使用前必须经过严格充分的消毒。

16.引进种源或其他遗传物质管理

(1)引种原则:种源提供场的健康等级必须高于引种场,引种前必须通过实验室检测等手段了解种源提供场的基本健康状况并依据健康匹配原则确定种源,禁止从健康等级低于本场的种源提供场引种。

(2)隔离适应:新引进的后备种猪由于经过长途运输等应激因素,其健康状况可能发生变化并影响本场猪群的健康状况,因此必须经过一定时间的隔离适应措施处理后混群,最大限度减少引种带来疾病的风险。

(3)禁止使用不明健康状况的遗传物质(如精液)和生物制品(如组织活疫苗、生化肽类疫苗)。

17.车辆管理

猪场的车辆或外来的车辆,它们接触的东西很多,车身就可能成为传染因子的携带者,是猪场发病的隐患。因此,如何最大限度地降低车辆带来的生物安全风险是生物安全体系重点关注的内容之一，主要包括以下控制因素：

(1)生产区用于转猪或运送饲料的车辆禁止离开生产区。

(2)运送饲料和运输猪只的车辆做到专车专用，禁止混用。

(3)任何车辆入场前，必须经过严格彻底的冲洗消毒，冬天气温较低时，可以考虑使用辅助电加热冲洗消毒器械增强冲洗消毒效果。

(4)设立场外车辆清洗消毒点和车辆专用车库：距场1～2 km处设立清洗消毒点，车辆每次使用完毕和使用前均需要彻底的清洗消毒，并停放在专用车库干燥(冬天寒冷时，可以考虑加温加速干燥)。

(5)车辆使用完毕，彻底冲洗消毒干燥后停放于车库中必须经过一定的隔离时间后再次使用，隔离天数1～4 d。

18. 有害生物控制

有害生物包括其他畜禽动物、家养宠物、野生动物、鸟类、苍蝇、蚊虫和啮齿类动物，根据季节和农时，定期做好场内的灭蝇、灭蚊、灭蟑螂等工作，其控制措施包括：

(1)禁止其他野生动物、畜禽进入场区，禁止饲养宠物和其他畜禽。

(2)猪场的围墙或栅栏能够有效阻挡其他动物进入场内，对猪舍、饲料库等场所应定期检查和修整，做好防鼠工作，减少病源传播。

(3)饲料库、猪舍和赶猪道门窗应设防鸟网且网的缝隙能够阻挡鸟类、蛇类和大的蚊虫进入网内区域。

(4)场内常年实施灭鼠和捕杀蚊虫、苍蝇措施。

(5)选择适当的植物做好场内绿化工作。

19. 周围免疫

如果场址附近猪、牛的密度较大，为了降低附近猪、牛对本场猪群健康的影响，可以在场址周围2 km范围内的猪、牛针对特定疾病实施疫苗免疫，疫苗与免疫程序与本场相同。

(五)防止病原微生物在猪场内的传播扩散

任何完备周密的生物安全措施能够最大限度地减少病原微生物传播入场的机会，但不能完全阻止部分病原微生物入场，由于各阶段猪群的健康等级不同和对病原微生物易感性存在差异，若不采取相应的生物安全控制措施，进入猪场的病原微生物可能很快扩散到猪群的各个阶段，甚至造成疾病的暴发。因此，场内控制病原扩散的生物安全措施是猪场生物安全体系重要组成部分，其控制措施如下：

1. 猪舍的建造布局

目前严重危害猪群的病原大部分能够通过空气传播，同时，由于场内各阶段猪群的健康等级存在差别，因此，在设计猪舍布局时，如果场址面积许可，生活区和生产区完全分开，生产区设计两点式或三点式布局，而健康等级较高的猪舍尽可能建在地势较高上风口，隔离舍尽可能远离基础母猪群，距离不低于 50～100 m；各阶段污水排放系统独立运行。

各阶段猪舍由上风向到下风向依次安排为配种舍→妊娠母猪舍→产房→带仔母猪舍→保育舍→育成舍→育肥舍→出猪台，并实行隔离饲养。

各类猪群采用“全进全出”制饲养，尽量做到同日龄范围内的猪只全进全出。

2. 生产区内脏区和净区交界处的控制

(1)从生产区脏区进入净区，更换净区衣服鞋帽(或更换胶鞋)或脚底经过交界处的 3%～5%烧碱脚浴消毒盆，反之亦然。

(2)净区物品和生产工具的清洗消毒均在净区中进行，禁止进入脏区。

(3)脏区物品需经充分消毒后才能进入净区。

(4)各阶段生产工具和物品专舍专用，禁止混用。

3.粪便处理

(1)粪便处理方法必须遵守当地法律规定。

(2)粪便处理设施可以建在猪场围墙内且远离猪舍。

(3)粪便处理设施和车辆专用,不能与其他猪场共用。

(4)粪便需经过无害化处理(如堆肥熟化、暴晒)后可以运到其他区域作为肥料。

4.死猪处理

为避免病原微生物的扩散,对可疑病猪应及时隔离诊治。治疗无效的病死猪应进行无害化处理、焚烧、化制或生物处理,同时采取紧急封锁和消毒处理。母猪产下的死胎、木乃伊胎和胎衣等也应进行无害化处理。

(1)死猪处理方法必须遵守当地法律规定。

(2)禁止出售任何原因死亡的猪只。

(3)禁止食用任何原因死亡的猪只。

(4)死猪的处理只能在生产区特定区域进行,禁止死猪出生产区。

5.疫情处置

猪场在报告疫情的同时应当采取隔离、消毒等处置措施,不得随意出售、抛弃死亡猪,同时应保存好新近死亡的猪,以便进行检测诊断。报告的内容包括发病的时间、栋舍、数量、免疫情况、死亡数量、临床症状、病理变化、诊断治疗及已采取的处理措施、猪场名称、地址、负责人、报告人及联系方式等。

6.单一种源管理

种猪更新是规模化猪场发展过程中不可回避的问题,由于不同种源提供场健康状态不同,疾病状况亦千差万别,引进的不同后备种猪可能会造成场内疾病的流行和暴发,因此,种源的单一化管理是猪场生物安全管理不可忽视的问题,其要求如下:

(1)确定健康等级高于本场的种源提供场作为后备种猪更新来源,禁止从不明健康状态场和健康等级低于本场的种源提供场引种。

(2)引种前，根据实验室监测结果确定本场引种的最佳时机和了解种源提供场的健康状态确定是否适合引种。

(3)即使是单一种源(包括本场自留后备母猪)，在混入基础母猪群前必须经过一定时间的隔离、驯化、适应。

(六)防止猪场内的病原微生物传播扩散到其他猪场

任何猪场均是微生物高度密集区，这些微生物无论是病原性还是非病原性的，无论对本场猪只致病还是有益的，均会对本区域其他猪场造成深刻影响，同时可能污染本区域养殖环境，间接影响本场的健康状态以及严重影响猪只运输。其防范措施如下：

1.猪场粪便和污水处理

粪污处理是养猪规模化发展面临的新课题，关系到养猪和各种环境因素的协调发展，猪场应将粪污处理和饲养管理放在同等重要位置。粪污处理根据猪场具体情况选用生物、化学、物理等方法进行，禁止未经无害化处理的猪场粪污直接施入农田，无害化处理后的粪便进行农田利用时，应结合当地环境容量和作物需求进行综合利用规划。一般中、小型猪场可建中、小型沼气池，进行高效厌氧发酵。大型猪场可建大型沼气池或进行工业化粪污处理，实现沼气、沼液、沼渣综合利用，实现液体、固体有机肥批量生产，从而确保环境不被污染，生产出的农产品保证无公害或是有机农产品。

2.人员、车辆和特殊物品管理

(1)运猪车辆车厢底部要求密闭性高，防止运输程中粪尿洒落地面。

(2)本场使用的生物制品或自制血液制品禁止外流到其他猪场使用。

(3)废弃或未使用完的生物制品必须经过焚烧等无害化处理，禁止随意丢弃。

(4)禁止本场工作人员与其他猪场人员共同居住。

(5)本场工作人员不能在其他猪场兼职。

3.疾病暴发时的控制措施

(1)停止所有猪只运输,限制车辆和人员流动。

(2)通过临床观察、病理剖检和实验室检测结合,快速做出疾病诊断。

(3)猪群疾病的临床处理和病死猪的无害化处理。

(4)调查与评估发病原因、直接与间接的经济损失以及对周围猪场的影响。

(5)重新审视现存的生物安全体系存在的隐患与疾病暴发的关系。

专题二　猪场科学免疫

免疫就是针对当地流行的主要疾病选用优秀的疫苗做好免疫预防工作，提高猪整体的抗病力和免疫力，避免猪发生传染性疾病。免疫是养猪防病最主要的措施之一。

一、疫苗的种类与保管

疫苗是由免疫原性较好的病原微生物经繁殖和处理后制成的制品，接种动物机体后，刺激机体产生特异性抗体，当体内的抗体滴度达到一定数值后，就可以抵抗由这种病原微生物侵袭、感染，起到预防这种疾病的作用。

（一）弱毒活疫苗的特点

弱毒活疫苗是把原始毒通过豚鼠（乳鼠）、鸡胚、细胞连续传代驯化或人工诱变的途径获得人为的减毒（致弱）毒株，但仍保持良好的抗原性和遗传特性，经接种制苗材料，大量扩增病毒后感染组织培养物，加入一定的保护剂和佐剂制成的病毒制剂。如猪瘟兔化弱毒疫苗及猪蓝耳病弱毒疫苗。弱毒活疫苗的特点是：疫苗能在动物体内繁殖，接种少量的免疫剂量即可产生较强的免疫力，接种次数少，不需要使用佐剂，免疫产生快，免疫期长。其缺点是：稳定性较差，有的毒力可能发生突变、返祖，储存与运输不方便。

（二）灭活疫苗的特点

灭活疫苗是经一系列试验动物选择的田间毒株经病毒培养系统大量扩增获得的病毒制备物，经理化方法灭活后，仍然保持免疫原性，接种动物后能使其产生自动免疫。如O型猪口蹄疫灭活疫苗和猪气喘病灭活疫苗等。本疫苗的特点是:疫苗性质稳定,使用安全,易于保存与运输,便于制备多价苗或多联苗。其缺点是:疫苗接种后不能在动物体内繁殖,因此使用时接种剂量较大,接种次数较多,免疫期较短,不产生局部免疫力,并需要加入适当的佐剂以增强免疫效果。抗病毒谱有限,不能区分注射疫苗动物和自然感染动物,同时存在病毒灭活不彻底而散毒的可能性。本疫苗包括组织灭活疫苗和培养物灭活疫苗,加入佐剂后又称氢氧化铝胶灭活疫苗和油佐剂灭活疫苗等。

(三)新型疫苗的特点

1. 重组活载体疫苗

重组活载体疫苗是指将病毒免疫原基因利用基因工程的方法插入活的无致病性的病毒基因组中,并使其共同表达重组蛋白并刺激机体产生免疫反应。由于外源基因已是载体病毒或载体细菌“本身”成分,其所引起的免疫应答常不低于完整病毒或细菌相应成分引起免疫强度,而且各成分之间一般不发生相互干扰或排斥现象,又因可以同时插入几个外源基因,一苗防多病,故是当前认为最有开发和应用前景的动物疫苗。活载体疫苗的优点是:①可同时启动机体细胞免疫和体液免疫,避免了灭活疫苗的免疫缺陷;②可以同时构成多价以至多联疫苗,既能降低生产成本,又能简化免疫程序,还能克服不同病毒弱毒疫苗间产生的干扰现象;③疫苗用量少,免疫保护持续时间长、效果好,不需添加佐剂,降低了成本;④不影响该病的监测和流行病学调查。缺点是:①猪 PRV 基因缺失疫苗株可与野生型强毒株进行基因重组,从而使重组病毒毒力增强。而猪 PRV 基因缺失疫苗株和野生型强毒株均可在非靶动物浣熊体内存活并繁殖,这就为 2 个毒株间的基因重组,进而导致毒力增强提供了先决条件;②痘苗病毒能在哺乳动物体内复制,而与天花病毒类似的痘苗病毒在动物上应用会进化出对人类有致病性的新病毒,引起未种痘病毒疫苗人群感染,并使极少数感染者发病,因而重组痘病毒疫苗难以商品化;③活载体疫苗在二次免疫时还会诱发针对载体的排斥反应等。

2.基因突变疫苗及基因缺失疫苗

这类疫苗是人为地使病毒的某一基因完全缺失或发生突变从而使该病毒的野毒株毒力减弱，不再引起临床疾病，但仍能感染宿主并诱发保护性免疫力。最有代表性的例子是猪伪狂犬病毒(PRV)糖蛋白 E 基因缺失(gE^-)及胸腺核苷酸激酶基因突变失活(TK^-)株的活疫苗，gE 和 TK 基因产物的缺失，使野毒 PRV 的致病性显著减弱。其免疫力不仅与常规的弱毒疫苗相当，而且由于其 gE 基因的缺失，使其成为一种标记性疫苗。即用该疫苗免疫的猪在产生免疫力的同时不产生抗 gE 抗体，而自然感染的带毒猪具有抗 gE 抗体。正是因为它具有这一特殊的优点，所以正在实施根除伪狂犬病计划的欧共体国家，只允许用这种 gE^- 基因工程伪狂犬病活疫苗，而不再允许使用常规的伪狂犬病活疫苗。

3.核酸疫苗

常被称作 DNA 疫苗、“裸”DNA 疫苗、基因疫苗、多核苷酸疫苗等。即把外源的抗原基因克隆到质粒或病毒载体上，然后将重组的质粒或病毒 DNA 直接注射到动物体内，使外源基因在活体内表达，产生以天然蛋白形式出现的抗原，激活机体的免疫系统，并能够持续地引发免疫反应。核酸疫苗作为近几年来发展起来的一项新的生物技术，无疑具有广阔的应用前景，免疫期长、成本较低、容易构建和制备、稳定性好，抗原递呈过程与病原的自然感染相似，但在短期内，由于 DNA 疫苗的生产工艺、质量标准、制剂、效用和安全性等有许多亟待解决的问题，很难代替目前大量使用的传统疫苗。

4.合成肽疫苗

合成肽疫苗是用化学合成法人工合成病原微生物的保护性多肽，并将其连接到大分子载体上，加入佐剂制成的疫苗。合成肽疫苗是依据天然蛋白质氨基酸序列一级结构用化学方法人工合成包含抗原决定簇的小肽(20～40 个氨基酸)，通常包含一个或多个

B 细胞抗原表位和 T 细胞抗原表位。该疫苗是一种完全基于病原体抗原表位或者决定簇氨基酸序列特点开发设计的一类疫苗，不存在毒力回升或灭活不全的问题。特别是对于还不能通过体外培养方式获得足够量抗原的微生物病原体或虽能进行体外培养，但有潜在致病性和免疫病理作用等涉及安全性与有效性问题的病原体意义重大。

5. 可饲疫苗

可饲疫苗是利用转基因技术将抗原基因导入植株中，获得表达抗原蛋白的植株。随着基因工程的发展，利用转基因植物生产可饲疫苗已受到高度重视，是当前新型疫苗研究的热点之一。

6. 基因工程亚单位疫苗

又称重组亚单位疫苗或生物合成亚单位疫苗，是利用 DNA 重组技术将编码病原微生物保护性抗原的基因导入受体菌或细胞，使其在受体高效表达，分泌保护性抗原肽链，提取保护性抗原肽链并加入佐剂制成的亚单位苗。亚单位疫苗不含有感染性组分，因而无需灭活，也无致病性。基因工程亚单位疫苗分为细菌性疾病亚单位疫苗、病毒性疾病亚单位疫苗和激素亚单位疫苗。

7. 多表位疫苗

指同时携带多个目标抗原相关的以及辅助性的表位的疫苗，也称鸡尾酒式疫苗。与其他疫苗相比有下列优势：首先，多表位疫苗能克服主要组织相容性复合体(MHC)分子的遗传限制，由于一个特定表位只能被一部分人的 MHC 分子结合并递呈给 T 细胞，所以单表位疫苗通常不能在所有个体中引起预期的免疫反应，而精心组合的多表位疫苗则可以被多种遗传背景的 MHC 分子识别并结合，从而得到高效递呈。其次，多表位疫苗能有效应付病原微生物的变异和免疫反应中的某些不利因素。再次，多表位疫苗在诱生细胞免疫方面有独特的优势。

根据疫苗的制备方法，疫苗又有多价疫苗和联合疫苗之称。多价疫苗是指将同一种细菌或病毒的不同血清型混合而制成的疫苗，如猪链球菌病多价血清灭活疫苗和猪传染性胸膜肺炎多价血清灭活疫苗等。其特点是：对多血清型的微生物所致疫病的动物可获得完全的保护力，而且适于不同地区使用。联合疫苗是指由两种以上的细菌或病毒联合制成的疫苗，如猪丹猪、猪巴氏杆菌二联灭活疫苗和猪瘟、猪丹毒、猪巴氏杆菌三联活疫苗。其特点是：接种动物后能产生相应疾病的免疫保护，减少接种次数，使用方便，打一针防多病。但当前在猪病的免疫预防上还是使用单苗免疫效果好，多联苗免疫效果不确切，尽可能少用。

（四）疫苗的保管与科学使用

（1）各类疫苗要专人采购和专人保管，以确保疫苗的质量；购买疫苗必须是由国家农业部批准的正规厂家生产的疫苗；购买疫苗时，应仔细检查疫苗瓶身是否有裂纹，瓶内是否有异物，瓶签所标明的生产日期和失效期是否与我们要买的疫苗相一致。

（2）兽医生物制品要求包装完善，防止碰坏瓶子和散播活的弱毒病原体。疫苗运输应使用专用冷藏车，在运输过程中应保持冷藏运输，避免日光直射和高温，可将疫苗装入具有冰块的保温箱内并尽快送到保存地点或预防接种的场所。运往各地时，必须保证到目的地后保温箱内的冰块没有溶化。

（3）疫苗的保存：疫苗的保存原则是保存在低温、阴暗及干燥的场所，死菌苗、致弱菌苗、类毒素、免疫血清等应保存在 2～7℃防止冻结；当发现灭活疫苗有分层后就不能再用。弱毒疫苗（如猪瘟兔化弱毒疫苗等）应置放在－15℃以下，冻结保存。要求冰箱或冰柜一直保持供电的状态，断电时保证有足够的冰块。各种疫苗的具体保存方法如下：

①大多数的国产活疫苗都采用冷冻干燥的方式冻干保存，可延长疫苗的保存时间，保持疫苗的效价。国产冻干疫苗常需要在－15℃以下保存，一般保存期 2 年。加入了特殊的赋型剂可延长疫苗的保存时间，保持疫苗的效价。进口冻干疫苗只需要在 2～7℃的环境中冷藏保存，不需要冰冻，一般保存期 2 年。

②油佐剂灭活疫苗以白油或矿化油为佐剂乳化而成，大多数病毒性灭活疫苗都采用这种方法。油佐剂能使疫苗中的抗原物质缓慢释放，从而延长疫苗的作用时间。这类疫苗必须在2～7℃环境中冷藏保存，严禁冰冻。

③铝胶佐剂疫苗以铝胶按一定比例混合而成，大多数细菌性灭活疫苗采用这种方式，疫苗作用时间比油佐剂疫苗快。2～7℃保存，不宜冻结。

④蜂胶佐剂灭活疫苗以提纯的蜂胶为佐剂制成的灭活疫苗，蜂胶具有增强免疫的作用，可增加免疫的效果，减轻注苗反应。

(4)各种兽医生物制品在使用前，均需详细检查，如有下列情况之一者，不得使用：没有瓶签或瓶签模糊不清，没有经过合格检查的；过期失效的；生物制品的质量与说明书不符者，如色泽、沉淀有变化，制剂内有异物、发霉和有臭味的；瓶塞不紧或玻璃破裂的；没有按规定方法保存，加氢氧化铝的死菌苗经过冻结后，其免疫力可降低；经过检查，确实不能使用的生物制品，应立即废弃，不能与可用的生物制品混放在一起，决定废弃的弱毒生物制品应煮沸消毒或予以深埋。

二、免疫程序的制定

(一)免疫程序的概念

免疫程序(immune procedure)是指根据当地疫情、动物机体状况(主要是指母源及后天获得的抗体消长情况)以及现有疫(菌)苗的性能，为使动物机体获得稳定的免疫力，选用适当的疫苗，安排在适当的时间给动物进行免疫接种，也可称免疫计划(immunization schedule)。

影响免疫程序因素包括：①当地猪病的流行情况及严重程度；②母源抗体水平；③上次接种后存余抗体的水平；④猪的免疫应答能力；⑤疫苗的种类、特性、免疫期；⑥免疫接种方法；⑦各种疫苗接种的配合；⑧免疫对猪健康及生产能力的影响等。

（二）免疫程序制定的依据

规模化猪场的免疫程序制定必须严格按照一定的程序进行，对一种传染性或侵袭性疾病的免疫程序设计必须与传染病的流行病学和疫苗的特点相结合，制定的程序必须适合本场的实际情况。免疫程序制定的依据：

1. 掌握当地疫病流行情况

制定免疫程序首先考虑的是了解猪场附近一定区域内以往及目前疫情。附近区域的猪病疫情状态会影响或威胁猪场易感猪，在免疫程序的制定过程中必须将当地经常流行、危害性大的疫病防治列入免疫范围。但对某些未查清流行情况的新病必须谨慎，不能盲目使用疫苗，以免暴发该病。

2. 监测猪群母源抗体水平

猪只免疫与其体内母源抗体水平有关，母源抗体水平高，要干扰疫苗的免疫作用，只有当母源抗体下降到一定水平，使用疫苗才能充分地发挥其免疫作用。当前猪瘟免疫失败就与母源抗体水平有密切的关系。因此要科学地制定一个免疫程序，就必须进行大量的实验室工作，以确定猪只母源抗体水平。仔猪出生后头10～14 d内其预防全身性感染的抵抗力主要是从初乳中获得，很显然如果母猪分娩后不能正常泌乳，就会影响仔猪对疾病的抵抗力。仔猪采食初乳后血液中IgG水平在12～24 h就达到高峰，并会较长时间地存在于仔猪体内，因此监测猪群母源抗体水平是制定猪场免疫程序的最根本依据。

3. 了解疫苗质量与其特性

把好疫苗的质量关，首先要选择正规的渠道。对选购的疫苗产品要有批准文号、有效日期和生产厂家，同时要确保疫苗的来源稳定，不能频繁更换疫苗。另外疫苗厂家提供的产品均有使用说明，实施免疫必须根据其特性进行免疫，合理的免疫途径可以刺激机体迅快产生免疫应答，而不合适的免疫途径可能导致免疫失败和造成不良反应，同种疫苗采用不同的免疫途径所获得的免疫效果是不一样的。

4.正确把握疾病流行新特点

目前猪的传染病种类多、流行快、分布广，旧的疾病还未得到有效控制，新的疾病又不断涌现出来，而且猪场流行的疫病常常是几种疾病并发，给防治带来很大的困难。如近年来猪瘟的流行和发病特点已发生了很大的变化，其流行形式已从频发的大流行转为周期性、波浪形的地区性散发为主，通常3～4年为一个周期，疫点显著减少，多局限于所谓“猪瘟不稳定地区”的散发性流行。发病特点也出现了变化，出现了持续性感染、胎盘感染、妊娠母猪带毒综合征等，在制定免疫程序时就必须考虑这些新特点。

(三)制定免疫程序的主要问题

任何一个猪场都有一套适合本场猪群的免疫程序，猪场免疫程序一经制定，需严格执行，任何人不得随意更改。如确需修正免疫程序，要按程序逐级上报，经场长批准后执行。免疫程序的执行要由防疫直接责任人填写免疫登记卡，经相关兽医技术主管人员审查核准后，领取疫苗，按规定进行免疫注射。制定免疫程序应重点考虑以下几点：

(1)本地区主要流行什么猪病，疫情的严重程度如何，本猪场已发生过什么病、这些病的发病日龄、发病频率及发病程度如何。一般来讲，本地区流行这个病，此病没有办法治疗或治疗困难、治疗成本比较高，时间比较长，此病造成的损失比较大，这个病需要免疫。疫苗不是用得越多越好，要有重点、有计划、分批次免疫，避免发生免疫混乱。对本地区没有的疾病或本场尚未证实发生的疾病，可不考虑用疫苗。此外，免疫要做到头头免疫，防止免疫空白。

(2)要考虑母源抗体干扰。母源抗体的被动免疫保护对新生仔猪是十分重要的。然而母源抗体的存在给疫苗的接种也带来一定的负面影响，尤其是弱毒活疫苗在接种新生仔猪时，如果仔猪存在较高水平的母源抗体，则会极大地影响疫苗的免疫效果。因此，在母源抗体水平高时不宜接种弱毒疫苗。

(3)要考虑不同疫苗之间的干扰。同时免疫接种两种或多种弱毒活苗往往会产生干扰现象,产生干扰的原因可能有两个方面,一是两种病毒感染的受体相似或相同,产生竞争作用;二是一种病毒感染细胞后产生干扰素,影响另一种病毒的复制。一般两种活毒疫苗之间至少间隔一周以上再进行预防接种,对引起猪免疫抑制疾病的疫苗,例如蓝耳病疫苗,不要同其他疫苗一起免疫。

(4)季节性免疫注射疫苗预防疾病非常重要。如春夏季节预防日本乙型脑炎、秋冬季预防传染性胃肠炎和流行性腹泻等,错过了季节很难补救。

(5)根据本场的实际情况,制定相应的免疫程序,选择可靠和适合本猪场的疫苗及相应的血清型,同时还必须根据实际防疫的监测结果定期作适当调整。对于养猪专业户,由于受外界影响大,环境条件不好,选择的疫苗应该考虑能产生较高抗体的或比同类疫苗产生更高抗体的疫苗免疫。

(6)猪场在进行免疫时应进行抗体检测,及时发现问题,及时补救。即检测不同时期、不同阶段猪群的抗体水平,以及有目的地检测各类疫苗免疫后猪体内抗体的消长情况,以此作为制定健全完善的免疫程序,避免因盲目地制定免疫程序可能导致的免疫混乱和失败。此外,免疫程序的制定应根据当地传染病的流行病学特点适时进行调整。同时应保证疫苗采购的品质,以保证免疫的效果。

(7)要有具备任职资格的专门技术人员接种疫苗,疫苗的稀释、消毒注射以及余液的处理,严格遵守兽医卫生操作规程,做详细的记录。兽医技术人员在保证正确接种疫苗的同时,保证免疫密度达到100%,由于特殊原因未免猪只,一定按时补种疫苗。

(8)加强饲养管理,提高猪体的抵抗力。采用科学的饲养管理技术,可提高猪只的非特异性抗病能力。全价的配合饲料可以满足猪的营养需要,防止营养缺乏或过剩而引起的抵抗力下降或产生免疫抑制。良好的通风可大大降低疾病的发病率，尤其是呼吸道疾病。管理差（如通风不良、潮湿、拥挤、炎热、寒冷以及肮脏等）易引起应激，可损害猪的免疫系统从而降低对病源的抵抗力。

三、疫苗的接种方法

(一)皮下注射

皮下注射是将疫苗注入皮下结缔组织后，经毛细血管吸收进入血液，通过血液循环到达淋巴组织，从而产生免疫反应。注射部位多在耳根后皮下，也可以大腿内侧皮下；皮下注射疫苗吸收比较缓慢但比较均匀。

(二)肌肉注射

肌肉注射是将疫苗注射于富含血管的肌肉内，又因感觉神经较少，故疼痛较轻，是目前使用最多的一种疫苗注射方法。注射部位为耳根后到颈部三角区肌肉发达的部位或臀部肌肉。肌肉注射疫苗吸收快，抗体上升快。

(三)口服免疫

口服免疫是通过饲喂或饮水的方法进行免疫，此方法简单易行，节约劳力。如部分猪肺疫、副伤寒疫苗可以通过口服免疫。口服接种由于消化道温度和酸碱度都对疫苗的效果有很大的影响，因此这种方法目前很少使用。

(四)后海穴注射

在注射有关预防腹泻的疫苗时多采用后海穴注射，能诱导较好免疫反应。后海穴是在尾根与肛门之间的部位，注射时稍往上倾斜，否则容易注到直肠内，造成免疫失败。

(五)肺内注射

国产的支原体肺炎活苗一般采用这种方式，这种方法不容易操作，对猪的应激大，对注射技术与注射器械要求高。

(六)滴鼻接种

猪伪狂犬病疫苗的首免常用滴鼻接种，它一般只起局部黏膜免疫保护，疫苗免疫后保护持续期短，滴鼻免疫后必须再进行注射以加强免疫。

(七)超前免疫

超前免疫是指在仔猪未吃初乳时注射疫苗，注苗后 1～2 h 给吃初乳，目的是避开母源抗体的干扰和使疫苗毒尽早占领病毒复制的靶位，尽可能早刺激产生基础免疫，这种方法常用在猪瘟的免疫。

四、影响免疫效果的因素与对策

(一)造成免疫失败的原因

1.疫苗因素造成的免疫失败

(1)使用了假冒、伪劣及来源不明、标识不清、非法生产和非法进口的疫苗或使用了过期、失效的疫苗。

(2)疫苗在采购、运输、保存过程中方法不当，使疫苗本身的效能受损。

(3)疫苗的血清型与感染的病毒或细菌血清型不同，免疫后起不到保护作用。

(4)不同疫苗同时或以相同途径接种会相互干扰，如猪蓝耳病活疫苗影响猪瘟活疫苗的免疫应答。

2.环境因素引起的免疫失败

(1)当猪只处于高温、高湿、通风不良、寒流、强光、嘈杂、拥挤等应激状态时，会影响疫苗免疫力的产生。

(2)猪场不注重消毒、隔离封锁，外来人员、车辆随意进出猪场，疫苗免疫前猪已经遭病原污染。在注射疫苗后，疫苗还没有产生抗体前，动物已早期感染或遭受强毒株攻击，由注射疫苗产生的应激反而会使疾病提前暴发出来。

3.猪只因素造成的免疫失败

(1)饲养管理不善,机体缺乏维生素、微量元素,营养不良等,抗病力不强,从而影响免疫效果。

(2)猪只的免疫功能不健全或患有免疫抑制性疾病。如猪繁殖与呼吸综合征、猪圆环病毒病以及饲料霉菌毒素中毒、有些寄生虫病等会损害免疫系统,导致免疫抑制,使机体对疫苗不能产生免疫应答,造成免疫失败。

(3)疫苗抗原受高水平母源抗体的中和,从而影响免疫效果。

(4)在预防接种时,部分猪已亚临床感染或处于潜伏期感染强毒,在接种后往往会诱发病情,造成免疫失败。

(5)猪只正在生病,正在使用抗生素或免疫抑制药物进行治疗,造成抗原受损或免疫抑制。

4.免疫程序造成的免疫失败

(1)初免时间过早,因猪免疫器官未发育成熟或受较高母源抗体的干扰,影响了抗体的产生。

(2)初免时间过晚,在免疫空白期造成感染,错过了免疫的最佳时间。

(3)同疫苗及不同厂家生产的疫苗的免疫期、免疫方法都不同,必须严格按照生产厂家的疫苗说明书使用;有的疫苗需在新母猪配种前免疫(如细小病毒病、乙型脑炎等),有的需在产前2～6周接种,如仔猪腹泻疫苗,不严格按免疫程序接种疫苗将严重影响免疫效果。

(4)多数疫苗接种一次不能获得终身免疫力,需多次免疫,同时要考虑上一次免疫接种产生抗体的半衰期,过早接种可能被抗体中和,过迟则会错过激发二次免疫应答的最佳时机。

5.人为因素造成的免疫失败

(1)免疫接种操作不当,没有责任心,打“飞针”或注射器漏液,针头过粗或进针角度不正确,致使注射剂量不准,或注射到脂肪层内无法吸收。

(2)没有做到一猪一针，引起疾病水平传播，影响免疫。

(3)接种时，对已经注射过的猪没有做标记，造成漏防或重防。

(4)疫苗稀释后，接种过程时间过长，致疫苗效价降低。

(5)通过拌料防疫如猪肺疫免疫，由于采食量大小不均而致免疫抗体不齐。

(6)免疫方法不正确，根据疫苗的说明需皮下注射而采用肌肉注射，要求肌注的采用口服，造成没有效果。

(7)疫苗稀释液的选择不当，如猪瘟要求是生理盐水，猪丹毒要求是铝胶，而猪三联必须用生理盐水稀释，若用铝胶液稀释，则影响猪瘟抗原。

(8)超大剂量或多次免疫引起免疫系统麻痹，影响免疫。

6.药物因素造成的免疫失败

(1)在免疫病毒性活苗时用抗病毒药，在免疫细菌活苗后使用抗菌药，或免疫完后马上使用消毒药。

(2)在免疫接种时，同时使用了血清；血清是抗体，它使用后对病原或活苗有杀灭作用，或接种活病毒苗后使用干扰素。

(3)某些治疗传染病的药物有免疫抑制作用，可以抑制动物的体液免疫反应及细胞免疫反应，肾上腺皮质激素类药物地塞米松、氢化可的松、强的松等有免疫抑制作用。

(二)保证免疫效果的对策

(1)工作人员需穿着工作服及胶鞋，必要时戴口罩。事先需修短指甲，并经常保持手指清洁。手用消毒液消毒后方可接触接种器械。工作前后均应洗手消毒，工作中不应吸烟和吃食。

(2)疫苗应由专人使用，疫苗运输保存的冷藏设备要好，疫苗回到猪场后由专人按规定方法储藏保管，并应登记所采购疫苗的批号、生产日期、采购日期及失效期等。

(3)疫苗使用前应检查并登记所用疫苗的名称、生产厂家、批号、有效期、物理性状、贮存条件等是否与说明书相符，明确其使用方法及有关注意事项。注意事项要严格遵守，以免影响效果。对过期、霉变、有杂物或异物、瓶塞松动、无批号、无详细说明书、油乳剂疫苗已经上下分层、失真空及颜色异常或不明来源的疫苗均禁止使用。稀释时要注意稀释液是否能自动吸进去(即真空),并记下疫苗生产厂家、批号等,以便备案。

(4)免疫接种前应检查登记注射疫苗猪只的栋号、栏号、耳号,并要清点猪头数,确保每头猪都进行了免疫。

(5)在进行免疫接种时,必须注意猪的营养和健康状况,因为猪健康状况良好时,可保证自动免疫接种结果的安全;相反,如饲养条件不良,患有内外寄生虫病或其他慢性病,则可使猪遭受死亡,或引起并发症,甚至发生所要预防的传染病。为了接种的安全和保证接种的效果,应对所有预定接种的猪进行一系列的检查,包括体温检查。被免疫猪只必须是健康无病的,患病猪、配种后23 d左右的怀孕母猪、马上就要产仔的重胎猪应缓注,待其痊愈或产后再进行补注。

(6)注射器、针头、镊子等器具在使用前,应洗净持续煮沸20 min后,晾干冷却再用。注射疫苗的注射器要容易使用,刻度要清晰,不滑杆、不漏液。

(7)稀释疫苗时一定要按照疫苗使用说明的要求选用稀释液;根据疫苗的说明将不同性质的疫苗和稀释液分别妥善保存;按疫苗说明书的方法稀释,并注意避免疫苗和稀释液之间的温度相差太大。

(8)吸苗时,不能用已给猪只注射过的针头吸取,可用一个灭菌针头,插在瓶塞上不拔出、裹以挤干的酒精棉球专供吸药用,吸出的疫苗不应再回注瓶内,可注入专用空瓶内进行消毒处理。吸液时必须充分振荡疫苗,使其均匀混合。免疫血清则不应振荡,沉淀不应吸取,必须随吸随注射。

(9)针筒排气溢出的药液,应吸积于酒精棉花上,并将其收集于专用瓶内,用过的酒精棉花或碘酒棉花和吸入注射器内未用完的药液也注入专用瓶内,集中后烧毁。但注意不能让酒精碰到活疫苗或酒精进入到疫苗瓶中或针头内。

(10)注射过程应严格消毒，注射时每头猪需调换一个针头，在针头不足的情况下，应每吸液一次调换一个针头或注射一圈猪换一个注射针头；注射的剂量要准确，不漏注，进针要稳，拔针宜速，不得打“飞针”，针头适当长一些，以确保疫苗液真正足量地注射于肌肉内或皮下，不注射到外面或脂肪内。注射疫苗对一窝猪务必做到头头注射，个个免疫，具体免疫时可以将免疫的猪用红蓝笔作记号，这样才不会漏免。

(11)尽量保持注射部位干净，也可采用消毒的方法，先用5%的碘酊消毒，之后再用75%的酒精脱碘，待干燥后再注射，以免影响免疫效果。

(12)免疫接种时要保证垂直进针，这样可保证疫苗液的注射深度，同时还可防止针头弯折，但不要扎到骨头上。使用的针头型号及长度：哺乳仔猪是7～9号10 mm，断奶仔猪是9号20 mm，育成和后备猪用12号38 mm，基础公、母猪用16号45 mm。

(13)在疫苗使用过程中，应避免阳光直接照射疫苗瓶，但也注意使稀释的疫苗达到室温再注射，否则注射后疫苗应激反应大。疫苗一旦启封使用，最好在1～2 h内尽快用完。

(14)对新增设的疫苗要先作小群试验；对于已确定的免疫程序上的疫苗品种，在使用过程中尽量不要更换疫苗的生产厂家，以免影响免疫效果，若必须更换的，最好作小群试验。

(15)防止药物对疫苗接种的干扰和疫苗间的相互干扰，在注射病毒性活毒疫苗的前后3 d严禁使用抗病毒药物，两种病毒性活疫苗的使用要间隔7～10 d，减少相互干扰。病毒性活疫苗和灭活疫苗可同时分开使用，两种细菌性活疫苗可同时使用，两种没有特殊要求的灭活苗也可以分开同时使用，绝对不能把两种疫苗混合在一起使用。对猪反应大的疫苗最好不要在一起使用，如口蹄疫不宜与伪狂犬疫苗或其他苗同时注射。注射活菌疫苗前后7 d严禁使用抗菌素。

(16)不能随便加大疫苗的用量,确需加大量时要在执业兽医师指导下使用。

(17)个别猪只因个体差异,在注射油佐剂疫苗时会出现应激反应或过敏反应,每次接种疫苗时要带上肾上腺素、地塞米松等抗过敏药备用。

(18)经受自动免疫的猪,接种疫苗后可发生暂时性的抵抗力降低现象,故应有较好的护理和管理条件。此外,由于接种疫苗后有时可能会发生反应,故在接种以后要进行详细的观察,观察期限一般为7～10 d。如有反应,可根据情况给予适当的治疗。反应极为严重者,可予屠宰。将接种后的一切反应情况记载于专门的表册中。

(19)免疫接种完毕后,将所有用过的疫苗瓶及接触过疫苗液的瓶、皿等进行消毒处理。注射器、针头、镊子等浸泡于消毒溶液内至少1 h,洗净揩干用白布分别包好保存。临用时煮沸消毒15 min,冷却后再在无菌条件下装配注射器,包以消毒纱布纳入消毒盒内待用。

专题三　猪场高效消毒

消毒是用物理的、化学的和生物的方法杀灭病原微生物，切断病原微生物传播途径，控制和清理场内外病原微生物的重要措施。其目的是预防和控制传染病的发生、传播和蔓延。消毒是养猪防病最主要、最经济、最有效的措施之一。

一个猪场每时每刻都在受外界病原微生物的侵袭，病原微生物对养猪环境的污染是无限的，当外界病原累积到一定的数量、浓度，超过了猪免疫力、抗病力能够承受的范围，猪就得病；消毒的目的就是通过喷雾、喷洒、饮水等消毒措施，以降低空气等环境中病原微生物的总量，保证猪在相对安全的环境中发挥最高的生产性能，保证猪不得病、少得病。

一、消毒方法

消毒不单指用化学消毒药泼洒猪舍，其方法很多。

（一）物理消毒法

1. 清扫冲洗

猪舍、环境中存在的粪便、污物等，用清洁工具进行清除，不仅能除掉大量肉眼可见的污物，并能清除许多肉眼看不见的病原微生物，而且也为提高使用化学消毒法的效果创造了条件。

2. 通风干燥

通风虽不能杀灭病原微生物，但可在短期内使舍内空气交换，减少病原微生物的数量。同时，通风能加快水分蒸发，使物体干燥，缺乏水分，致使许多微生物不能生存。

3.紫外线照射

紫外线能使微生物体内的原生质发生光化学作用,使其体内蛋白质凝固,从而达到杀死病原微生物的作用。紫外线灯的照射、太阳暴晒等方法对物体表面和空气中的病原体消毒效果最好。

4.火焰喷射

从专用的火焰喷射消毒器中喷出的火焰具有很高的温度,能有效杀死病原微生物。

5.蒸煮消毒

利用水或气的高温,可以使病原体的组织变质,起到杀灭细菌或病毒等的作用。

(二)生物消毒法

对生产中产生的大量粪便、粪污水、垃圾及杂草进行发酵,利用发酵过程所产生热量杀灭其中的病原微生物和虫卵。在场区内适度种植花草树木也具有减少生产环境中病原微生物数量的作用。

(三)化学消毒法

利用化学药物(消毒药)影响病原微生物的化学组成、形态、生理活动从而达到抑菌和杀菌的目的。

1.喷雾消毒

将消毒药配制成一定浓度的溶液,用喷雾器或电动冲洗机对需要消毒的地方进行喷雾消毒。这是猪场使用最多的一种,用于空气、地面、墙壁、笼具等,消毒面积大,速度快,消毒范围大。

2.擦拭消毒

用布块浸沾消毒药液,擦拭被消毒的物体,如哺乳母猪的乳房、外阴。

3.浸泡消毒

将需要消毒的物体浸泡在消毒液中,比如手术用的器械;某些生产工具、食槽;进场时车轮过消毒池,进舍时脚踩消毒盆;消毒药洗手等。

4. 熏蒸消毒

常用的有福尔马林和高锰酸钾混合后，释放出甲醛气体，起到消毒作用。这种方法用于其他消毒方式难以消毒的缝隙、空气等，是其他消毒方式的有效补充。

二、消毒类型

消毒不可能每天进行，也不能只有受到病原微生物威胁时才消毒，消毒必须形成制度化。

（一）预防性消毒

也叫日常消毒，是指未发生传染病的安全猪场，为防止传染病的传入，结合平时的清洁卫生工作和门卫制度所进行的消毒。主要包括以下内容：

1. 定期消毒

根据本场生产实际、气候特点对栏舍、道路、周围环境、猪群、消毒池、饲料、饮水、空气、食槽、水槽（饮水器）、生产工具、饲料仓库及公共场所等制订具体的消毒日期，并且在规定的日期进行消毒。例如，栏舍每周消毒 1 次，安排在每周三；周围环境每月消毒 1 次，安排在每月初的某一晴天。

2. 器具消毒

体温计、注射器、针头、剪耳钳、剪齿钳、断尾钳、阉割刀等用前必须消毒，每用一次必须消毒一次，针头做到一猪一针。

3. 人员、车辆消毒

任何人员和车辆、任何时候进入生产区均应经严格消毒。

4. 猪只转栏前后对猪只、栏舍的消毒

转栏前将猪只洗净、消毒，对准备转入猪只的栏舍要预先清洗、消毒，特别是临产前对产房、产栏、临产母猪的消毒。

5. 术部消毒

仔猪断脐、断尾、剪耳、阉割后的局部消毒，注射部位、手术部位的消毒。

(二)临时消毒

临时消毒也叫即时消毒,是指猪场内存在传染源的情况下开展的消毒工作,其目的是随时、迅速杀灭刚排出体外的病原微生物。当猪群中有个别或少数猪发生一般性疫病或有突然死亡现象时,立即对所在栏舍进行局部强化消毒,包括对发病和死亡猪只的消毒及无害化处理,对被污染的场所和物体的立即消毒。包括带猪消毒、空气消毒、饮水消毒、器械消毒。这种情况的消毒需要多次反复地进行。

(三)终末消毒

终末消毒也叫大消毒,是采用多种消毒方法对全场或部分猪舍进行全方位的彻底清理与消毒。当被某些烈性传染病感染的猪群已经死亡、淘汰或痊愈,传染源已不存在,准备解除封锁前应进行大消毒。在全进全出生产系统中,当猪群全部从栏舍中转出后,对空栏及有关生产工具进行大消毒。春秋季节气候温暖,适宜于各种病原微生物的生长繁殖,春秋两季常规大消毒是搞好消毒防疫的关键时期。

终末消毒程序在猪舍清空后进行,目标就是防止一切病原体的携带者进入养殖场区,要确保每一批猪都有一个洁净新鲜的开始。终末消毒程序可以用于一间猪舍,一幢猪舍或某一整个猪场。该程序也应用于连续生产的养猪场,或者通过移动猪群腾出空间或者通过饲养间隔来进行。

第一阶段:拆卸设备和清洁烘干

作为第一步,清除所有的有机污物是十分必要的,粪便和垃圾包含有大量的污物和病原微生物,是主要的传染源。大量的污物将会降低消毒效果。

第二阶段:清洁和消毒前处理

1∶200“百胜”溶液用喷雾器或压力清洗机清洗。压力清洗机应该设置低压力挡，喷射角度为45°角，以每平方米表面积500～1 000 mL溶液清洗，持续冲洗20～30 min。

第三阶段：消毒供水系统

所有的水系统都包含有细菌或病源污染物，尤其是水箱、水管或饮水器上部。这些污染物可能会引起疾病，从一批传染给下一批。清洁供水系统有利于预防水污染。饮水管道系统使用1 L“百胜”加到200 L水后配成的溶液，打开盖子，从水箱的顶部注入，从最远端的饮水器排除。具体过程为：清理出水箱内的污泥→装满水，添加“百胜”，浸泡10 min→ 通过从各个饮水器流出进行冲刷，然后等待30 min→ 再次装满新鲜水。

第四阶段：可移动设备

设备在清理之前移出猪舍可能会导致严重的污染，如果不彻底清理，引起的疾病会传给下一批猪。清理干净所有的残骸→ 用1∶200的“百胜”浸泡或喷雾后，放置20～30 min→ 高压清洗，尤其要注意不容易冲洗到的地方比如饲槽和裂缝。如果引起了感染问题，使用“农福”或“卫可”对设备消毒。溶液浓度为1∶400的“农福”(0.25%)或1∶200的“卫可”(0.5%)。

第五阶段：喷雾和空气消毒

一旦猪舍彻底清洁和消毒后，就搬回所有可移动的设备，然后对猪舍进行消毒，以控制来自物件的感染和对以前没有消毒的区域进行消毒。使用压力洗涤机和其他机械喷雾器对屋檐或其他未消毒区域喷雾。

三、带猪消毒法

带猪消毒法是猪场化学消毒法中最常见、最有效的方法之一。随着养猪业集约化、规模化的发展，广大从业人员已充分意识到消毒是养猪场预防疫病感染和暴发的重要措施，是猪场安全稳定生产的保证。虽然养猪场员工的消毒意识普遍增强，但是部分从业人员对猪场带猪消毒操作不规范，使消毒工作流于形式，没有起到应有的作用。

(一)消毒前应彻底消除圈舍内猪只的分泌物及排泄物

(1)临床患病猪只的分泌物及排泄物中含有大量的病原微生物(细菌、病毒、寄生虫虫卵等),即使临床健康的猪只的分泌物及排泄物中也存在大量的条件致病菌(如大肠杆菌等)。

(2)粪便中的有机物可掩盖病原体,对病原起着保护作用;粪便中的蛋白质与消毒药结合起反应,消耗了药量,使消毒效力降低。

因此,消毒前经过彻底清除猪只的分泌物及排泄物,可以大量减少猪舍环境中病原微生物的数量,同时可提高消毒效果。

(二)选择合适的消毒剂

选择消毒剂时,不但要符合广谱、高效、稳定性好的特点,而且必须选择对猪只无刺激性或刺激性小、毒性低的药物。强酸、强碱及甲醛等刺激性腐蚀性强的药物,虽然对病原菌作用强烈、消毒效果好,但对猪只有害,有诱发呼吸道疾病的作用,不适宜作为带猪消毒的消毒剂。带猪消毒的消毒剂应具有快速杀毒能力,如果选择速度较慢的戊二醛进行带猪消毒那么基本上是在做无用功。

(三)配制适宜的药物浓度和足够的溶液量

消毒液的浓度过低达不到消毒的效果,徒劳无功;浓度过大不但造成药物的浪费,而且刺激性、毒性增强引起猪只的不适。必须根据使用说明书的要求,配制至适宜的浓度。

带猪消毒应使猪舍内物品及猪只等消毒对象达到完全湿润,否则消毒药粒子就不能与细菌或病毒等病原微生物直接接触而发挥作用。

(四)消毒的时间

带猪消毒的时间应选择在每天中午气温较高时进行。冬春季节气温较低,为了减缓消毒所致舍温下降对猪只的冷应激,要选择在中午或中午前后进行消毒。夏秋季节,中午气温较高,舍内带猪消毒在防疫疾病的同时兼有降温的作用。况且,温度与消毒的效果呈正相关,应选择在一天中温度较高的时间段进行消毒工作。

(五)消毒的频率

一般情况下,舍内带猪消毒以每周 1 次为宜。在疫病流行期间或养猪场存在疫病流行的威胁时,应增加消毒次数,达到每周 2～3 次或隔日 1 次。

(六)雾化要好

要保证消毒药雾滴小到气雾剂的水平,使雾滴在舍内空气中悬浮时间较长,既节省了药物,又净化了舍内的空气质量,增强灭菌效果。这就要求选择适宜的消毒设备。消毒设备的选择决定了喷雾消毒时消毒雾滴颗粒的大小,也决定了喷出的雾滴在空气中的悬浮时间。带猪消毒要求雾滴在空气中悬浮时间达到 3～5 min 才能起到较好的效果。大量的试验表明,选择 40～60 μm 的雾滴颗粒对于成年猪和育肥猪是合适的;选择 60～80 μm 的雾滴颗粒对于保育猪是合适的。在这个范围内基本可以保证消毒雾滴在空气中的停留时间达到 5 min 以上,同时不会带来雾滴太细进入仔猪肺泡所引起诱发呼吸道疾病的问题。

(七)注意事项

(1)接种疫苗前后 3 d 内停止进行喷雾消毒,同时也不能服用抗菌药物,以免影响免疫效果。

(2)喷雾消毒时,药液一定要充分混匀,呈雾状喷出,使猪舍空间充满雾滴,并在猪体上形成细微水滴。以地面、墙壁均匀湿润和猪体表面稍湿为宜。

(3)喷雾消毒时最好选在天气晴朗的中午,夏天可以起到防暑降温的作用,冬天可以避免因消毒引起舍内降温造成对猪只伤害。

(4)不同类型的消毒剂要交替使用,每季度或每月轮换一次。长期使用一种消毒剂,会降低杀菌效果或产生抗药性,影响消毒效果。

(5)消毒完毕应用清水将喷雾器内部连同喷杆彻底清洗,晾干后,妥善放置仓库保管。

四、猪场常用消毒剂

消毒剂的种类繁多,如何选择合适的消毒剂,这就需要对常见消毒剂的种类及特点有所了解。在选择时要充分考虑到每种消毒剂的抗菌谱,作用的持久性,使用方便性及安全性,同时也要考虑到消毒剂的刺激性和腐蚀性,以免对猪只、圈舍及环境造成破坏。

(一)卤素类消毒剂

卤素类消毒剂包括含氯消毒剂、含碘消毒剂和含溴消毒剂。

含氯消毒剂包括无机类含氯消毒剂(次氯酸钠、漂白粉、二氧化氯等)和有机类含氯消毒剂(二氯异氰尿酸、二氯异氰尿酸钠、三氯异氰尿酸、二氯海因),属于高效消毒剂。

有机类含氯消毒剂杀菌力强于无机类含氯消毒剂,在水中使用药效持久,是以非离解形式起到杀菌作用的,所以在酸性环境中其杀菌效果好,碱性环境稍差。

该类消毒剂对细菌繁殖体、病毒、真菌孢子及细菌芽孢都有杀灭作用,是环境消毒的首选消毒剂。缺点是易受有机质、还原性物质和酸碱度的影响,挥发性大,有氯气的臭味,对黏膜有刺激性,一般都不宜久存。

含碘消毒剂有碘酊、碘伏、复合碘制剂等,属于中效消毒剂。

碘酊具有快速而高效地杀灭细菌、芽孢、各种病毒及真菌的作用,早就成为外科消毒的首选消毒药。

碘伏类消毒剂的优点是:消毒谱广,对各种细菌、芽孢、病毒以及真菌均有杀灭能力;作用快速;气味小,无刺激,无腐蚀、毒性低;性质稳定、耐贮存。缺点是在酸性环境下(pH=2~5)消毒效果好,对金属有腐蚀作用;pH 偏高时,杀菌效果较差;碘杀菌的有效成分是游离碘,还原物质存在时消毒效果下降;另外日光会加速碘伏的分解,故应避光保存。

含溴消毒剂有二溴海因、溴氯海因、含溴异氰尿酸类等。其杀菌效力与含氯消毒剂相似，但价格高，所以在畜禽消毒上很少应用，但在清除水藻上具有优越的性能。

(二)氧化剂类消毒剂

是一些含不稳定的结合态氧的化合物，一遇有机物或酸即放出初生态氧，破坏菌体蛋白或酶蛋白而呈杀菌作用，同时对细胞或组织也可有损伤和腐蚀作用。细菌对氧化剂的敏感性有很大差异，革兰氏阳性菌、某些螺旋体敏感，厌氧菌更敏感。其中，过氧乙酸的杀菌能力最强，使用最广泛。该类消毒剂杀菌谱广，对细菌芽孢、病毒、霉菌等均具杀灭效果，但有刺激性酸味，易挥发，有机物存在可降低其杀菌效果，对畜禽栏舍有一定的腐蚀性。常用于浸泡、喷洒、擦抹、喷雾等的消毒，也可用于空栏消毒。

(三)醛类消毒剂

常用的醛类消毒剂有甲醛与戊二醛。甲醛具有极强的杀菌力，与氧化剂(高锰酸钾等)结合后所产生的气体进行熏蒸消毒，是空栏后封闭式消毒的最佳消毒剂。但甲醛刺激性气味强，对皮肤、黏膜有强烈的刺激作用，多用于浸泡、熏蒸消毒；戊二醛气味较少，杀菌作用较甲醛强 2～10 倍，渗透能力强，对任何细菌、病毒、霉菌及顽固的芽孢等都有极强的杀灭作用，但对碳钢制品有一定的损害，可用于环境及猪体表的消毒，还可用于熏蒸消毒，因其不宜在物体表面聚合，故效果优于甲醛。

(四)酚类消毒剂

酚类消毒剂有来苏儿、煤酚皂溶液、复合酚等。复合酚的消毒力强于前两种，完全可以取代前两种。

此类消毒剂的优点是性质较稳定、生产工艺简单，对物品腐蚀性轻微，可用于猪舍的环境消毒，对各种细菌和有囊膜病毒的杀灭能力较强。缺点是对结核杆菌和芽孢的作用不确切，对非囊膜病毒的效果较差；易受碱性物质和有机物的影响；有特殊臭味，有一定的刺激性。酚能造成环境污染，其使用逐步受到限制。

(五)季铵盐类消毒剂

季铵盐类消毒剂是一种离子表面活性剂，属于合成的有机化合物，有单链季铵盐和双链季铵盐两种。单链季铵盐属阳离子表面活性剂，在阳离子部位具有杀菌能力，无刺鼻味、药性温和、安全性高、腐蚀性低，对猪伤害低，对细菌病毒杀灭力尚可，但渗透力差，当有机物存在时，效力会大打折扣；双链季铵盐在阴、阳离子部位均具有杀菌能力，具有单链季铵盐的一系列优点，且杀菌能力较单链季铵盐强，但渗透力差。此类消毒剂可用于带猪消毒，亦可用于猪舍空栏、洗手、用具、运输车辆、料槽等的消毒。

(六)醇类消毒剂

醇类消毒剂有酒精等，是常用消毒剂。没有用于环境消毒的报道。

(七)碱类消毒剂

常用的有烧碱(94%以上的氢氧化钠)、生石灰、石灰乳。一般养猪场最常用的是烧碱，因其价廉、稳定性好，能迅速渗入猪栏缝隙及粪尿等有机物中，具有膨胀、去污作用，能达到脱污、清洁兼杀灭细菌、病毒、虫卵的功用，一般清洗栏舍、饲槽时，可用碱水淋湿浸泡后再冲洗，也可加在大门口、人、车进出的大水池、猪舍门口的消毒池中。因其腐蚀性强，需空栏使用。

生石灰也是一种价廉的碱性消毒剂，具有吸湿、除臭、杀菌的功能，多使用在易潮湿猪舍的死角位置，猪舍门口的消毒池或掩埋死尸时覆盖杀菌等。

另以 1 份生石灰加 5 份水，配作石灰乳，可用于产房、保育栏的空栏消毒等，有除臭及干涸的效果。需注意的是，市面上销售建筑用的熟石灰(及消石灰)无杀毒灭菌的功能。

(八)复配消毒剂

复配消毒剂是将不同性能、不同类别、不同结构的消毒剂进行复配，增强消毒杀菌能力。复配不等于乱配，比如氧化性的与还原性的，碱性的与酸性的复配等，其杀菌力就互相抵消，或产生分解反应。有些复配消毒药只能现用现配，稳定性较差，成为复配消毒剂难以跨越的障碍。

五、猪场高效消毒方法

（一）环境高效消毒方法

全场大环境每周用3%～4%烧碱消毒1次，生产区净道每周用2%烧碱喷洒消毒2次，污道每周用4%烧碱消毒2次，猪栏与运动场坚持每天清扫2次。场周围及场内污水池、排粪坑、下水道出口，每月用漂白粉消毒1次。猪舍内环境消毒以喷雾至墙壁地面微湿为度。若有病死猪，应在死猪运走后，立即对本栏和相邻的栏舍用消毒液冲洗。产仔前产房、出猪后猪栏舍应彻底清扫和2次消毒，至少隔2周后进猪。办公室、食堂、宿舍、公共娱乐场及其周围环境每月大消毒1次。

猪场各入口、生产区入口、猪舍各入口都应设消毒池，定期更换消毒药水并保证其浓度。

猪场道路（人行道、车行道、赶猪道和房舍周边的地段）、排污沟、空地等应定期进行清扫，不留积粪、积尿等污物。场内垃圾、废弃物应及时清除，在场外无害化处理，堆放的场地可用3%烧碱溶液喷洒消毒。

被病猪的排泄物和分泌物污染的地面土壤，可用5%～10%漂白粉溶液或10%烧碱溶液消毒。

（二）门卫高效消毒方法

猪场门卫消毒指由门卫完成的猪场外围环境消毒，包括大门消毒、手脚消毒、车辆消毒等。

1. 大门消毒

大门主要供出入猪场的车辆和人员通过，大门口消毒门岗设外来三轮以上车辆消毒设施、摩托车消毒带、人员消毒带，洗手、踏脚消毒设施及冲凉设施，要避免日晒雨淋和污泥浊水入内，池内的消毒液 2～3 d 彻底更换 1 次，所用的消毒剂要求作用较持久、较稳定，可选用氢氧化钠(2%～4%)等。生产区正门消毒池每周至少更换池水、池药 2 次，保持有效浓度。消毒程序为：消毒池加入 20 cm 深的清洁水→测量水的重量/体积→计算→添加、混匀。大门入口处供车辆通过的消毒池，池长为车辆车轮两个周长以上，消毒池使用 4%烧碱或 1∶200 农乐或 1∶200 百胜等，消毒对象主要是车辆的轮胎。

更衣室每周末消毒 1 次，工作服清洗后消毒。

2. 设喷雾消毒装置

要求喷雾粒子 60～100 μm(其中有效粒子占 80%)，雾面 1.5～2.0 m，射程 2～3 m，动力 10～15 kg 空气压缩机。消毒液采用 1∶200 农乐或 1∶200 百胜等，消毒对象是车身和车底盘。

3. 洗手消毒

猪场进出口除了设有消毒池消毒鞋靴外，还需进行洗手消毒。既要注重外来人员的消毒，更要注重本场人员的消毒。采用的消毒剂对人的皮肤无刺激性、无异味。消毒程序为：设立 2 个洗手盆→加入清洁水→第一个盆：根据水的重量/体积计算需加消毒剂的用量→进场人员双手先在第一个盆浸泡 3～5 min→在盛有清水的第二个盆洗尽→毛巾擦干即可。

4. 足履消毒池

在养殖场的出入口及养殖场内每座建筑和房间的出入口处都设置足履消毒池，消毒池填灌 4%烧碱。要保证每周更新消毒液。

(三)空气高效消毒方法

在动物周围的环境喷雾能降低呼吸道疾病或其他疾病暴发期间动物间的交叉感染。空气消毒可每天进行，甚至更频繁，能够取得很好的效果。

1.空气消毒的目的

空气消毒是作为不同批次间或全群转出之后的消毒程序当中的最后一步实施的。通常在主要消毒过程完毕、各种可移动设备以及垫料转进猪舍之后进行。其目的有三:①控制可移动设备和垫料所引进的病原污染。②用来对常规消毒无法涉及的部位进行消毒,这些部位可能处于特殊的位置,或离电力设备太近,无法进行常规消毒。③有助于减少前面过程产生的尘埃。需要强调的是,空气消毒是整个消毒程序中的一部分,不能取代常规消毒。

2.空气消毒的方法

有4种方法可以把消毒剂变成悬浮微粒悬浮在猪舍内的空气中。

喷雾器喷雾:用喷雾器或高压清洗机进行喷雾。这种方式产生的悬浮颗粒较大,喷湿能力较高,但在空气中悬停的时间较短。

雾化机喷雾(亦称为冷雾):通过机械雾化机实现。这种方式产生的雾滴较小,喷雾更均匀,穿透力更强。

熏蒸:将两种化学物质混合在一起,产生一种汽雾状的消毒剂。这种方式实际上仅限于甲醛及相关产品。

热雾喷雾:与雾化机喷雾类似,但需要将消毒剂加热以便形成更小的蒸汽雾滴。这种雾滴非常小,悬停时间最长,穿透能力最强。

(四)猪舍高效消毒方法

正常的消毒要分3步,清、冲、喷,如果是空舍消毒还需要增加熏、空2个环节。

1.清

清是指清理,将杂物、脏物彻底清除干净;因为病原生存需要环境,细菌需要附着于其他物质上面,而病毒则必须依附在活细胞上才能生存,清理是把病原生存所依附的物质清理出去,病原也就一起清理出了猪舍。如果不清理就消毒,会出现3个后果:一是因消毒药物剂量不足使消毒不彻底,二是增加消毒费用,三是增加舍内湿度，这 3 个后果都不是我们想看到的。

2.冲

冲是指冲洗，用高压水冲洗干净，不留死角，包括地面、粪沟、房顶棚、墙壁、猪笼及料槽，不能用水冲洗的地方、设备应擦拭干净。

3.喷

喷也就是喷雾或喷洒消毒。猪舍干燥后先用 3%烧碱溶液喷洒消毒，24 h 后再用水清洗干净，然后再用“农福”彻底喷洒消毒。

4.熏

熏蒸消毒，一般使用甲醛熏蒸。

5.空

猪舍通风干燥后空放至少 7 d 方可使用，使用前 1 d 再用“百胜”全面喷雾消毒 1 次。经历过清、冲、消、熏的病原，处于一个非常不适应的环境中，会很快死亡；另外，空的更重要的作用是使猪舍变干燥，潮湿对猪的危害是相当大的。

据试验，采用清扫方法，可以使猪舍内的细菌减少 21.5%，如果清扫后再用清水冲洗，则猪舍内细菌数即可减少 54%～60%。清扫、冲洗后再用药物喷雾消毒，猪舍内的细菌数即可减少 90%。所以，机械清扫是搞好猪舍环境卫生最基本的一种方法。

用化学消毒液消毒时，消毒液的用量一般是以猪舍内每平方米面积用 1.0～1.5 L 药液。消毒时，先喷洒地面，然后墙壁，先由离门远处开始，喷完墙壁后再喷天花板，最后再开门窗通风，用清水刷洗饲槽，将消毒药味除去。在进行猪舍消毒时，也应将附近场院以及病猪污染的地方和物品同时进行消毒。

（五）产房高效消毒方法

1.产房仔猪铺板的消毒

产房保温箱一般使用木制垫板，因木质比较软，而且有缝隙，一般的清、冲消毒往往做不彻底，因为病原可能已经钻入疏松的木板里面，所以对木板采用浸泡消毒的方式。在猪场里建一个与木板面积相应的浸泡池，木板在冲洗干净后，放入5%的烧碱液中浸泡半小时以上，让烧碱水渗入到木板里面，可以将里面的病原杀死。

2. 产房、保育铸铁板缝隙的消毒

许多产房和保育舍，采用铸铁漏缝地板，板与板之间的缝隙很难冲洗干净，需要将板掀起来，冲洗干净后再放好。这样做会加大员工工作量，而且如果工作时不注意，很容易把人从床上掉下来，使操作人员望而生畏。但如果不坚决执行，也就相当于消毒不彻底。消毒不彻底与不消毒的差别只是量的问题，而性质是一样的。

（六）车辆高效消毒方法

（1）尽可能降低一切车辆（包括轿车）靠近猪场的机会。应严格控制外来车辆进入猪场，进入猪场的车辆必须经过严格的消毒。首先应用高压冲洗机清洗表面污垢，然后进行喷雾消毒，有条件的还要进行紫外光消毒。符合条件的车辆才可以进入。车上人员（含司机）下车消毒后才能入内。潲水、残次猪车严禁进入猪场区内。

（2）门口应设消毒池，放入3%～4%烧碱溶液，保持有效浓度，2～3 d更换1次药液，用于车辆进出车轮消毒。消毒池要长于汽车轮2周；出入车辆、工具要先洗净污物，然后经过门口的消毒池，工具用品先消毒再进入生产区，门口应备有消毒用具。

（3）运送饲料药品的车辆最好固定。对运输饲料、药品等的车辆进行预约，并在预约好的当天换好消毒液。一切接近或进入猪场大门的车辆应该登记，登记内容包括姓名、单位、所运送物品、最后接触包括活猪在内污染敏感区域的地点以及具体日期。登记完毕后对车辆进行清扫、冲洗及消毒。

穿好干净的隔离服的工作人员先打扫车辆，包括车表面和车内部，车辆内部包括车厢内地面、内壁及分隔板，外部包括车身、车轮、轮箍、轮框、挡泥板及底盘。除去车体大部分的污染物如泥土、稻草等。将可以卸载的,现场不能或不易消毒的物品移出放于场外。

打扫完毕后,用高压水冲洗车辆表面、内部及车底,检查车辆是否还有遗留的有机物。确定无残余有机物后将车辆驶入大门消毒池内。

使用"戊二醛"对车辆进行喷洒,特别注意工作人员卸载物品可能接触的地方,注意缝隙、车轮和车底。驾驶室由本场消毒人员喷洒消毒。驾驶员穿上消毒服及靴子并进行消毒后进入车辆驾驶室。消毒剂停留至少 15～30 min 后驶出消毒间。若选用的消毒剂为对车身有损伤的则用水冲洗完毕后再驶出。

驶出消毒间的车辆停留在生活区,干燥后卸载所载物品。

消毒人员消毒完毕后,换下消毒服,消毒后进入生活区。

(4)所有拉屠宰猪/淘汰猪/种猪/仔猪等的车辆在接近场区以前必须经过 2 次严格清洗、消毒、干燥,最后一次清洗、消毒、干燥完成后与接近场区的间隔期至少 24 h。在此期间,车辆的内外部避免一切可能发生的动物源性污染;这些车辆停留在装猪台,不得进入场区。

(5)场区内转猪的车辆应专用。淘汰猪车和死猪转运车,每天使用完毕后应该清洗、消毒、干燥。干燥完毕后放置在最后运输的起始地。

饲料车每周清洗、消毒 1 次;饲料车消毒、冲洗完毕后应放置在指定的地点,放置地点应注意防止鸟、鼠接触。

(七)工作人员高效消毒方法

实践证明人可以传播很多疾病,如链球菌病、口蹄疫、蓝耳病、猪瘟等。应重视进场人员和生产人员的消毒、隔离工作。进出生产区的工作人员要按规定进更衣室、消毒室更衣、换鞋、洗手、消毒。

进场人员的消毒是防止疾病入场的重要手段,特别是从其他场返回的人员、与其他猪场人员接触过的人员、外来的参观学习人员、新招来的职工等，这些人因与其他猪场人员接触，难免身上带有其他场的病原。平时的消毒措施，不管是紫外线灯照射，还是身上喷雾，都不可能把衣服里边的病原杀死，所以针对进场人员，最好的办法是更换衣服，并洗澡；需要在场里工作的人员，则要将衣物进行熏蒸消毒，这样的消毒才是最彻底的。

工作人员进入生产区净道和猪舍要经过洗澡、更衣、紫外线消毒。养殖场一般谢绝参观，严格控制外来人员，必须进入生产区时，要洗澡，换场区工作服和工作鞋，并遵守场内防疫制度，按指定路线行走。进入养殖场的人员，必须在场门口更换靴鞋，并在消毒池内进行消毒，场门口设消毒池，用2%～3%烧碱溶液，3 d更换1次。

有条件的养殖场，在生产区入口设置消毒室，在消毒室内洗澡、更换衣物，穿戴清洁消毒好的工作服、帽和靴经消毒池后进入生产区。消毒室经常保持干净、整洁。工作服、工作靴和更衣室定期洗刷消毒，每立方米空间用42 mL福尔马林熏蒸消毒20 min。工作人员在接触猪群、饲料之前必须洗手，并在消毒液中浸泡消毒3～5 min。

要求人员在各房舍之间穿插时手部需要洗净和消毒。这对于那些接触过病猪的人员尤为重要。如果有可能的话，应该最后才巡视那些病猪。在各部门间巡回的时候需要更换被污染的衣服，这一点对于产仔舍尤其重要。

购入的猪群安置在隔离检验室，并且在进入和离开的时候都需要经过足履消毒池消毒。安排这些猪群的时候，人员需要另置一套饲养场工作罩衣和水靴。

(八)售猪人员高效消毒方法

售猪人员在售猪过程中，难免与拉猪车接触，如果售猪结束后直接进猪舍工作，就有将病原带进猪舍的可能，冬季大面积的口蹄疫和传染性胃肠炎的发生，与售猪车有直接关系，不能不引起重视。

(1)把磅秤作为隔离带,场内人员把猪赶上磅秤,称好后,交给收猪人员负责赶上车;这一措施已在多数猪场采用,收猪人员已经接受。

(2)明确分工,在磅秤附近赶猪或过秤的人员固定,只在该区域活动,其他人员只负责从猪舍赶到磅秤,不与收猪人员接触。

(3)有专用售猪衣服和鞋,售猪时,参与售猪的每个饲养员都更换售猪用衣服和鞋,售猪结束后清洗消毒后待用。饲养人员仍穿原工作服和鞋进舍工作。

(4)售猪结束后,马上派专人对售猪场地进行彻底清洗消毒。

(5)平时将售猪区域变成隔离区,一般人员不得进入。

(6)严格执行上述规定,任何人不得违反,否则严肃处理。

(九)饲料、物资、器械高效消毒方法

外来维修物资、劳保用品和饲料进场也是病原微生物可能传播进入场内的途径之一,所以对它们的消毒也是很重要的工作,物资和饲料应该进行消毒液熏蒸消毒 24 h 后方可进入猪场。器材设备堆放在一起后进行常规的高压冲洗和消毒;注射器、针头、手术刀、剪子、镊子、耳号钳、止血钳等物品,洗净后置于消毒锅内煮沸消毒 30 min 后才可使用。

进料间在使用完毕后应冲洗干净并使用“百胜”喷雾消毒或用福尔马林、过氧乙酸熏蒸消毒。

(十)饮水高效消毒方法

饮用劣质水或者被污染水会导致生产性能的下降并传播疾病。饮用水中细菌总数或大肠杆菌数超标或可疑污染病原微生物的情况下,需进行消毒,要求消毒剂对猪体无毒害,对饮欲无影响。消毒程序为:储水罐/桶中储水重量/体积→计算消毒剂的用量→加入、混匀→2 h 后可以用。当暴发了严重的传染病时,为阻断病原体通过水源传播,在水中投放的剂量应该提高,并一直要持续到传染病结束。

(十一)装猪台高效消毒方法

接猪台、周转猪舍、出猪台、磅秤及周围环境每售一批猪后大消毒1次。

六、提高消毒效果的方法

(一)影响消毒药作用的因素

1.消毒药的性质

不是每一种消毒药对所有病原都有效,而是有针对性的,所以使用消毒药时也是有目标的。消毒药的种类繁多,目前市场上的消毒药更是五花八门。但对各种病原微生物都有高度杀菌力而对消毒对象又无损坏作用的消毒药并不多,猪场应根据需要酌情选用。如酚类消毒药(煤酚皂溶液)几乎对所有不产生芽孢的繁殖型细菌均有杀灭作用,但对病毒、结核杆菌和芽孢的作用不强。又如碱类消毒药(烧碱),虽然能杀死病毒、繁殖型细菌和细菌芽孢,但对人畜组织有刺激和腐蚀作用。如预防口蹄疫时,碘制剂效果较好,预防感冒时,过氧乙酸可能是首选,而预防传染性胃肠炎时,高温和紫外线可能更实用。

没有任何一种消毒药可以杀灭所有的病原,即使我们认为最可靠的高温消毒,也还有耐高温细菌不被破坏。这就要求我们使用消毒药时,应经常更换,这样才能起到最理想的效果。

2.消毒药的剂型

消毒效果与消毒药的剂型有关,只有溶液才能进入菌体与原生质接触,而固体、气体都不能进入细菌的细胞,所以,固体消毒药必须溶于水中,气体消毒药必须进入细菌周围的液层中才能呈现杀菌作用。如生石灰虽能杀死大部分繁殖型细菌,但如果不经配制直接撒布于干燥的环境中则不起消毒作用。

3.消毒药的浓度

消毒药的抗菌活力取决于其与微生物接触的浓度。在有效浓度水平以上的一定范围内,药物的浓度与效力成正比,但并不是浓度越高越好。浓度太低,不能取得消毒效果,浓度太大,对组织的毒性也相应增大。如酒精的消毒浓度以75%为最佳。此外,消毒对象不同,使用浓度也不同。如漂白粉,按6～10 g/m^{3}用于饮水消毒,按1%～2%用于饲槽等生产工具的消毒。

4.消毒药的剂量

消毒药在杀灭病原的同时往往自身也被破坏,所以,消毒药需要足够的剂量。一般是每平方米面积用1 L药液;生产上常见到的是不经计算,只是在消毒药将舍内全部喷湿即可,人走后地面马上干燥,这样的消毒效果是很差的,因为消毒药无法与掩盖在深层的病原接触。

5.消毒药的温度

一般是药物的温度升高,其作用增强,每增温10℃,抗菌效力增加1～2倍。据此,夏季药物浓度可适当低些,而冬季则要高些,天气冷或为了提高消毒灭菌效力,可兑热水使用。当然,易蒸发的药物,使用时不宜温度过高。

6.作用时间

因为药物向菌体渗透和产生反应需要一定的时间,所以,为了充分发挥消毒灭菌效果,必须按照各种消毒药的特性达到规定的作用时间。

一般情况下,高温消毒时,60℃就可以将多数病原杀灭,但汽油喷灯温度达几百度,喷灯火焰一扫而过,也不会杀灭病原,因时间太短;蒸煮消毒在水开后30 min即可以将病原杀死;紫外线照射必须达到5 min以上。注意:这里说的时间,不单纯是消毒所用的时间,更重要的是病原体与消毒药接触的有效时间。因为病原体往往附着于其他物质上面或中间,消毒药与病原接触需要先渗透,而渗透则需要时间,有时时间会很长。

7.有机物

猪舍中的有机物能与消毒药结合使作用减弱,而且有机物被覆于菌体上机械性保护微生物而阻碍药物的作用。因此，在应用消毒药前，必须将消毒对象彻底打扫干净再用水冲洗干净。

8. pH

环境中的酸碱度影响药物的作用。如漂白粉在酸性环境中作用强，而在碱性环境中作用弱。

9. 消毒药的合理使用

两种消毒药合用常会降低药效，这是由于物理的或化学的配伍禁忌产生的相互颉颃现象。因此，不要随意将两种消毒药混合使用。但在同一场所，将几种消毒药先后交替使用，却能增加消毒效果。

（二）重视猪场消毒时机

由于乳猪刚出生时几乎没有免疫力、抗病力，仔猪早期容易从隐形感染的母猪身上感染疾病，早期感染的许多疾病可以影响和左右仔猪的一生。因此，临产前母猪体表的消毒和产房的消毒是猪场消毒最重要的地方之一。

当母源抗体逐渐消失，给仔猪注射的疫苗还没有产生抗体的时候，仔猪最容易得病。故保育舍的消毒很重要。当疾病发生时，病原微生物向外排泄最多，而药物只有对身体内的病原体有效，对猪身体外面的病原微生物和外界环境中的病原微生物无效。因此，当发现病猪或死猪时，马上对该猪栏或该猪舍进行带猪消毒是猪场消毒最重要的时机之一。

买猪或卖猪后，往往是车辆和人员经过最频繁的时候，也是外界病原最易带入猪场的时候。因此，买猪或卖猪后，对猪经过的所有地方和外人、车辆经过的地方进行彻底消毒是猪场消毒最重要的时机之一。

当猪场周围有疫情的时候，是外界病原进入猪场最危险的时候；当天气发生变化的时候，猪只易发生抵抗力下降而易感染疾病。因此，这也是猪场消毒最重要的时机之一。

(三)提高消毒效果的方法

1. 消毒药物选择要对路

(1)市场上消毒剂种类非常多,质量和使用后的效果差别大,养猪场无检测消毒效果的设备,很难评定消毒的实际效果。为此,只有选择名牌的、国内外都普遍使用的消毒剂,并严格按照说明书正确使用,才有可能真正保证消毒的实际效果。

(2)由于猪的嗅觉、味觉非常发达,仔猪的皮肤又娇嫩,带猪消毒应选择刺激性和腐蚀性小的消毒剂,严格控制配比浓度,并注意每个猪舍的喷雾量和消毒频率,尽量减少对猪只呼吸道黏膜的刺激。

(3)各种消毒剂的杀菌谱有一定的差异,充分了解本场疫病流行情况与病原体的特征,选择针对性强的消毒剂。为了提高消毒效果,更多更广地杀灭各类病原微生物,应交替使用消毒剂,并根据流行病学的情况,阶段性地重点选用某些针对性较强的消毒剂。

(4)任何消毒药对机体组织都有一定的损害作用甚至产生毒性反应,因此,消毒人员要做好防护工作。猪舍进行大消毒前,必须将全部猪只迁出;烧碱消毒后经过 6～12 h,再用清水冲洗干净,然后方可将猪只赶回原圈;来苏儿等含挥发性气体,应避免污染饲料、饮水,否则影响猪的食欲;过氧乙酸、漂白粉等对金属有腐蚀性,烧碱对纤维织物、铝制品、油漆涂面有损坏作用,在使用时应注意。

2. 消毒剂的使用要科学

(1)大多数消毒剂的使用要求在消毒前对消毒对象进行清洗、干燥,以达到理想的消毒效果。对车辆、人员进出的消毒池,必须每天更换消毒液,如因进出频繁而使消毒池变脏,则应及时更换。

(2)空舍的消毒应该在冲洗干净的基础上,干燥后实施消毒,一般实施 3 次消毒,交替使用不同的消毒剂,注意避免引起拮抗。消毒完毕封闭待用。

(3)搞好猪场环境卫生,特别是猪舍卫生,掌控好猪舍的温度、湿度，科学配制消毒液，选择合适的消毒方法和消毒时机，消毒药物交叉使用，但不混合使用，严格按照猪场制定的消毒程序，不折不扣地执行。

(4)消毒液配比要准确：消毒液浓度配比一定要准确，要使用规定的器材进行称量和定容。消毒液浓度并不是越大越好，浓度太大，不但造成药物浪费，增加饲养成本，起不到消毒效果，还容易对猪群及工作人员造成危害。

(5)消毒方法要得当：由于消毒药物渗透力有限，难于穿过障碍物如尸体、积粪、厚的灰尘等，同时有机物存在时，消毒药的效力将大打折扣，因此，消毒最好选择晴天，消毒前应彻底清除栏舍内的尸体、粪、尿、残料等垃圾，清洁墙面、顶棚、水管等处尘埃。

按消毒对象选择消毒方法，应合理运用；按疫病类型确定消毒重点；按疫病流行情况掌握消毒次数；消毒时掌握好温湿度和控制好环境酸碱度；掌握好消毒剂的浓度；不同消毒药品不能混合使用。

车辆用具等应先机械性清洗再用消毒液浸泡、喷洒，而场所、其他用具如工作衣鞋等应先消毒再进行清洗。保证消毒药有效接触消毒表面，并维持尽可能长的作用时间。

(6)消毒力度要到位：消毒要彻底，人流、物流、车流都要进行消毒；消毒液要足量、均匀，作用时间要足，不能一味求快；清扫、清洗要不留污垢；猪场各舍和周围环境消毒要同时进行。

(7)满足消毒药发挥作用的条件：如烧碱是好的消毒药，但如果把病原放在干燥的烧碱上面，病原也不会死亡，只有烧碱溶于水后变成烧碱水才有消毒作用，生石灰也是同样道理。福尔马林熏蒸消毒必须符合3个条件：一是足够的时间，24 h以上，需要严密封闭；二是需要调节温度，必须达到15℃以上；三是必须保证足够的湿度，最好在85%以上。如果脱离了消毒所需的条件，效果就不会理想。

(8)避免不良的消毒习惯:许多消毒药遇到有机物会失效,如果使用这些消毒药放在消毒池中,池中再放一些锯末,作为鞋底消毒的手段,效果就不会好了。有的在入舍消毒池中,只是例行把水和烧碱放进去,也不搅拌,烧碱靠自身溶解需要较长时间,那刚放好的消毒水的作用就不确实了。

(四)猪场消毒常见误区

1.选用消毒药的误区

在养猪生产中,评定消毒药的作用,较评定治疗药物的疗效更为困难。但兽药市场上多种多样、不同名称的消毒药令人眼花缭乱,难以选择。现在上百种甚至上千种商品名的消毒药,如按成分分类只有10多种,选购时应搞清是属于哪一种类型,便可以知道它的作用、特点,以及是否适合你的需求。同时不要只凭广告宣传,如有的消毒药宣传"对病毒的强毒株、超强毒株、变异株等都有杀灭力,既可做平面消毒,又可做立体消毒"等,其实消毒药对不同的毒株消毒作用应是一样的,这是一种消毒药应有的起码作用,所谓平面是喷在地面或墙壁上,立体是喷在空中,实际上是一些玩弄文字游戏的宣传而已。选购消毒药时要注意品牌,是否有信誉的厂家,不要盲目相信宣传或贪图价格低廉。

选用消毒药要根据消毒对象、目的、疫病种类以及使用方法而决定,不能随心所欲,任意调换,既要考虑对病原微生物的杀灭作用,又要考虑对人畜无害;如甲醛、氢氧化钠、过氧乙酸等消毒作用都较强,对病毒、细菌、芽孢、真菌等都有较好的杀灭作用,但它们的副作用也较大,对有些消毒不适用。而季铵盐类、氯制剂等相对副作用小,但对芽孢、真菌等杀灭作用较差。为了弥补各消毒药的某些缺点,增强消毒力,已研制了许多复合制剂,如复合碘制剂、复合季铵盐类、复合酚制剂、复合醛制剂等可供选用。但是,有些药应严格按要求配制后使用。如过氧乙酸是一种消毒作用较好,价廉易得的常用消毒药,按正规包装应将30%过氧化氢及16%醋酸分开包装,称为二元包装或A、B液,用前将两者等量混合,放置

10 h后可配成0.3%～0.5%浓度喷雾消毒，或用做熏蒸消毒，A、B液混合后在10 d内效力不会降低，但60 d后消毒力已下降30%以上，并逐渐完全失效。有的厂家将二者混合后包装，有的猪场为了方便省事，选用了这种过氧乙酸，使用后可能未起到消毒作用。

2. 保存及配制消毒药的误区

有的猪场在使用消毒药时，将消毒药放置室外，任其风吹日晒，配制时只凭估计，“倒上一点，加上一些”，这样很难保证消毒药的有效浓度，有时还发生中毒等意外事故。临床曾见到有的猪场为了“彻底消毒”，加大氢氧化钠的配制浓度(事后估计约为10%～20%的浓度)，用于喷洒地面和猪栏床，又不用清水冲洗，待水分蒸发干燥后，养入猪只，致使猪蹄、腹部皮肤等处被严重腐蚀。配制消毒药并不是浓度越高越好，要针对不同杀菌谱选药，并按使用方法确定配制浓度，同时还要注意水的硬度、酸碱度等，以确保消毒药的作用得以充分发挥。

3. 盲目消毒的误区

消毒应分为定期消毒和临时消毒，定期消毒是针对当地常发生的疫病种类、畜禽种类、不同季节等综合因素进行分析安排，如药物的种类、使用浓度、消毒方法、次数以及消毒药物的轮换等。这种消毒是预防性的，但它至关重要，要制订周密的计划，不可随心所欲。在受到某种疫病威胁，或已发生疫情时，要根据情况制订临时消毒计划，除考虑选用针对性的消毒药物、消毒方法之外，还必须全面彻底地进行全方位大扫除、大消毒，并应反复进行数次。定期消毒对行政区和生产区可有不同的要求，对进入生产区的人员必须严格按程序和要求进行消毒，不论是行政领导、技术人员或饲养工人，都应按一个标准执行。许多养殖场对外来人员要求严，对本场人员松的“外紧内松”“偷工减料”现象常有发生，比如不经任何消毒从饲料间、粪场等通道进入生产区的，基本都是本场人员。

4.过分依赖消毒的误区

消毒是贯彻“预防为主”的重要内容之一，其目的是消除外界环境中的病原微生物，切断传播途径，防止疫病的蔓延。与其同等重要的还有许多环节，如对病死猪做无害化处理，做好环境控制，改善养殖条件，处理好污水粪便，消灭蚊蝇和老鼠，加强饲养管理，免疫预防，增强猪抗病能力等综合性防治措施。应树立兽医保健的新概念，它针对的是预防保健，不是治疗；面对的是群体，而不是个体。不难看出，消毒只是控制疫病发生的手段之一，而不是也不可能是防治疾病的唯一措施，一定要全面理解，认真落实。

5.光照消毒的误区

紫外线的穿透力是很弱的，一张纸就可以将其挡住，布也可以挡住紫外线，所以，光照消毒只能作用于人和物体的表面，深层的部位则无法消毒。另外，紫外线照射到的地方才能消毒，如果消毒室只在头顶安一个灯管，那么只有头和肩部消毒彻底，其他部位的消毒效果也就差了。所以不要认为有了紫外线灯消毒就可以放松警惕。

6.高温消毒的误区

时间不足是高温消毒常见的现象，特别是使用火焰喷灯消毒时，仅一扫而过，病原或病原附着的物体尚没有达到足够的温度，病原是不会很快死亡的。这也就是为什么蒸煮消毒要 20～30 min 以上的原因。

7.喷雾消毒的误区

剂量不足是喷雾消毒常见的现象，当你看到喷雾过后地面和墙壁已经变干时，那就是说消毒剂量一定不够。一个猪场规定，喷雾消毒后 1 min 之内地面不能干，墙壁要流下水来，以表明消毒效果。

8.消毒水长时间不更换的误区

任何消毒药都有寿命，烧碱会受到空气中二氧化碳的破坏；碘制剂、高锰酸钾、过氧乙酸等是通过氧化破坏病原蛋白质，遇到其他的还原剂也会被破坏而失效；其他的消毒药也是同样的道理，在杀灭细菌的同时本身也在消耗，所以都有时限性，也就是过一阶段效果会变差，必须及时更换消毒药，或保持足够的浓度才能起到消毒作用。如果我们发现高锰酸钾颜色变成暗红色，如果我们发现烧碱水没有黏度，那它的消毒作用已经很弱或丧失了。

9.消毒前不做机械性清除的误区

消毒药物作用的发挥，必须使药物接触到病原微生物。但被消毒的现场会存在大量的有机物，如粪便、饲料残渣、分泌物、体表脱落物以及鼠粪、污水或其他污物，这些有机物中藏匿有大量病原微生物。同时，消毒药物与有机物，尤其是与蛋白质有不同程度的亲和力，可结合成为不溶性的化合物，并阻碍消毒药物作用的发挥。再者，消毒药要被大量的有机物所消耗，严重降低了对病原微生物的作用浓度，所以，彻底的机械清除是有效消毒的前提。机械清除前应先将可拆卸的用具如食槽、保温箱等拆下，运至舍外清扫、浸泡、冲洗、刷刮，并反复消毒。舍内在拆除用具设备之后，从屋顶、墙壁、门窗，直至地面和粪池、水沟等按顺序认真打扫清除，然后用高压水冲洗直至完全干净。在打扫清除之前，最好先用消毒药物喷雾和喷洒，以免病原微生物四处飞扬和顺水流出，扩散至相邻的猪舍及环境中，造成扩散污染。

10.消毒没有程序的误区

消毒应按一定程序进行，不可杂乱无章随心所欲。一般可按下列顺序进行：舍内从上到下（从屋顶、墙壁、门窗至地面，下同）喷洒大量消毒液→搬出和拆卸用具和设备→从上到下清扫→清除粪尿等污物→高压水充分冲洗→干燥→从上到下并空中用消毒药液喷雾，雾粒应细，部分雾粒可在空中停留 15 min 左右→干燥→换另一种类型消毒药物喷雾→安装调试→密闭门窗后用甲醛熏蒸，必要时用 20%石灰浆涂墙，高约 2 m→将已消毒好的设备及用具搬进舍内安装调试→密闭门窗后用甲醛熏蒸，必要时 3 d 后再用过氧乙酸熏蒸一次→封闭空舍 7～15 d，才可以认为消毒程序完成。如急用时,在熏蒸后 24 h,打开门窗通风 24 h 后使用。

11.饮水消毒的误区

饮水消毒实际上是对饮用水的消毒,是把饮水中的微生物杀灭或控制猪体内的病原微生物。如果任意加大水中消毒药的浓度或长期饮用,除可引起急性中毒外,还可杀死或抑制肠道内的正常菌群,对猪健康造成危害。所以饮水消毒应该是预防性的,而不是治疗性的。在临床上常见的饮水消毒剂多为氯制剂、季铵盐类和碘制剂,中毒原因往往是浓度过高或使用时间过长。中毒后多见肠道炎症及不同程度的死亡。

12.使用甲醛消毒的误区

甲醛是一种有强烈刺激气味的气体,溶于水中的 38%～40% 的甲醛溶液又称福尔马林。甲醛对绝大多数病原微生物包括芽孢和真菌等,都有较强的杀灭作用,而且价格低,没有腐蚀性。但它有穿透力差、作用力缓慢的缺点,而且在低温下存放的甲醛溶液可生成絮状的三聚甲醛,致使杀菌力下降,应防止出现此种"聚合"作用的发生。甲醛溶液最常用做熏蒸消毒,它消毒的作用受温度和湿度的影响很大,温度越高消毒效果越好,温度每升高 10℃,消毒力可提高 2～4 倍。在温度为 0℃的环境下,几乎没有消毒作用,所以应保持在 20℃以上使用。还要注意,所说的温度是指被消毒物体表面的温度,而不是空气的温度,也不是使用甲醛时短时内的温度。在用甲醛熏蒸消毒时,还应使环境相对湿度达到 80%～90%,消毒作用才得以发挥。熏蒸消毒时可将甲醛溶液加 3～5 倍的水,放入大铁锅中加热煮沸,直至将水蒸发耗干,这样既提高了舍内湿度,又提高了温度,大大增强了消毒效果。用高锰酸钾做氧化剂促使甲醛蒸发的方法时,在甲醛溶液中也应加入 2 倍量的水。还应注意,不要将高锰酸钾投入甲醛溶液中,以免溅出使人灼伤,应将加水的甲醛溶液缓缓加入放有高锰酸钾的容器中。容器应选陶瓷,不要用塑料等不耐热的容器,容器的容积应大于甲醛溶液加水后容积的 3～4 倍。熏蒸要先计算出猪舍内的体积,按每立方米用甲醛溶液 28～46 mL 计算用量。猪舍内、外环境消毒，也常用甲醛溶液喷雾，可配成 5%的甲醛溶液，最好用机动或电动大型喷雾器，以便在短时间内完成。它效率高、喷射得远而雾粒细，并减少了对操作者黏膜的刺激。

甲醛是无色的气体，如果猪舍有漏气时无法看出来，这就使猪舍熏蒸时出现漏气而不能发现；尽管甲醛比空气重，但假如猪舍有漏气的地方，甲醛气体难免从漏气的地方跑出来，消毒需要的浓度也就不足了；如果消毒时间过后，进入猪舍没有呛鼻的气味，眼睛没有青涩的感觉，就说明一定有漏气的地方。所以，熏蒸消毒时如果猪舍封闭不严，消毒效果就会大打折扣。

13.使用石灰消毒的误区

石灰具有消毒力好，无不良气味，价廉易得，无污染的特点，但往往使用不当。新出窑的生石灰是氧化钙，加入相当于生石灰重量 70%～100%的水即生成疏松的熟石灰，也即 $Ca(HO)_2$（氢氧化钙），只有这种离解出的 OH^-（氢氧根离子）才具有杀菌作用。有的猪场在入场或猪舍入口池中堆放厚厚的干石灰，让鞋踏而过，这起不到消毒作用。也有的用存放时间过久的熟石灰做消毒用，但它已吸收了空气中的 CO_2（二氧化碳），成了没有 OH^- 的 $CaCO_3$（碳酸钙），已完全丧失了杀菌消毒作用，所以也不能使用。还有的直接将石灰粉撒在舍内地面上一层，或上面再铺一层垫料，这样常造成猪蹄灼伤，或因猪拱食而灼伤口腔及消化道。有的将石灰直接撒在漏缝地板下，致使石灰粉尘大量飞扬，引起呼吸道炎症。使用石灰最好的消毒方法是：加水配制成 10%～20%的石灰乳，用于涂刷猪舍墙壁 1～2 次，称为“涂白覆盖”，既可消毒灭菌，又有覆盖污斑、涂白美观的作用。

14.带猪喷雾消毒的误区

带猪消毒的着眼点不应限于猪的体表，而应包括整个猪所在的空间和环境，因许多病原微生物是通过空气传播的，不进行空气消毒就不能对此类疾病取得较好的控制，所以将带猪消毒视为全方位消毒可能更为全面。带猪消毒应将喷雾器喷头高举空中，喷嘴向上喷出雾粒，雾粒可在空中缓缓下降，除与空气中的病原微生物接触外，还可与空气中的尘埃结合，起到杀菌、除尘、净化空气、减少臭味的作用，在夏季并有降温的作用。带猪消毒喷出雾粒直径大小应控制在 80～120 μm，雾粒过大则在空中下降速度太快，起不到消毒空气的作用；雾粒过细则易被猪吸入肺泡，引起肺水肿、呼吸困难。做喷雾消毒的药物应选杀菌谱广、刺激性小的药物；水溶性不好、带有异味、刺激性强的消毒药物均不宜使用。喷雾用药物的浓度必须按照使用说明，不可任意加大或降低。因每进行喷雾一次，可降低舍温 2～4℃。所以在冬、夏不同季节，可灵活调节药液浓度或用量。使用的喷雾器最好为电动或机动，压力为 0.2～0.3 kg/cm^2，喷出的雾粒大小及流量可进行调节，用一般手动喷雾器不易达到此种要求。

专题四　猪场合理保健

一、保健的具体内容及其实践意义

现代汉语词典上对于保健的解释是：保护健康。这种释义很直白，很简单。“保健”一词，是由“保”和“健”两字组成的。在汉语里，“保”字的主要含义有：保育、抚养；保佑；安定；守卫、保护；负责、保证。“健”字的含义是：强壮、健全。在“保健”这个概念中，“保”是关键，“保”是主语，“健”是谓语，“保”是措施、手段、方法、途径，“健”是目的、结果、归宿。保健的真正含义应该是通过一系列严格的环境控制、合理的营养调控和科学的预防接种及良好的饲养管理，达到杀灭或减少环境中的病原并提高猪群抗病能力，保障生物体的正常机能免遭损害。猪的“保健”重点应放在养、育、抚、安、卫、护等方面。

(一)保健的具体内容

保健应该是在动物正常的健康的状况下所做的保护性、保养性工作，通过一系列有效的工作措施防止不正常、不健康状况的发生。如果已经有问题了、有病了再去保健，是毫无意义的，那不叫保健，是治疗、抢救。真正的保健应该是：在养猪生产中全方位、全过程地为猪只营造和提供好的环境（大环境）、住所（栏舍小环境）、食物（丰富而平衡的营养），给予优厚的福利待遇，采取必要的防范措施使其免遭伤害，使其舒适、快乐地生活，顺利地繁育，健康地生长。保健的具体内容如下：

1. 提供良好的饲养设施设备

包括栏舍、地坪、食槽、水槽或饮水器、转猪车、赶猪通道、排水排污沟、废弃物处理器、沼气池、隔离网或防疫墙、饲料加工和储藏室等。对设施设备的总体要求是:性能优、实用性强,让猪有舒适感,有利于猪健康及正常生产性能的发挥,有利于生态效益和经济效益的提高。

2.提供优质的饲料

总的要求是:营养全面、充足、平衡;根据不同的阶段、群体科学地设计配方;适当的能量蛋白质水平,符合理想蛋白质原理;维生素、矿物质丰富,高于饲养标准但不过剩;霉菌毒素含量极低不至于造成对动物健康的危害;有毒有害化学元素低于允许限量;杜绝使用盐酸克伦特罗、莱克多巴胺、三聚氰胺等禁用物质;足够的能满足动物生理和生产需求的喂量;新鲜度和清洁度高。

科学饲喂:根据猪只不同生长阶段及生理特点制定相应配方,根据不同季节适当增加多维、电解质等抗应激营养素。一般情况下,哺乳母猪和商品仔猪采用自由采食,待配及怀孕母猪采用限制饲喂。

3.提供清洁卫生的饮水

总的要求是:清洁无工业三废污染,硬度合适,卫生指标(沙门氏菌、大肠杆菌、寄生虫、化学元素等)符合规定,冬温夏凉,足够的流量,方便饮用。

4.提供舒适的环境

主要包括自然环境和人为环境。如空气、土壤、水源等非生物环境和动植物、微生物等生物环境及猪舍、设备、饲养管理等人为环境。不良环境危害主要包括物理因素、化学因素和微生物因素等。物理因素危害主要为冷热应激及高湿度高密度饲养;化学因素危害主要为室内氨气、硫化氢、二氧化碳浓度过高;微生物因素危害主要为猪体排出的常见病原菌,病猪增多,死淘率上升。

温度适宜:采用保温设施如保温箱、热风炉等为猪供暖;采用降温设施如排风扇、湿帘、喷雾系统等为猪降温。

湿度适宜:通过加强通风、防止水管渗漏、合理控制舍内用水、预防仔猪腹泻、使用干粉式消毒剂等措施控制湿度，相对湿度保持在65%左右为宜。

良好的通风：通过增加清粪尿频率、加强通风，保持舍内干燥、减少有害气体及灰尘产生，保持室内空气新鲜，CO_2、NH_3、H_2S等不超标，符合环境卫生标准。

微生物控制：及时隔离或淘汰病猪、应用药物保健等减少排菌量，加强通风、带猪消毒减少舍内微生物。

宽敞、干燥、平实、干净的地面：无毛刺、无障碍、无污物、无凹坑。

足够的饲养空间：要求密度合理，育肥猪以10～20头为一群，占地面积1.0～1.2 m^2/头。母猪3～5 m^2/头，有较大的活动场。

安静的环境：无噪声刺激。

干洁的垫料或垫草：垫料垫草具有吸收有害气体、保温防湿、减少粪便污染等好处。

5. 减少不必要的应激

仔猪剪牙、断尾、去势、频繁转群换圈、分栏并栏、称重、急换饲料、驱赶、鞭打、贼风、高热侵袭、缺水、饥饿、过多的免疫注射、带猪消毒等都会引起应激反应，要尽量避免和减少。

6. 施术和护理时的动作轻柔

在从事抓猪、接产、助产、免疫、剪牙、断尾、断脐、去势等工作时，动作应轻柔有序，切忌粗暴行为。注意：按照福利养猪要求不剪牙、不断尾，如需要进行也应力求减少猪的痛苦，并严格消毒。

7. 维护猪体表的清洁

勤换垫料垫草、勤清粪、勤洗刷，分娩前后的母猪做好体表的清洁消毒工作。

8. 消灭猪病的传染媒介

主要是杀灭蚊虫、苍蝇和老鼠。禁止猪场饲养犬、猫等动物。

9. 防止猪群斗殴

防止猪群内咬架斗殴等互残行为发生，若有，则及时制止、隔离，对伤残者细心护理观察。

10. 重视初乳的免疫作用

母猪分娩后 1～3 d 的乳汁称为初乳，含有大量的免疫球蛋白，尤以 24 h 以内的乳汁最有免疫价值。因此，对于新生仔猪应有专人辅助吮奶，让所有仔猪都能吸上初乳。此外，仔猪应适时断奶，以 3～4 周龄断奶为佳，过早过迟均不好。

11. 必要的免疫注射

以免疫病毒性疫苗为主，种猪主要免疫猪瘟、伪狂犬、乙脑、细小病毒、口蹄疫等疫苗；育肥猪主要免疫猪瘟、口蹄疫。其他疫苗根据疾病流行情况和需要适当免疫。免疫要讲究程序、规范操作、追求效果。

12. 适当使用免疫增强剂

在免疫前 3 d 或在生产的重要阶段如母猪处于分娩和泌乳期使用如“元动利”、“常安舒”、“优壮”等免疫增强剂，能提高机体非特异性免疫功能，提高机体抗病、抗应激和耐高温低温能力，降低不良环境、疾病等因素对饲养的影响。同时能调理亚健康猪群，使整个猪群处于健康状态，提高猪场经济效益。

13. 适当使用新型绿色生物制剂

寡聚糖、溶菌酶、复合酶、益生素、生物酵母等生物制剂具有一定的保健功能。

14. 适时驱除猪体内外寄生虫

制定驱虫程序，选择优质驱虫药物适时驱除蛔虫、食道口线虫、疥螨等猪体内外寄生虫以及附红细胞体、弓形体等血液寄生虫。如“附克舒”对猪附红细胞体有特效，“弓链克”对弓形体有特效，“红弓灭＋胜多协”能消灭附红体、清除弓形体，“虫唑先驱(芬苯达唑粉)”对线虫有特效。

15. 死猪及废弃物的处理

很多猪场兽医不重视此项工作，其实死猪和废弃物(粪便、疫苗瓶、污染的垫料等)的无害化处理十分重要，不做好则贻害无穷。

16.规范地进行检疫检验

通过检疫检验来判定猪群健康状况，发现不正常猪只即迅速采取必要的处置措施，如隔离、消毒、治疗、淘汰等。

17.定期进行环境消毒

详见“猪场高效消毒”。

(二)生产中常见几种保健的涵义

1.保健饲养

保健饲养就是采取各种技术措施，减少或消除各种致病因素，保持和提高动物机体抗病能力，使动物处在健康状态下快乐成长，从而达到防病、保障动物福利、提高畜产品品质和增加养殖效益的目的。

2.保健养猪

保健养猪是指通过减少或消除各种致病因素，保持和提高猪体本身的特异性和非特异性抗病能力达到保健防病、提高肉品质和增加效益的养猪新方法。

3.135保健养猪

以母猪为中心，通过生猪的保健，大幅减少和控制常见多发疾病，将目前生猪出栏平均时间缩短为135 d，并且肉品质有所提高，每头猪有望增收40～110元的养猪新技术。

目前养猪生产中还存在以下制约因素，使猪饲养期延长，效益下降：

(1)免疫应激平均使饲养周期延长3～5 d，损失10～20元。

(2)母猪生殖应激：母猪繁殖力低、仔猪初生重小，25～28日龄断奶重6.5 kg，使饲养期平均延长10 d，直接成本增加10～50元/头。

(3)出生关：仔猪黄痢主要影响仔猪成活率，成本增加10～20元/头。

(4)补料关：仔猪白痢平均影响2～5 d，成本增加10～20元/头。

(5)仔猪断奶关：断奶应激延长饲养期5 d以上，成本增加

10～20 元/头。

(6)保育关:仔猪营养应激以及氨慢性中毒、免疫力低下和圆环病毒感染延长饲养期 5 d 以上,成本增加 10～20 元/头。

(7)仔猪腹泻综合征使仔猪饲养周期延长 30 d 以上,成本增加 50～100 元/头。

(8)各种因素特别是霉菌毒素造成的免疫抑制,机体抗病力下降,使临床上常见的 30 多种疾病如气喘病、流感、附红体等发病率增高,平均延长饲养期 5～10 d,成本增加 10～30 元/头。

(9)被动保健不当,延长饲养期 5～10 d。

从以上分析可以看出,目前养猪生产从理论上讲如果能解决上述制约因素,还可缩短饲养周期 35～50 d,每头猪增收 40～110 元,这是 135 保健养猪的理论基础。

4.保健饲料

保健饲料又称为功能性饲料,是指具有某一特定功能如提高免疫力、抗应激等功能的一类特殊的饲料。类别有:免疫调节;改善营养性贫血;改善胃肠功能,防腹泻;促进生长发育;促进泌乳,改善母猪骨质疏松;抗毒物损伤;促进排铅、解毒;改善畜产品品质;增进抗病能力。

5.保健猪舍

保健猪舍的设计原理主要是通过完善猪舍内外布局和猪舍内部的工艺设计等一系列措施,以尽量满足猪的生物学需要、减少环境因素的应激等为设计依据,最大限度地切断疾病的可能传播途径,为猪群提供良好的生长和繁育环境,从而将药物和保健品的使用降到最低,最终实现从猪场硬件设施方面来进行猪只饲养和保健的目标。相对于目前的传统猪舍,保健猪舍的设计不但要充分考虑生产和管理的需要,还要重点考虑猪只的福利以及疾病控制,充分挖掘猪只的生长潜能,达到增加生长速度、控制疾病的目的,从而提高经济效益和猪肉品质。采用这种设计的猪舍,不论从动物的福利角度,还是从养殖业的利润角度来说,都是非常必要的。

设计主要体现在猪舍的选址、布局以及内部流水线设施等方面，使高密度、高效率的养猪生产成为可能，这也是现代化养猪的发展方向。保健猪舍的设计特点主要体现在以下几个方面：

(1)提供舒适的生长环境　猪舍的设计要符合猪的生物学特性，具有良好的环境条件，满足猪的生长需要。环境应激不但造成猪只的生长缓慢，饲料报酬低，而且使猪只的免疫力降低，对疾病的抵抗力下降，从而使疾病更容易发生。相反，良好的生长环境可以加快猪的生长速度，提高饲料报酬，同时能够提高猪的免疫力，降低药物的使用，从而提高养猪效益和猪肉质量。

(2)污水和粪便的无害化处理　猪场粪污的处理对周边生态环境的保护及猪场疾病控制均具有重要的意义。及时合理地处理猪粪，既可获得优质的肥料，又可减少对周围环境的污染。对于粪污的处理，首先要将雨水和污水分离，这样可以极大地减少污水排放量。中小型猪场可建立沼气发酵池来处理猪场的粪便和污水，大型猪场要建立专门的污水处理设施。粪便进行生物发酵，生产生物有机肥。这样不仅可消除污染源，还能创造出可观的经济效益。

(3)猪舍的合理布局　合理布局包括各猪舍间和猪舍内部的布局。猪舍间的布局主要是指配种、妊娠、分娩、保育、育肥舍等的空间分布。原则上是要求各猪舍的距离尽量的大，同时做到各猪舍的单向流通。目前很多猪场开始采用多点式的隔离饲养新工艺，这样能最大限度地减少了疾病的传播。

猪舍内部布局主要包括猪舍内部各猪栏之间的分布、隔离等。目前有的猪舍在设计时，片面追求空间的利用，内部没有合理的分区和隔离，导致疾病很容易在整栋猪舍内传播。

(4)生产设备的优化　猪舍内部的养猪设备主要包括各型猪栏，供水和供料装置，保温、降温和通风设施，运动场地，粪沟及清粪装置等。在各型猪栏的安装过程中，要充分考虑猪只的活动空间以及粪便的处理。值得注意的是，这些设备的目的不但是提高养猪效率，而且要有利于改善猪舍内的小气候，有利于猪只的生长发育。通过对硬件设施的优化，可减轻日常养猪生产中疾病防控的工作量，同时使疾病防控工作更有成效。这主要包括猪舍内外的布局和配置、猪舍内部生产设备的优化以及小动物的防控等方面，目的是尽量切断疾病的传播途径。

(5)防止小动物出入　在猪场中，小动物也是很重要的传播媒介，这些小动物包括爬行类的鼠、猫、蟑螂、蚂蚁等，飞行类的鸟、蚊、蝇等。在一些饲养密度较高的地区，小动物是重要的疾病传播媒介，其中以鼠的危害最大。很多猪场均没有这方面的措施，造成各种小动物在猪场之间或猪场内部的猪舍与猪舍间自由活动，无形中成为疾病的重要传播媒介。特别是目前养猪呈区域化方向发展，如何防止猪场之间和猪舍之间的交叉感染是猪只饲养中需考虑的重要问题。很多地方疫病呈地方性流行，除空气传播这个原因外，小动物在中间所起的作用引起人们的足够重视。粪沟与猪舍相通的地方要经过特殊处理，猪舍的门也要关闭严实。对于飞鸟较多的地方，还要加装防鸟网。

6. 药物保健

科学合理的药物保健具有清除猪只体内病原菌、抑制体内病毒数量及其活性、净化猪场传染病和预防各种疾病通过胎盘传播的作用，可以辅助提高妊娠质量、增强体质、提高抗病能力、达到高标准料重比，从而提高猪场的经济效益。

药物保健是为使猪群保持健康而预防性用药，主要指细菌性疾病、病毒性疾病和寄生虫病三者的控制。特别是对于没有进行免疫的细菌性疾病和血液原虫性疾病，采取科学的药物保健预防措施，能够有效防止猪群在受到应激或母源抗体消失后感染发病。

科学的药物保健方案，主要包括药物种类、保健时机、用药剂量、用药时间和用药方法等几大要素。

(1)药物种类　保健药物的选择既要合理科学，又要考虑成本和实际应用效果。选择药物时要有针对性，要根据猪场与本地区猪病发生与流行的特点和规律，有针对性地选择高效、安全性好的药物。它必须具备针对污染本场的病原、能提高猪群免疫力、抗病毒与抗菌谱广、不易产生耐药性、对猪群无副作用等特点。

驱虫药物：驱虫药物的选择原则是：①安全——凡是对虫体毒性大，对宿主毒性小或无毒性的抗寄生虫药是安全的；②高效——是指应用剂量小、驱杀寄生虫的效果好，而且对成虫、幼虫，甚至虫卵都有较高的驱杀效果；③广谱——能同时驱杀多种不同类别寄生虫的药物；④具有适于群体给药的理化特性——无味、无特臭、适口性好，可混饲给药；⑤无残留——应用后，药物不残留于猪体内，或可通过遵守休药期等措施，控制药物在猪肉中的残留。

中草药制剂：中草药能够全面提高机体非特异性免疫功能，具有广泛的抗菌抗病毒作用，且无残留、无耐药性，对食品卫生无明显影响，通过全方位作用防病促长。通过程序化使用中草药，能够有效地控制猪场常见病、多发病。

功能性物质：是指具有某一特定功能（如提高免疫力、抗应激等）的一类特殊的饲料。常见功效成分有多糖类、功能性甜味剂、功能性脂类、自由基清除剂、维生素类、肽与蛋白质类、活菌类、无机盐及微量元素、藻类等。

化学物质：抗生素与合成抗菌药。

(2)保健时机　规模化猪场的药物保健要用在关键之处，即在疾病易发前就做好目的性预防。药物保健时机要根据不同阶段猪群的生理特点、气温变化规律、易感病原体、猪场饲养操作模式和猪场其他保健防疫措施的实施情况综合确定。例如哺乳仔猪发病率、死亡率高的是大肠杆菌病与伪狂犬病，此阶段仔猪的免疫细胞及消化器官的机能发育还不成熟，当存在应激条件时易受病原的侵害，应当配合母源抗体的保护，通过药物保健提高其非特异性免疫，保障仔猪的健康生长。通常在 7 日龄左右开食补料前后及断奶前 1 周至断奶后 2 周通过添加抗生素类药物保健，起到杀灭或控制肠道、呼吸道病原微生物繁殖的作用。后备母猪配种前 25 d

开始进行药物保健，有利于净化体内的病原体，确保初配受胎率高、妊娠期母猪健康和胎儿正常发育生长。生产母猪产前与产后进行药物保健后，净化了母猪体内的病原体，母猪产仔后很少发生子宫内膜炎、阴道炎及乳房炎，乳水充足，产下的仔猪健康、成活率高。现代集约化猪场普遍提倡重点阶段给药，从源头抓起。对于引进的种猪必须严格做好净化工作，对于哺乳仔猪的疾病控制可从母猪着手，育肥阶段疾病控制可从保育阶段着手等。例如，仔猪感染寄生虫的主要来源为母猪以及其接触的环境，怀孕母猪可在产前 2 周进行驱虫，切断母猪和仔猪间的寄生虫传播环节，对整个猪场寄生虫的成功控制极为关键。

(3)用药剂量及时间　保健药物要正确掌握用药剂量、间隔和次数。大部分药物都有一定范围的安全限制，临床上一般不用高限和低限，而采用中限给药较为安全，并要按药物说明书规定的有效剂量添加药物，严禁盲目随意地加大用药剂量。鉴于某种病原抗药性较强，给药时可适当加大剂量，但不能超过中毒量。用药剂量过大不仅会造成药物浪费，增加成本支出，而且会引起毒副作用，引发猪只意外死亡；相反，用药剂量不够，会诱发细菌对药物产生耐药性，降低药物的保健作用。用药剂量的确定还要考虑猪的品种、性别、年龄与个体差异。不同猪群对药物的敏感度不同，幼龄猪、老龄猪及母猪对药物的敏感性比成年猪和公猪要高，所以药物保健时使用的剂量应当小一些；体重大、体质强壮的猪比体重小、体质虚弱的猪对药物的耐受性要强，因此前者的用药剂量要比后者适当大一些。

大多数药物给药的间隔时间和次数应根据药物的“半衰期”而定，而抗生素还应考虑抗生素的后期效应（PAE），考虑药物的分布及药效与量效、时效的关系。

(4)用药方法　不同的用药方法，可以影响药物的吸收速度、利用程度、药效时间及维持时间，甚至还可引起药物性质的改变。保健用药常用的投药方法有混饲给药和混水给药。国内猪场习惯于饲料加药物做保健预防，饮水添加药物做保健预防的大都局限于产房和保育舍仔猪给药。猪场在生实践中可根据具体情况，正确选择保健用药方法。

(5)制定药物保健方案需注意的问题　保健用药一定要严格遵守《兽药管理条例》、《饲料和饲料添加剂管理条例》、《无公害食品猪肉》等行业标准，禁止使用违规药物。要严格执行国家规定的休药期等有关规定，避免出现耐药性、药物残留及不良反应，影响猪肉的质量，确保猪肉的安全和公共卫生的安全。

保健药物的添加要有较高的目的性和方向性，可通过实验室疾病检测、药敏试验等手段确定，千万不能盲目用药，导致耐药性菌株的增多。

母猪妊娠期间对药物安全性要求高，用药不当易引起流产等其他异常危害反应，尽可能少用。

实施抗生素类药物保健时要避开给猪进行活菌苗的免疫接种，最好二者间隔 1 周以上的时间，否则影响活菌苗的免疫效果。

猪场的药物保健方案需要在生产中密切结合本场实际情况，做好实施效果的跟踪分析，不断地进行药物保健方案的修改与完善。

随着现有猪病的不断发展和新的传染性疾病的不断增多，制定科学合理、可操作性强的药物保健方案，通过善用药物促进猪群的健康状态，是改善猪场生产效益很有效的办法。同时，规模化猪场的生产经营管理者应该清醒地认识到药物保健在猪群管理过程中的地位和作用，避免将药物当成猪场安全生产的保障的错误观念。生产者应该主要通过自身的管理努力去控制疾病，而不是单纯的药物保健。关注猪场经营、关注猪群健康、关注动物福利，有效控制猪场疫病，需要科学合理的药物保健，更需要良好的栏舍环境、均衡营养、科学管理与猪群主动免疫功能的提高。

(三)保健的实践意义及生产中要纠正的几个误区

1.保健的实践意义

保健的提出与践行,符合中国传统医学的"预防为主、治未病(防患于未然)"的原理,其精髓是:未病早防、扶正、固本、祛邪。

保健符合现代"动物福利"的原则——为动物提供有益健康的待遇。家畜福利大体上定义为:动物处于精神和身体完全健康状态,并且与其所处环境非常协调。这个关于福利的概念,用了"完全健康"一词,不是半健康,不是亚健康,不是假健康,而是真正的健康,而且是从"精神"到"身体"。因此,没有健康,也无所谓福利。谈福利,首先是健康匹配,健康保护。福利养猪的要求与内涵和动物(猪)保健的内涵具有交叉性、互补性。现代养猪业最为关注的焦点就是猪群健康问题!

PIC公司的肯·伍雷先生说,猪的健康是猪场中单个最大的资产;猪的疾病对以养猪为生的人来说,是单个最大的负债。英国剑桥大学汤姆·亚历山大博士说,养猪生产者应该"首先把健康保护计划的执行放在第一位,而有效的疾病控制方案是后备的支持力量"。著名养猪专家侯大卫先生指出,没有一个简单的方案能使我们的猪场维持一个更好的健康状况,我们必须坚持不懈地执行把"健康安全和疾病预防"与"健康保护和疾病控制"有机结合在一起组成综合方案。我们再也不能采用持续依赖药物、寻找具有"魔力弹"式的传统方法来解决疾病问题了。

以上专家都十分中肯地指出健康对于养猪业的重要性和必要性,要求把"健康保护"放在首位,我们当引以为然,引以为戒,忠诚地执行。唯有如此,养猪业的可持续发展才有希望,养猪业的绩效才会显现。单纯强调防重于治已成历史,各种病毒性疫病绝不是靠药物预防能控制的,各猪场应从单纯"防"的概念提升到"保健"上来,通过增强猪群免疫系统功能,从被动防御变为主动"排异"。当然,从目前猪场的养殖情况看,完全脱离药物预防的保健方案事实上还不可行,二者不可分开,适度的药物预防手段与保健方案的联合应用仍然是目前猪场控制各种疫病的最有效手段之一。

2.要纠正保健认识上的几个误区

(1)保健就是对猪施药 提起猪群保健的话题，不少养猪界的朋友最关心的是“用什么保健药物最好”，仿佛保健就是怎样用药和用什么药，解决好这个问题就可以一劳永逸，就能“良药一剂保平安”。特别是一些兽药厂和经销商印发的“猪群保健方案”之类的小册子，其实就是引导人们如何更多地使用药物。这种思路是片面的。猪群保健有着更为广泛的内容，包括怎样营造一个让猪群健康生长的生活环境，合理提高营养水平使猪只本身具有更强大的抵御疾病能力，疫苗免疫以对抗特定病源的侵袭等，适当进行药物保健只是其中的一个方面，而且只能是防止以上方案失败的一种补救措施。

在实际生产中，正确接种疫苗，防止免疫失败和免疫应激出现，增强猪的特异性抗病力；使用防霉剂防止饲料霉变，消除霉菌毒素的影响，提高机体抵抗力；通过使用优质的母猪饲料饲喂母猪，促进胚胎期和初生仔猪的免疫器官发育，调理仔猪的免疫器官，以提高仔猪的抗病力等，这些都可以看作是猪保健的部分内容。真正的保健内容应该比这些还要更为全面和广泛，因为保健防控的具体措施是扶正祛邪。扶正就是想办法保持或增加猪本身的抗病力，增强特异性免疫能力和非特异性免疫能力。祛邪就是减少或消除各种致病因素，所以像搞好环境卫生、消毒、驱虫、免疫接种、添加药物等都可视为保健的内容。

一定不要将药物预防和药物治疗与保健等同起来，混淆概念；不要认为保健就是对猪施药，换而言之，用药就是保健，控制疾病就一定要依赖药物。绝大多数抗生素产生肾毒性、消化道不适及腹泻等副作用。如果长期超量添加抗生素，结果是疾病没得到预防，猪机体的抵抗力反而减弱，疾病就会乘虚而入。抗生素不是万能的，更不能有病防病没病强身的概念。如果给没有患病的猪服用抗生素，猪获得的只能是抗生素的副作用。因此，绝不能把抗生素当作保健用药,其只能是治疗用药。

对猪保健就是要让猪自身的免疫力、抵抗力提高。预防用药不仅仅是传统的药物和某些必要的疫苗免疫接种,也可以是饲料中添加的微生态制剂和干净的养殖环境。

(2)把预防当成保健　预防与保健在概念、过程、手段和结局等方面均有很大的不同。

①概念不同:猪场的预防与保健工作既有相似之处,又有本质的区别。相似之处是二者的最终目的都是为了降低疫病的发生,取得好的生产成绩;二者都不能保证猪场免受所有疫病的侵扰。但二者之间的本质区别更应该得到所有从业者的关注:保健是着眼于猪群整体,通过提高猪的体质、提升猪的免疫力来保持猪群的健康,保持良好的生产状况。而预防是着眼于猪群的某个局部,通过采取一些特定的有针对性的手段,防止某些可预见疾病的发生,达到提升猪群生产成绩的目的。

②过程与手段不同:保健工作贯穿于养猪生产的全过程,是通过加强管理,科学的营养,有时也借用中医调理的手段保持猪群的健康状况,是一套系统的整体工程。适当的消毒措施、适度的免疫、科学细致的管理、恰当的营养方案等属于保健范围,通常所说的给某些猪群添加油脂、适时使用氨基维他、冬季保温降氨味、夏季降温防暑、消除霉菌毒素危害、调整肠道菌群、一些可提升猪群免疫系统功能和增强猪群体质的功能性产品(如"元动利"、"常安舒"、"优壮"、"布他霖")的使用都属于"做保健"。

预防工作是在某些特定的时间(如换季、断乳、转群等)、某些特定的猪群为了防止某些特定疾病的发生而采取的一些特定的手段。比如为了防止母猪产后三联症而在母猪生产前后添加抗菌药物,为了防止断乳仔猪腹泻或发生呼吸道病而在饲料中添加各种药物或是在断乳时给仔猪注射一些药物,秋末冬初时节为了防止发生呼吸道病而给猪群投用抗呼吸道病的药物,周围有猪场发生弓形体病时在自家猪场投用磺胺药的行为,这些都是典型的预防工作。

③结局不同：做保健的猪群，正常状态下猪群免疫系统功能得到极大提升，各个脏器得到修养、维护，保持着功能正常，猪群生产保持正常运转。而做预防的猪群，一些特定的细菌性疾病得以控制，猪群保持不发病状态，但因为药物的投用，增加了肝、肾等脏器的负担，饲料利用率、生长速度会有所降低，因为药物的使用，有时还会导致肝、肾损伤及免疫功能受损。

做保健时猪群不接触抗菌药物，体内正常菌群不会受到破坏，不会导致耐药现象，也不会有动物产品的药物残留问题。而做预防时，因为抗菌药物的使用，在这三项上都是相反的结果。

做保健和做预防都不能保证猪群不发生疫病，当疫病发生时，做保健的猪群因为有良好的体质和完善的免疫系统功能，使疫情控制变得更为容易，猪群存活下来的机会更大。

二、猪场保健原则

（一）猪场保健的总原则是扶正祛邪

近年来，集约化、规模化养猪场在怎样给猪群进行保健的问题上，存在一些不符合猪的生理、心理和行为需要的理念和做法。有人认为，给猪注射疫苗就是保健；也有人认为，用抗生素或抗菌药物进行疾病预防或治疗就是保健；还有人认为，消毒就是保健；另有人认为使用免疫增强剂就是保健。其实质性内容与真正的保健偏离甚远，给猪的健康带来了不利影响，也给猪场的经济效益和防疫效果带来了愈加凸显的负面影响。猪场保健的总原则就是“扶正祛邪”。

“扶正”就是保持或增强机体本身的抗病能力，又称为主动保健。主要措施包括应用免疫注射方法增强机体的特异性抗病能力和应用营养与免疫调控方法以及其他技术手段提高机体的非特异性抗病能力。

大量科学研究证实，营养与免疫关系极为密切。一是营养缺乏本身可引起多种疾病;二是营养物质还可影响机体的非特异性抗病能力,如维生素 A 具有维护上皮组织完整性功能,维生素 A 不足,呼吸道、消化道、泌尿道和生殖道等上皮组织出现角质化,黏膜受损,抵抗力下降,易患感冒、肺炎、肾炎和其他尿路炎症;三是营养也可影响机体的特异性抗病能力,如注射疫苗后机体产生特异性免疫应答来抵抗疾病,其中体液免疫产生抗体,抗体是免疫球蛋白,其合成也需要营养物质,并且这种营养需要与动物生长所需营养不完全相同。因此,营养供给不足或不平衡均会影响机体的特异性和非特异性抗病能力,营养调控也是提高机体抗病能力的重要保健措施。

"祛邪"就是减少或消除各种致病因素,又称为被动保健。具体措施包括:①搞好环境卫生。农村有句俗话叫作"养猪不巧,栏干食饱"。②消毒。杀灭各种病原微生物。③驱虫。减少致病性的寄生虫。④在饲料中适当添加药物。但添加药物一定要强调适当,如果不适当,就会导致临床上很多的问题,如药源性便秘等。⑤提供好的"风水"和饲养管理。风是指猪舍选址适当,通风向阳,可以减少疾病发生,水是指为猪群提供充足清洁的饮水,这也能减少疾病。

(二)合理的猪场选址和布局

合理选址:尽可能远离人居区和其他动物养殖区以及交通要道,有充足的无污染水源,电力供应正常,排污方便。

严格布局:尽可能背风向阳,做到场内污道、净道分离,各建筑物之间距离合理,间隔应为檐高的 3 倍左右,最低不少于 2 倍,如果不考虑土地利用率因素,当然距离可以更大,以利于通风透气。

加强场内小环境的改造:建筑物之间建立绿化带,既可以挡风遮阳,也能使空气更加清新。猪舍的保温隔热措施同时要兼顾通风透气的需要。

健全严格的消毒制度:建全猪场内严格的消毒制度和方法,药物的选择和更换的原则,一是病原能产生耐药能力的品种不能长期使用，但更换不可过于频繁，否则病原对各品种消毒剂都产生耐药性而无药可用。二是刺激性气味较浓或腐蚀性强的药物避免带猪消毒和金属设备接触。在外部和内部环境都合适的条件下，做好人员车辆和其他隔离制度，以及场内的消毒制度，尽可能减少病原体的传播威胁，给猪群健康奠定一个良好的基础。

（三）规范的技术操作规程

不同阶段的猪群，按照不同的操作规程和饲养标准去要求和管理，才能充分发挥各阶段猪群的生产潜能。不同日龄的猪群，由于其不同的生理特点，相应有不同的饲养方式和标准，包括饲料的营养结构，环境温度的调控等。不同的季节，有不同的饲养标准及不同的饲养管理制度，要因时而异，实行科学饲养正确管理。

（四）提高猪的抵抗力

猪的体质是决定猪群健康的内在因素，也是决定猪群健康的关键。如果猪的体质不好，其他工作做得再好最后都有可能功亏一篑。

增强猪的体质，首先是选种，即选择抗逆能力较强的品种。目前养猪界有种不正常的倾向，品种越新越洋仿佛就是猪场档次高的象征，这是一种错误的倾向。其实我国的良种猪的品种适应性、肉质和口感以及繁殖能力是目前任何引进品种无法企及的。国家应注重挖掘本国品种资源，减少引进。这样还可以避免因引种不慎带来新病源的风险。从抗病能力角度来说，越洋的品种越娇贵是不争的事实。其次要从管理上下功夫，尽可能给猪只提供舒适的生活空间，处理好密度、通风和湿度以及做好降温御寒工作这些细节，营养平衡的日粮供给是猪群健康的物质基础。非营养性添加剂对猪体健康造成的损害、食品安全风险都应在我们考虑的范围之内。

（五）适当使用化学药物

当前猪群中发生的疫病种类越来越多，病情越来越复杂。在防控这些疫病的发生与传播中，除了做好疫苗免疫预防，搞好疫病检疫与检测、加强科学的饲养管理、落实好各项生物安全措施和控制好养猪的生态环境等工作之外，还应根据猪只不同的生长阶段疫病流行的特点，有针对性地选用药物进行保健、预防，这也是动物疫病防控中贯彻"预防为主"方针的一项重要的具体措施。

药物保健虽然是猪群保健中的补救措施，但适当用药的重要性亦不可因此而被忽视。适当用药，意思是药物可用但不可滥用。滥用药物的后果，一是药残对人体的间接损害；二是浪费资金；三是增强病原微生物的耐药性，猪只真的生病了反而无药可用或用药收效大打折扣；四是"是药三分毒"，即使是无毒或低毒的药物，在猪体内的分解也可能增加猪只肝肾功能的负担甚至直接损害肝肾功能。

长期在饲料中添加抗生素的做法也不可取，一些非营养类功能性添加剂亦不可滥用。这类添加剂中的一部分可能短期促生长的效果较明显，但长远来看对猪的健康大多会有负面影响。

(六)科学的免疫程序

免疫是养猪降低疫病风险的重要措施之一，但是，合理才是根本。如果所有疫苗都用，不但浪费资金、人力，对猪群的健康状况也有害无益。特别是一些活疫苗和菌苗(弱毒疫苗或弱毒细菌苗)产生变异造成毒力转强的风险，给一些猪场造成重大的损失。怎样才算合理？各猪场情况千差万别，不能制定统一的免疫程序和计划，但必须遵循一些重要原则。

1.对本场有威胁的疾病才免疫，否则不免疫

各地区对有威胁的病种的标准有一定差异，但诸如猪瘟、口蹄疫这些大范围存在的疾病不但各地畜牧管理部门规定必须免疫，也是各养猪场不能轻易放弃免疫的。对于一些本地区从未发生，或影响不大容易治愈的疾病，可不进行免疫。

2.病毒性疾病免疫的重要性远大于细菌性疾病

这是因为病毒性疾病不但很难甚至根本无法治疗，而且环境

中的病毒比细菌更难用一般性消毒措施所杀灭。

3.效果不确定的疫苗最好不用

理由是:既然效果不确定,花了钱都买不到放心,有什么必要呢?这类苗即使能产生低水平抗体,但在本场存在某种病源而且处于相对平衡的情况下,低水平抗体加快细菌繁殖和病毒复制速度的特性往往诱使该病暴发,造成不可挽回的损失。

4.严格执行免疫间隔期和最适免疫日龄

任何疫苗都是通过刺激猪体免疫系统使猪体本身产生免疫反应,有些疫苗在猪体免疫机能不完善的情况下无法刺激猪体产生抗体。再就是很多试验证实,猪在应激状态下产生抗体的能力大打折扣。

大多数病原感染后疫苗作用有限,所以必须在猪只感染前免疫。这些都构成了必须掌握最佳免疫日龄和执行免疫间隔期的必要性。

三、猪场建议保健方案

(一)哺乳仔猪保健方案

饲养管理仔猪的主要任务是获得最高的成活率及个体均匀、生活力强的仔猪。对初生仔猪要做到开食补料,同时使用保健品,预防仔猪黄白痢,还要进行综合保健以提高机体抗病力和防控常见疾病。解决仔猪断奶出现应激的问题,进行常见疾病的疫苗免疫工作。

1.仔猪的管理

仔猪出生后应立即哺喂初乳,因母乳中含有丰富的母源抗体及免疫球蛋白,从而使仔猪产生被动免疫,提高成活率。必须保证每个仔猪都吃上初乳,合理地并窝、寄养。

哺乳仔猪出生后3 d内必须补铁,是否需要剪牙、断尾可根据实际情况决定,在每项工作中应严格消毒。3~5 d开始补水,5~7 d开始补料,以促进仔猪胃肠机能发育,以便早开食,增加仔猪断奶重。母猪产前产后药物预防，以预防疾病的侵害。

创造适合小猪生存的一切有利条件，保温箱、插板、底部铺板、上面的盖、烤灯等，最大限度地满足仔猪所需环境条件。在冬季，尤其要做好仔猪防寒保暖工作，防止仔猪受冷。观察仔猪温度是否合适不是单纯信赖温度计，而是看小猪躺卧姿势。

母猪排便后，立即清除，产床上不留粪便。如母猪沾上粪便，应立即用消毒抹布擦净。

2. 仔猪的药物保健

仔猪常见疾病有红痢、黄白痢、传染性胃肠炎、流行性腹泻、轮状病毒病、伪狂犬病、猪瘟、渗出性皮炎等。母猪产前 15 d 和 1 d 各注射“爱若达”(补铁、提供能量)10 mL＋“灵乐星”20 mL，仔猪 3 日龄注射“爱若达” 1 mL，提高仔猪采食量，增强非特异性免疫功能，减少母猪三联症和仔猪腹泻的发生。

母猪产前 40 d 和 20 d 可根据猪场实际考虑注射大肠杆菌苗以预防仔猪细菌性腹泻；仔猪出生后未吃奶前口服庆大霉素、新霉素，也可以预防仔猪腹泻。

(二)保育猪保健方案

保育仔猪的综合保健原则是防止保育仔猪营养应激、氨中毒、呼吸道疾病综合征、圆环病毒和蓝耳病的感染。

仔猪断奶时最好按大小分群饲养，将病弱猪饲养于病猪栏，有条件的可设立病猪舍，以控制疾病的水平传播。仔猪断奶后在饲料中添加“元动利”或“常安舒”或“优壮”或“布他霖”，连用 7 d，可抵抗各种应激因素的影响，提高仔猪的抵抗力，降低感染率。

除了断奶应激外，保育猪最严重的应激是温度变化。断奶后第 1 周的温度要达到 26℃以上，昼夜温差不得超过 7℃。可采用红外线灯、电热板保温，也可采用热风炉、地热等加热。传统猪场也可采用保温箱加垫料保温，或垫麻袋和木板。1 周后可每周降低 2℃。一般情况下仔猪分散卧睡或精力充沛就意味着室内温度适宜。

在保温的同时，保育的中后期应该加强通风。密度高、空气质量差的猪舍极易发生空气传播的呼吸道疾病。保证空气质量是控制呼吸道疾病的关键。保证每头保育猪有 0.3～0.4 m^2 的躺卧空间；加强通风、降低舍内氨气、二氧化碳等有害气体浓度，以减少对仔猪呼吸道的刺激，从而减少呼吸道疾病的发生；勤清粪，尽量减少冲洗次数，舍内空气湿度控制在 60％～70％；湿度过大会造成仔猪腹泻、皮肤病的发生；湿度过小会造成舍内粉尘增多诱发呼吸道疾病。

频繁疫苗接种是不可忽视的应激反应，疫苗接种可明显降低仔猪的采食量，影响其免疫系统的发育，并能改变激素的平衡。过多过密接种疫苗甚至会抑制免疫应答，因而会促进感染的发生。在保育舍内不要接种过多的疫苗，一般主要是接种猪瘟疫苗、伪狂犬病疫苗以及口蹄疫疫苗等。在注射疫苗期间，饲粮中加入优质保健品(如"常安舒"、"优壮"、"元动利"、"布他霖"等)，可在一定程度上缓解应激。

仔猪断奶后饲料的更换应该逐步进行，可继续饲喂哺乳期的开食料 3～5 d，之后逐渐过渡到保育猪料。保育猪料最好使用膨化大豆或膨化豆粕饲料，可减少过敏源，防止仔猪断奶后腹泻的发生。日粮中添加主要成分为活性抗菌肽、枯草芽孢杆菌的"免疫强壮蛋白原"，可明显提高猪只的抗病能力，调节肠道菌群平衡，减少保育猪疾病的发生。

减少断奶时的各种应激，切断仔猪呼吸道和肠道疾病的传播途径，保证保育成活率，尤其是副猪嗜血杆菌和链球菌引起的疾病，确保出栏率。饲料中适当添加"灵乐星＋福乐星"或"布他霖＋福多宁＋复方磺胺氯哒嗪钠粉"或"布他霖＋氟美莱＋复方阿莫西林粉"或"安替可＋氟洛芬"，均能显著降低仔猪断奶后的发病率。仔猪肌肉注射 0.10～0.15 mL/kg"普乐安"，可显著降低副猪嗜血杆菌病和链球菌病的发生。

（三）育肥猪保健方案

育肥猪的综合保健原则是“三高”——日增重高、出栏率高、商品合格率高。

1. 育肥猪的饲养管理

育肥猪要采取全进全出的原则，猪只出栏后要彻底清扫、消毒猪舍，杜绝病原菌存留于猪舍而继续感染其他猪只。猪舍要保持适宜的温度与湿度，良好的通风，夏季时要采取适当的降温措施，冬季要注意防风保暖。

2. 育肥猪的药物保健

育肥阶段是猪（商品猪）生长的又一关键阶段。在这一时期，由于猪以最快的速度生长，各种疫病也接踵而至，尤其是呼吸道疾病综合征，因此保健措施必须落实到实处。定期或不定期在饲料中添加一些中草药复方散剂、粉剂，例如“呼毒清”、“大败毒”。定期用“驱达舒”进行驱虫，对养猪场的粪便堆积发酵，利用生物热来杀灭虫卵。育肥猪夏秋季节特别要注意附红细胞体病、弓形体病和“高热病”的控制，每吨饲料添加“附克舒”1 000 g＋“复方磺胺氯哒嗪钠粉”400 g，或者“红弓灭 1 000 g＋胜多协 2 000 g”可有效防治猪附红细胞体病和弓形体病；每 1 000 L 水加“高热血毒清”500 g ＋“热毒病可清”500 g＋“布他霖”1 000 g＋“头孢林”500 g，可有效防治猪高热病；育肥猪冬春季节特别要注意呼吸道疾病综合征的防治，每吨饲料添加“安替可＋氟洛芬”或“赛替咳平”＋“呼毒清”＋“复方磺胺氯哒嗪钠粉”，能畅通猪只呼吸道，增强免疫力，可有效防治猪呼吸道疾病综合征的发生。

育肥猪饲料中添加“酯化植物甾醇（农星 6 号）”，可有效提高饲料报酬和胴体瘦肉率，改善肉质。每吨饲料中添加“优壮”（免疫多糖粉）2 000 g＋赖氨酸 1 500 g，可显著增强食欲和消化力，从而促进采食、生长和增重，并能明显提高肉品风味。

（四）后备母猪保健方案

后备母猪的保健原则是促进性成熟和体成熟。6 月龄后通过添加催情促排卵保健品，使母猪在7～9月龄按期发情，发情时排卵数量多，增加受胎率，提高每窝产仔数，提高繁殖率，从而降低养殖成本。

年轻母猪在活重70 kg以前必须进入种猪舍。为防止引种不慎而引入病原，把后备母猪放到专门的引种隔离舍中饲养至少6周，因为它需要时间适应新的环境，同时在第1次配种前应得到正确的饲养、免疫和营养。

(1)0～2周　把小母猪置于隔离区，即同猪场原有的猪群完全隔离。小母猪需要时间安静下来和适应新的环境。这2周内，使用抗生素对细菌性病原进行净化，如在饲料中添加“安替可”、“施瑞康”、“赛替咳平”等，以减少疾病的威胁。药物的选择视猪场及周边的情况而定。同时，为降低应激，促使其迅速恢复体质、保证其群体健康，要添加“布他霖”、“常安舒”等。

(2)3～4周　使小母猪接触一定数量的老母猪(感染过疾病自然康复的)和断奶仔猪的粪便，小母猪将因此建立对猪场特定微生物群的免疫功能。这个阶段不要在饲料中添加抗生素，但可以驱虫，并在配种前1个月再驱虫1次。

(3)5～6周　引入猪场，把小母猪置于“调情猪舍”中，即和种公猪和断奶后母猪相同的猪舍。在此期间，根据血清检测情况注射相应的疫苗(如猪细小病毒疫苗、猪乙型脑炎疫苗、猪瘟疫苗、口蹄疫疫苗和伪狂犬病疫苗等)。在注射疫苗前后为提高猪的抵抗力，改善非特异性免疫功能，降低猪体内应激激素水平，预防和缓解各种应激反应，可在饲料中添加抗应激药物(如“常安舒”、“布他霖”)。

经以上程序净化处理后2周，采血送检，根据血清学检查或病原学检查结果，结合猪群表现鉴定无病者可转入本场生产群。

后备母猪禁止饲喂发霉变质的饲料，以免引起后备母猪出现假发情、不孕、发情异常、胚胎死亡及流产；加强饲养管理、进行适度运动及公猪诱情，以防止肢蹄疾病，促进发情，降低后备母猪的淘汰率。

(五)空怀母猪保健方案

空怀期母猪饲养管理的目的是恢复断奶母猪的体况,缩短母猪的空怀天数,提高母猪繁殖能力。

(1)采用短期优饲,促进排卵,恢复断奶母猪的体况　对在离乳前 3 d 开始减料的母猪,离乳当天不喂料,离乳后第 2 天至配种增加喂料量尽快恢复母猪的体况,日喂料量增加至 3～4 kg,成功配种后立即降至 1.8～2.0 kg,按膘情喂料,饲料继续使用哺乳料。过度消瘦的母猪,离乳前可不减料,离乳后及时优饲增加喂料量,使其尽快恢复体况,及时发情配种。离乳前体况相当好甚至过肥的母猪,离乳前后都要减少喂料,并适度运动。经产母猪断奶后 2～5 d、初产母猪断奶后 3～7 d,开始发情并可配种,配种后使用怀孕料。流产母猪第 1 次发情不配种,生殖道有炎症的母猪治愈后才配种,每个情期配种 2～3 次,断奶后 7 d 内应有 90%以上母猪发情配种认为正常。

(2)加强管理,促进发情　断奶时过度消瘦的母猪或发生繁殖障碍后的母猪常出现断奶后不发情的现象,在采用疫苗接种、抗生素防治的同时,可采取有效的措施促进发情配种,如优饲催情、母猪合群运动和公猪诱情等方法,当以上方法无效时可采用 PG600、"多孕宝"催情,并根据不同品种、个体差异、表现不同程度的发情症状、压背反应适时配种。

(3)淘汰不合格的母猪,保持母猪群合理的结构　种猪的年淘汰更新率在 30%左右。合理的母猪胎次结构应为:0～2 胎占 35%～45%,3～6 胎占 45%～55%,7 胎以上占 10%以下。对离乳后经催情处理后不发情、连续 3 个情期配种未孕、患子宫炎经药物处理 2 个情期不愈、连续 2 胎产仔数在 6 头以下、哺乳性能差及有肢蹄疾病行走困难的母猪应及早淘汰。

(六)妊娠母猪保健方案

妊娠母猪饲养可细分为 3 个阶段:妊娠前期、妊娠中期、妊娠后期。

妊娠前期(0～30 d)是受精卵附植期,也是妊娠母猪饲养的第一个关键时期。该期主要目的是保胎,这时受精卵要附植在子宫不同部位发育,从妊娠 12 d 开始至妊娠 24～30 d 结束,并逐步形成胎盘。在胎盘尚未形成之前,胚胎呈游离状态,容易受各种应激因素作用而导致脱落死亡,这时要特别注意母猪安静,避免各种刺激(如打、踢、热应激及饲喂发霉饲料),避免饲料的突然变换,同时在 30 d 内不要对母猪进行混养、转群及注射应激大的疫苗等。怀孕舍最适温度是 16～22℃,在高温季节怀孕前期更要重视防暑降温,并在饲料中添加"常安舒"、"布他霖"等抗应激药物。该期实行限饲,从配种后第一天就开始使用妊娠母猪料,日采食量不超过 1.8～2.0 kg。妊娠早期过量饲喂会增加胚胎死亡率,因为此时随饲料摄入增加会引起血流增加和肝脏性激素代谢增加,从而导致外周的性激素减少,特别是孕酮减少,使受精卵的存活率减少。母猪配种后 3～9 d 使用"超能肽"10 g/d/头,可有效促进受孕,增加产仔数。对于消瘦的母猪根据膘情,配种后可适当增加采食量,对提高受胎率是有益的。

妊娠中期(30～85 d)受精卵已经牢固地在子宫壁上着床,流产和死胎较少出现,该期目的是调整好母猪的体况。这时可以并栏合群饲养,营养需求也不高,只要有丰富的维生素、防止过分饥饿就行。实行限饲,日采食量为 1.8～2.0 kg,后备母猪为 2.0～2.5 kg。根据母猪的体况调整给料量,使母猪在妊娠 30～85 d 背膘厚达 16～18 mm,目测评分为 3 分膘情的中等体况;分娩时的背膘厚达 18～20 mm,目测评分为 3.5～4 分偏肥体况。妊娠中期母猪不要过量饲喂,过量饲喂会降低泌乳期的采食量。过肥的母猪血液中会有高浓度游离脂肪酸和低浓度支链氨基酸,抑制大脑的食欲中枢,从而减少采食量,最终导致泌乳量下降。妊娠中期的母猪适当供给低能量高纤维的饲粮,既可以锻炼和增大胃肠容积,又可防止母猪肥胖,减少便秘,防止胃扭转引起的胃鼓气。因此，此阶段可以多喂青绿饲料、草粉等粗纤维含量高的饲料，节省配合精料，以降低饲养成本。

妊娠后期(85 d至产前3 d)胎儿发育较快，母猪还要为分娩和泌乳积蓄体力和蛋白质，所以日粮应增加，要特别注意钙、磷和维生素及其他矿物质、微量元素的供给，还要注意钙、磷比例。该期的饲喂方式为逐渐增加饲喂量，以增加母猪的营养贮备，满足胎儿快速生长发育和乳腺发育的营养需要。根据母猪体况每日增加0.2～0.5 kg喂料量，妊娠110 d至分娩减少采食量，但每天至少采食2.5 kg。母猪产前2周每吨饲料添加“元动利”2 000 g，可有效缩短产程、缩短母猪恢复体力时间，母猪产后提早采食，减少死胎率，减少母猪三联症的发生。

在产前接种疫苗可使哺乳仔猪获得初乳中高水平抗体而得到较好的保护，如在产前4、3周分别接种伪狂犬病疫苗、传染性胃肠炎与流行性腹泻二联苗(冬春季)。

妊娠母猪的保健原则主要是提高饲料的质量，供给胎儿发育营养，促进胎儿免疫器官发育，预防衣原体和附红细胞体感染，预防蓝耳病和圆环病毒等引起母猪繁殖障碍。瘦肉型种猪常在寒冷的冬春季多发裂蹄症，其原因是饲粮中锌及生物素供应或摄取不足。因此，每年冬春季在饲料中添加生物素、有机锌等有较理想的防治效果。对产前母猪驱虫以减少寄生虫传播给仔猪的机会，可于母猪产前7～14 d在每吨饲料中添加“驱达舒”或“伊索佳”驱虫。猪场常受苍蝇、蚊子和老鼠等干扰而非常烦恼，每吨饲料添加“蝇蛆净”，连用1个月，间隔半个月，重复1次，可有效地控制苍蝇、蚊虫的滋生。

(七)哺乳母猪保健方案

哺乳母猪的饲养可细分为围产期、泌乳高峰期和断奶准备期。

1.哺乳母猪的饲养要点

(1)围产期　围产期分为分娩准备期(产前1周)和泌乳初期(产后1周)，该期目的是保证母猪顺利分娩和预防母猪子宫炎-乳房炎-无乳综合征(MMA)的发生。产前 4 d 需逐渐减料，但产前膘情差、乳房膨胀不明显的母猪不减料；产后第 1 天不要急于喂料，最好喂麸皮淡盐水；产后第 2 天喂料量为 1.0～1.5 kg，以后根据母猪体况、泌乳量、食欲及仔猪生长发育情况，每天增加喂料量 0.5～1.0 kg。

(2)泌乳高峰期(产后 7 d 至断奶前 3 d)　该期目的一是要让母猪泌乳充足，保证仔猪吃到充足的乳汁而健康成长；二是要控制母猪哺乳期体重损失过多，使母猪断奶后及时发情配种。产后 1 周基本上可让母猪自由采食。但炎热的夏天，母猪常因采食量下降而引起奶水不足，因此要提高夏天母猪能量供给量。提高母猪能量供给量有 2 种办法：一种是增大采食量，利用早晚天气较凉爽时饲喂、晚上加餐饲喂；给母猪降温；以水拌料代替干粉料；饲料添加“优壮”；另一种是在饲粮中添加“元动利”。

(3)断奶准备期(断奶前 3 d 至断奶)　该期目的是使母猪泌乳逐渐减少，这有利于锻炼仔猪采食饲料。体况良好的母猪于断奶前 2 d 适当减料至 3 kg，但体况差的不减料。

2.哺乳母猪的管理与保健要点

(1)加强围产期母猪清洁消毒　临产母猪进产房前 1 周，先清洁消毒好产房，然后对产前 1 周的临产母猪洗刷、消毒、干燥后方可进入产房，特别要对母猪蹄部的清洗和消毒；产前 2 h 用“百胜”刷母猪腹部、乳房及外阴，并用手挤掉乳头孔的乳头塞，使母猪顺利排乳；助产时助产人员的手和器具应进行严格消毒，并保持全过程卫生；产后再用“百胜”消毒母猪腹部、乳房及外阴。

(2)提供安静舒适的产房环境　产房的适宜温度是 22～24℃，高温会造成难产、分娩延迟、产出更多死胎、母猪便秘、采食量下降、泌乳不足及断奶后发情延迟；保持产房清洁干燥和通风良好，产栏一般不要用水冲洗，因为栏内潮湿肮脏，细菌易大量生长繁殖，感染仔猪引起下痢。仔猪下痢可用粉剂消毒药撒布粪便，清扫后再用沾有消毒液的拖把刷干净；保持产房安静舒适，不要随意惊吓、鞭打、驱赶母猪和惊吓仔猪，这样会使母猪经常处于精神紧张状态，干扰母猪泌乳。

(3)供给母猪足够的清洁的饮水　母猪每采食 1 kg 饲料，需供水 3～5 L，哺乳高峰期日采食量达 5～7 kg，日饮水量一般达 15～25 L，夏天可高达 28 L，才能满足其泌乳的需要，这要求自动饮水器出水量要达 1.5 L/min。在每次喂料后 2 h 需将哺乳母猪驱赶起来饮水，同时供水管应避免暴露于太阳光直射。

(4)预防围产期母猪各种疾病的发生　产前产后由于母体本身生理特点，该阶段容易发生一些阶段性疫病，如便秘、产前产后不食、生产瘫痪、乳房炎、子宫炎或子宫内膜炎，难产或延迟生产，流产及其他一些流行病或者繁殖障碍性传染病等。因此，除了根据猪场疫病流行情况按免疫程序有选择的做好猪瘟、蓝耳病、细小病毒、伪狂犬、乙脑等引起繁殖障碍的传染病的免疫外，还应根据母猪产前产后生理特点及容易出现的情况，加强饲养管理，实施药物保健。

净化围产期母猪体内病原：围产期是母猪最易感染发病的时期，此时给围产期母猪添加抗生素以减少母猪体内外细菌，减少垂直传播，预防母猪子宫炎—乳房炎—无乳综合征(MMA)和仔猪细菌性疾病(下痢)的发生，可于母猪围产期添加“高利乐”1 000 g 或者“灵乐星”1 000 g，或者“头孢林”1 000 g＋“复方磺胺氯哒嗪钠粉”400 g，或者“母仔健”1 000 g＋“布他霖”1 000 g＋“哒舒秘”1 000 g。

预防产后感染：产后肌肉注射“瑞康达”或“普乐安”对预防产后感染有非常好的效果。

预防围产期母猪便秘：产前便秘会引起食欲减退，降低仔猪初生重；产后母猪便秘会引起母猪泌乳障碍造成仔猪下痢，降低仔猪断奶重。一般可通过调整母猪饲粮的粗纤维量来解决，可加喂青料，若母猪排出干硬圆粒状粪便，给每头母猪每天饲喂人工盐 50 g 或硫酸镁 25 g，并提供充足的清洁饮水。

净化母猪体内外寄生虫：母猪产前 30 d 开始，每吨饲料添加“驱达舒”或“伊索佳”（复方芬苯哒唑粉）1 000 g，连用 10～15 d。

解决母猪临产应激，缩短产程：母猪临产前 7～15 d 使用“元动利”，10 g/(d·头)。

改善食欲，促进母猪泌乳：母猪产后 3 d 至断奶前使用“元动利”，10 g/(d·头)，可增加泌乳量，保证母仔营养不掉膘。

（八）公猪保健方案

保健原则：清除体内毒素，疏通肠道，增强体质，提高免疫力；保持良好的种用膘情，健康结实，精力充沛，性欲旺盛，能产出量多质优的精液；预防各种疫病通过精液、胎盘传播，提高妊娠质量。

(1)适宜的营养水平：根据不同猪种粗蛋白质为 14%～16%，每千克日粮中消化能不低于 12.97 MJ，钙和磷比例保持在 1.25：1，注意维生素 A、维生素 D_3、维生素 E 的供给，防止公猪过肥或过瘦，影响配种。

(2)合理的饲养方式：日粮体积应以小为好，以防腹部下垂，影响配种；经常注意种公猪的体况，根据情况随时调整日粮，不得过肥或过瘦。

(3)加强管理：加强运动，增强体质，提高抗病力，避免肥胖，提高精液质量和配种能力。保持猪体清洁卫生，每天应用硬毛刷刷皮毛，有利于皮肤清洁与皮肤健康，防止皮肤病、体外寄生虫，促进新陈代谢，增强体质，增强性欲；同时也能使其性情温驯，增进人猪“亲合”便于配种、注射疫苗等生产环节的管理。定期检查精液品质，特别是在配种准备期及配种期，应每天检查 1～2 次精液品质，以便调整营养、运动及配种强度。定期称重，了解其体重的变化，以便调整日粮营养水平。成年公猪体重应维持相对稳定，幼龄公猪应逐渐增加。

(4)避免热应激：种公猪适宜的温度为 18～20℃，通过通风、洒水、洗澡、遮阴、湿帘、空调等方法防暑降温。

(5)合理利用：适宜的配种年龄及体重，使用不可过早或过晚；

掌握适宜的配种强度，初配公猪每周配种 2～3 次，成年公猪每天配种 1 次或 1 d 2 次连用 3 d，休息 1 d；严重影响受胎率、丧失配种能力、年老体弱、失去种用价值的公猪应严格淘汰。

(6)配种方法及要求：在母猪发情时将母猪赶到指定地点与公猪交配或将公猪赶到母猪栏内交配。配种场地和周围要安静无噪声干扰。配种前或采精前应将公猪的包皮和母猪的外阴部用 0.1% 的高锰酸钾溶液擦洗消毒。

(7)种公猪定期使用“元动利”，有效提高性欲和精力，提高精子活力。

专题五　猪场精细管理

精细管理是把科学养猪理论与实践的有机结合，不论是宏观调控还是微观处理，都必须严格按科学规律办事，不放过每一个细节。

宏观的精细管理从猪场建造伊始就必须考虑，包括猪场设计、品种选择、人才培养、经营管理模式等。从地理环境、猪场规模、管理模式、发展思路等多方面精细设计猪场，不忽略任何一个细节；品种选择是仅次于猪场设计的大问题，既要考虑高生产性能、高瘦肉率和高饲料报酬，也要考虑到品种的适应性，即所选品种应能适应当地气候，猪舍条件，饲养人员素质，猪场管理水平等；猪场人员分工很细且技术性较强，猪场应设法稳定员工，积极培养后备人才，培养出适于现代管理的人才，减少新旧人员交替带来的损失，保证猪场不断发展壮大；根据猪场自身的管理模式，让每一位员工明白自己的位置、具有的权力和生产目标，最大限度地发挥自己的专长。

微观的精细管理是工作时的一丝不苟，是决不放过任何一个细节，是不允许任何一处的疏忽。

一、饲料的精细管理

饲料是猪场最主要的项目，饲料成本可占养猪成本的80%左右，饲料使用过程中存在许多漏洞，作为一个管理者，应时刻注意原料质量。

（一）饲料原料的细节

（1）玉米水分、杂质的影响。不同含水量的玉米，玉米中杂质比例的不同，加工出的饲料营养浓度是不一样的，如果不加考虑地配合饲料会出现饲料能量的不足。

(2)玉米产地、品种的影响。不同产地、不同品种、不同生长期、不同成熟度的玉米，营养差别很大，单纯查找书上的原料成分表并不能代表所有的玉米营养含量。

(3)麸皮、鱼粉、豆粕等原料营养变幅较大，以次充好现象屡见不鲜，猪场是否对每次采购的原料进行化验分析？

(4)发霉玉米不能用于饲料，但有人把发霉玉米用水洗后晾干使用，这样做并不能清除霉菌毒素。

(5)预混料、浓缩料中的部分营养随时间延长在不断损失，我们在使用过程是否根据贮存时间考虑补充某些成分？

(6)石粉、氢钙用作饲料是有相关标准的，但实际上很少看见石粉包装有明确的厂址及联系方式、成分含量。

(二)饲料加工的细节

饲料加工对饲料的影响是很大的，不同的饲养阶段对粉碎的粒度要求不一，太细的料喂成年猪易致胃溃疡，太粗的料喂仔猪不易消化。真正优秀的饲料加工人员会考虑到不同饲料用不同的箩底，还会考虑到定期更换打锤以保证粉碎效果。

1. 搅拌时间

不论是立式搅拌机还是卧式搅拌机，都会对搅拌时间有明确的标准，如立式搅拌机需搅拌 12 min，卧式搅拌机需 6～8 min。但常见猪场加工料时，并不按标准时间执行，边粉碎边出料的现象不只在一个猪场见过，搅拌不均匀的后果是部分甚至全部达不到全价性，会大大降低饲料的利用效果。

2. 不过秤

许多猪场加工料时不过秤，用料车估计的有，用铁锹估计的有，用料罐估计的也有，这些都是不准确的，会因为不过秤使配方的合理性遭到破坏，达不到全价饲料的效果。

3. 搅拌方法

为防止各种疾病的发生，许多猪场会采取料中加药的方法加以预防，但由于搅拌方法不当，常起不到预想的效果。因为加药时多是人工拌料，有的在料车上拌料，料车的空间太小，无法搅拌均匀；有的在地面拌料，也只是在料上将药随便一撒，粗略地拌几下；更有的将不溶于水的药物在水中搅动后与料混合，更不可能拌匀；即使是机器拌料，也会出现因搅拌时间不足而导致不均匀的问题。

(三)饲料配合的细节

饲料配合是尽可能达到营养物质的均衡供应，至少是主要成分的均衡。猪需要的是有效的营养，而不是营养物质的堆积，考虑到主要营养物质利用过程中的各种影响因素，才能达到真正的均衡。

1. 能量蛋白比

更确切地说是可消化能和可消化蛋白的比例，可消化能可从书上查到，而蛋白的可消化性受许多因素的影响，并不是一个不变的数据。常见错误之一是把粗蛋白当可消化蛋白对待，错误之二是单纯地按资料上介绍的可消化蛋白的累加。最合理比例则需要在实践中去证实。

2. 钙磷比

一般饲料中，钙磷比多在(1～1.5)∶1，但实际上，二者也不应是恒定的，特别是饲料中植酸磷不易被利用，其含量的多少将直接影响磷的使用价值。饲料中无机磷所占比例及是否添加植酸酶对钙磷比例影响很大。

3. 赖氨酸、蛋氨酸＋胱氨酸及苏氨酸之间的比例

赖氨酸为生长猪第一限制性氨基酸，人们会单纯地添加赖氨酸达到很高水平，就认为是优质饲料。其实，如果限制性氨基酸达到一定量时就不再是限制性氨基酸，赖氨酸满足后，苏氨酸或蛋氨酸＋胱氨酸就可能变成第一限制性氨基酸。正常情况下，赖氨酸、蛋氨酸＋胱氨酸、苏氨酸的比例为1∶0.6∶0.65，在添加赖氨酸

的同时不要忘记其他 2 种。

4. 饲料配方应和气候(温度)结合起来

环境温度的变化会引起猪对不同营养成分需要的变化，如高温季节喂高能饲料或寒冷季节喂低能饲料都是不适当的，它会造成部分营养的不足和部分营养的过剩。

5. 饲料配合应随原料成分而变动

猪营养需要是调节杠杆，原料变了，饲料配方也应变化，用含水 20% 的玉米代替含水 14% 的玉米，只能造成能量严重不足。

(四)饲料使用的细节

1. 季节的影响

夏季常出现母猪发情不理想情况，和饲料是有直接关系的，特别是影响发情配种的维生素 A、维生素 E。

(1)采食少　夏天猪的采食量普遍偏小，在相同的饲料配方中，能量可满足其需要，但其他成分特别是维生素会出现不足，特别是体内不能合成的脂溶性维生素。

(2)需要量大　由于热应激的影响，猪对维生素的需要量加大。

(3)破坏增加　高温季节，部分维生素的破坏加剧，相同保存期的饲料中含有的维生素量小得多。

(4)含量低　夏天所用的原料如玉米，其维生素的含量要普遍低于新鲜玉米，而且劣质玉米(如发霉)多在夏天上市，更加重了原料质量差的危害。

(5)利用率低　夏天一些原料中的脂肪易变性，影响脂溶性维生素的吸收利用。

以上诸因素造成了猪所需的脂溶性维生素，应根据不同季节对猪采食、行为等方面的影响对饲料配方进行适当的调整，以满足猪对抗气候条件的营养需要。

2. 生理阶段的影响

不同生理阶段的猪对营养的要求不同，所以就有了不同阶段的饲料品种，如教槽料、哺乳仔猪料、断奶过渡料、保育仔猪料、生长猪料、肥猪料，后备母猪料、后备公猪料、空怀母猪料、怀孕前期料、怀孕后期料、哺乳母猪料、种公猪料等。如果将饲料不分阶段使用，只能是降低饲料的使用效果。比如仔猪断奶阶段使用专用断奶料，母猪断奶使用专用催情母猪料或适当使用”多孕宝”（催情散）。专用断奶料必须具备仔猪从吃母乳到固体饲料的过渡，含有帮助消化的有活性的复合酸，含有易消化的动物性原料，含有保护小肠绒毛的特殊物质等。而断奶母猪则是需要促进发情，增加排卵数的料。根据生理阶段使用相应的饲料品种，可使猪场生产达到最理想的状态。

3.营养落差

营养落差是指饲料更换时两种营养差距。如一个人下楼，走楼梯要一个台阶一个台阶地走，没什么不舒服；而如果直接从二楼跳到地面，身体好的可能没事，一般人会摔坏，或断腿，或头破，轻者受伤，重者丧命。猪的营养也是这个道理，如仔猪从高档乳猪料过渡到一般仔猪料，营养全面的变成营养不全面的，是营养落差；另外还有味道的落差、口感的落差等。所有的落差集中到猪身上就可能导致采食量减少，影响生长；消化不良引起腹泻和减重；营养不足导致缺乏症或疾病。

饲料的细节还有很多很多，但只要我们引起注意，及早防范，就会尽可能减少失误，降低损失。

二、各阶段猪的精细管理

（一）后备猪的精细管理

“后备猪是猪场的命根子”，后备猪的饲养管理不但影响到猪的发情配种，还会影响到猪的产后哺乳、断奶后发情，还会影响到种猪的利用年限。如果不能使后备猪一开始就保持良好的体况，它就不可能发挥以后的生产潜能，对后备猪的投资就不能获得最好的收益。所以，首先必须重视后备猪的饲养。

1. 后备猪的选留及选购

(1)挑选种猪的误区 后备猪是要养而不是展览，不要认为屁股大的猪就是好的种猪。后备猪应是适应能力强，容易饲养的品种和个体。

后备猪是用来繁殖后代，而不是当育肥猪出售，不要过分强调猪的生长速度，繁殖性能是后备猪最重要的指标。

后备猪是长久使用，而不是短期行为。健壮的体质是非常重要的，没有一个好的身体，猪就不可能经受多次产仔的应激。

(2)后备猪的选择 选择好后备猪，是养猪场保持较高生产水平的关键，所以，后备猪的选留要达到以下标准：

后备公猪和母猪都要符合本品种特征，即毛色、体型、头形、耳形要一致。

生长发育正常，精神活泼，健康无病，膘情适中。

不能有遗传疾病，如疝气、隐睾、偏睾、乳头排列不整齐、瞎乳头等。遗传疾病的存在，首先影响猪群生产性能的发挥，其次是给生产管理带来许多不便，严重的可造成猪只死亡。

挑选后备公猪的条件是：同窝猪的产仔数在 10 头以上，乳头在 6 对以上，且排列均匀，四肢和蹄部良好，行走自如，体长，臀部丰满，睾丸大小适中，左右对称。

挑选后备母猪的条件是：要有健壮的体质和四肢。四肢有问题的母猪会影响以后的正常配种、分娩和哺育功能。要具有正常的发情周期，发情征兆明显，外生殖器官发育正常，有效乳头至少在 6 对以上，两排乳头左右对称，间距适中。

2. 引种过程的保健

引种时，由于各种原因导致后备猪落户后出现各种病情，部分种猪因病而淘汰，这些都是在引种过程中不注意后备猪的保健造成的，所以后备猪的保健是引种过程不可忽视的重要环节。

(1)减少应激 引种过程要遇到不少应激，如饲养环境改变，引种时的挑选、驱赶、装车、运输，饲料改变的应激。所以在挑选、驱赶、装车、运输时，要善待每一头猪；猪到新场时，尽可能饲喂原场的饲料，以减少饲料变化的应激。

(2)药物预防 在引种过程中，对猪进行药物预防是比较成功的方法。方法有多种，如装猪前给猪注射长效抗生素(如"瑞康达"、"普乐安"、"瑞可新"等)，在猪饮水中添加抗应激保健品(如"常安舒"、"布他磷"等)，装猪前几天的饲料中添加抗菌药物和抗应激药物等。

(3)路途注意事项 长途运输时，要保证有饮水设施；运猪车要冬能保温、夏能防暑、能防雨淋；猪栏要有足够的高度，以防猪跳到车外，押车人员或司机要定时停车检查，将猪轰起活动，以防部分猪挤压后受伤。路途中，还要防止冷风直吹，以防因长时间的冷风刺激引起风湿病，运猪前检查车底板及前方有无漏洞是相当重要的。

3.后备猪引入后的管理

后备猪的培养直接关系到初配年龄、使用年限及终身生产成绩。

(1)隔离饲养 由于新老猪场存在不同的疾病种类，种猪到场后必须在隔离舍隔离饲养 45 d 以上，并严格检疫。特别是对蓝耳病、伪狂犬病、乙脑等疫病要特别重视，需采血经兽医检疫部门检测，确认没有细菌感染阳性和病毒野毒感染，并监测猪瘟、口蹄疫等抗体情况。

(2)配种适龄 第 1 次配种的标准：①第 2 个或者第 3 个动情期(记录第 1 次动情的日期)；②体重 120～130 kg；③背膘至少 18 mm；④7.5～8 月龄。

(3)饲养方式 后备猪在活重 70 kg 以前必须进入种猪舍。因为它需要时间适应新的环境，同时必须确定在它第 1 次配种前得到正确的饲养、免疫和营养。

后备母猪过肥、生长过快往往会延迟发情时间，甚至体重达 150 kg 仍未出现初情期，所以限制饲养已成为后备母猪饲养的一致看法，但在实际工作中又经常出现过分限制同样也出现初情期推迟。

后备母猪的饲养要达到这样一个目的——7 月龄时达到 100 kg 体重并出现初次发情，为此要采用以下方式：①5 月龄以前自由采食，体重达 70 kg 左右。②5～6.5 月龄限制饲养，饲喂含矿物质、维生素丰富的后备猪饲料(绝对不能再用育肥猪料)，日给料 2 kg，日增重 500 g 左右。③6.5～7.5 月龄加大喂量(日喂 2.5～3 kg)，促进体重快速增长及发情。④7.5 月龄以上，视体况及发情表现调整饲喂量，保持母猪 8～9 成膘。

后备母猪必须得到适当的营养，和普通育肥猪相比更需要一些特定的营养成分，特别是氨基酸、钙和磷、生物素和叶酸等，如果你注意到一些经产 3 胎或者 4 胎的母猪易患腿病，很有可能是母猪青年时缺乏一些特定的营养成分。因此，后备母猪应该饲喂特制的后备母猪料，并且限制饲养。

4. 后备猪的发情配种特点

(1)后备猪发情时，外观明显，阴门红肿程度明显强于经产母猪。

(2)后备猪发情后排卵时间较经产猪晚，一般要晚 8～12 h，所以发情后不能马上配种，可以掌握在出现静立反射后的 8～12 h 配种，也就应了农谚："老配早，少配晚，不老不少配中间"的说法。

(3)后备猪发情持续时间长，有时可连续 3～4 d，为确保配种效果，建议配种次数多于经产母猪，配种 2 次以后如仍接受配种，可继续配种。

5. 促进后备母猪发情措施

生产中往往发现后备母猪发情推迟的现象，有的甚至达 12 月龄仍未有发情表现，这已成为各猪场苦恼的事情，综合各猪场经验提出以下方案供参考：

(1)增加光照　长期以来业界人士往往认为光照对猪的生产

性能影响不大，他们忽视了后备猪的发情和光照有很大关系，规模猪场的大跨度猪舍及小的窗户面积使舍内光照度不能达到刺激发情的作用，靠近南窗户的猪发情远高于见光少的其他位置的猪。解决这一问题，增大采光面积不太现实，人工光照会增大饲养成本，定期舍外活动是刺激发情的一个可行的办法。

（2）异性刺激　70 kg 以后每天接触公猪的母猪会很快发情，平均发情时间比不接触公猪的后备母猪提早一个月，接触公猪应为近距离的身体接触。现在许多采用公猪从母猪栏边走廊走过的办法，并没能有效地刺激母猪发情，这种办法对发情猪反应明显，但对未发情猪并没有太多的刺激，特别是每天例行从边上走过，几天后绝大部分母猪都会失去兴趣。

（3）适当运动　运动可以激活身体的各种器官也包括卵巢，许多有经验的饲养员对待不发情母猪采用倒圈、并圈、舍外驱赶运动等方式都取得了不错的效果。

（4）增加饲料中维生素 E、维生素 A 和硒的含量　及时添加维生素 E、维生素 A、硒或饲喂含维生素 A、维生素 E 丰富的青绿饲料、胡萝卜等会促进发情。因维生素 E、维生素 A 在贮存过程中易被破坏，应注意饲料的贮存时间及方式。

（5）激素刺激　在采用上述几种方法不见效的情况下，可以考虑使用激素催情方法：

PG600 是含 400 IU 的 PMSG 和 200 IU 的 HCG 的混合激素，使用后（1 猪 1 头份）7 d 内发情率可达 50％以上，配种受胎率 85％以上。

PMSG 800 IU 注后 3 d 注射已烯雌酚 1 mg，发情率达 80％以上，受胎率达 50％以上。

控制后备母猪发情配种是调整每周配种次数，保持均衡生产的有效措施，加强管理，科学饲养，以保证猪场生产的稳定。

6. 后备猪的营养需求

后备猪由于采用限制饲养，所能吸收的营养低于自由采食。

但对繁殖及身体发育所需的营养必须满足，主要是维生素 A、维生素 E、钙、磷等，饲喂育肥饲料不能满足后备猪的营养需要，以至出现体重很大不出现发情的现象。所以后备猪必须使用后备母猪专用饲料。后备猪的营养需求必须注意以下几点：

(1)保证繁殖系统正常发育及发情，需要大量的维生素 A、维生素 E 等。

(2)防止蹄裂需要足够量的生物素添加。

(3)保证结实体质，需要更大剂量的钙、磷、维生素 D 等。

(4)由于采取限制采食，各场饲喂量不一，应以计算日需要量为准。

7. 后备母猪常出现的问题

后备猪利用率低是现在最突出的问题，其中发情不理想、因繁殖障碍病和肢蹄病而淘汰、难产及断奶后不发情是利用率低的几个主要因素，表 5-1 简单列举了几种主要的原因。

提高后备猪的利用率，首先要把后备猪的重要性提到足够的高度，按科学的饲养方法，按照生产厂家提供的饲养管理方案。

8. 后备公猪的管理与使用

(1)分群管理　为使后备猪生长发育均匀整齐，可公母分开，按体重大小分圈饲养，每圈 4～6 头，密度过高易出现咬尾、咬耳恶癖。

(2)运动　适度的运动以使其体质健康，猪体发育均衡，四肢灵活坚实。

(3)调教　后备猪从小要加强调教管理，建立人与猪和睦关系，严禁打骂，要培养良好的生活规律，使猪感到自在舒服，有利于生产发育。对耳根、腹侧和乳房等敏感部位触摸训练，以利未来的操作与管理。后备公猪达到成熟时，可实行单圈饲养，避免造成自淫的恶癖。

(4)合理使用　后备公猪的使用必须达到 8 月龄以上，体重达 120 kg，而在一年之内严禁过度使用，1 周以 1～2 次为好。

表 5-1　后备母猪常出现的问题

病状	原因分析	处理措施
利用率低	和发情不理想、繁殖病、肢蹄病等有关	参考下面内容
流产死胎比例大	后备母猪繁殖疾病疫苗初次注射,免疫力不坚强,引起部分猪感染或隐生感染	加强疫苗注射和监控,初次注射灭活苗必须注射 2 次,注射疫苗时将猪保定好,确保每头猪注射到位。配前 2 周时,进行部分猪疫苗抗体抽测,不合格品种及时补注
肢蹄病	饲料中缺乏部分营养如生物素,钙、磷、锌等,运输时或饲养时引起的风湿病、机械性损伤	饲料中含有充足的各种矿物质和维生素,特别是在限制采食时更要注意。保持舍内干燥,防止风湿病。运输或日常管理注意损伤
不发情或发情不明显	营养不良,缺乏维生素 A、维生素 E 等;缺乏运动或异性刺激;饲料中有抗发情成分	专用后备母猪料,切忌饲喂育肥猪料。加强运动,增加公母猪接触机会
难产率高	配种过早引起的临产时体重过小;妊娠后期补料过多,仔猪出生时体重过大;母猪过肥;母猪产道过窄	配种日龄和体重必须达到标准;妊娠前期防止母猪过肥,妊娠后期加料不可过多,以防胎儿过大
哺乳性能差	妊娠期乳腺发育不理想,产后饲料量少或质差	母猪妊娠 10 周前后,控制淀粉性高能饲料量,防止对乳腺发育的影响。产前防止母猪过肥影响产后采食量
断奶后发情不理想	哺乳期减重过多,断奶时母猪过瘦	减少所带仔猪数量;增加营养含量可在经产母猪料中添加 2%优质鱼粉和 1%大豆油

9. 后备猪的防疫

因为后备猪不但负担本身的防疫,还通过母乳将免疫力传递给胎儿,而且许多繁殖类疾病只感染初产猪,如细小病毒、乙脑,所以后备猪的防疫更显重要。疫苗注射必须到位,每种疫苗要确保注入有效部位,也就是注射时必须将猪固定好,然后注射。首次使用灭活疫苗必须注射 2 次,因为灭活苗 1 次注射后不能产生足够的免疫力，必须在间隔半月时再注射加强1次。有条件的猪场在临产前1月，采血监测疫苗抗体，以确保能给胎儿足够的免疫力。

(二)种公猪的精细管理

种公猪饲养管理的目标是使它有适宜的体况、良好的性欲和优良的精液品质，在生产中要做到以下几项：

1. 适宜的饲料供应

公猪应喂专用公猪料，不能用母猪料或肉猪料代替。每天饲喂量2～3 kg以保持八九成膘为宜。供给充足的维生素会更有利于提高精液的品质。

2. 定期检测精液品质

有3种情况将导致公猪性欲下降和精液质量低劣，一是炎热气候，二是长期不用，三是在生病或注射疫苗后。

环境温度高于32℃，公猪性欲和精子活力明显下降，所以炎热季节公猪精液中死精子比例很高，配种受胎率降低。解决方式是降低环境温度，可选用空调、湿帘、喷水等方法。

长期不用的公猪，同样性欲降低，精液品质差，精液中会出现死精子很多，往往造成母猪不受胎，所以合理使用公猪是应注意的问题。

猪患热性病或注射疫苗后，精子活力降低，特别是睾丸阴囊局部高烧往往会出现所射精子全部为死精的现象，配种时应注意。

3. 其他

适当运动有利于保持公猪健康体质和良好配种能力，增加使用年限。

(三)空怀母猪的精细管理

空怀母猪的管理目标是恢复体况，积累营养，正常发情排卵，确保受胎率。

空怀母猪除正常断奶母猪外，另外还有断奶后长期不发情母猪、流产后母猪、配后未返情但未孕母猪、非正常断奶母猪等，这些母猪原因复杂，在猪群中也占有相当比例，是猪场的一大难题。断奶母猪发情不理想的原因除和产房有关外，与膘情太差、产道炎症、断奶时的饲养管理等有直接关系。

1. 调整体况

空怀母猪有肥有瘦，这些都会影响发情配种。应将膘情不一的猪分开，避免弱猪因受伤淘汰，并通过加料或减料调整膘情，使猪达到最佳状况，为进一步催情措施的采用做好准备。如有疏忽，可能导致部分母猪提早淘汰。

2. 疾病处理

断奶时有产道炎症的母猪，可采用产道冲洗的办法，消除产道炎症，可促使母猪及早发情。空怀母猪中的过瘦母猪，多是受疾病影响，增加喂料量并不能很快使体况好转。在加料的同时，给料中添加药物，以消除身体病因；对用药效果不好的母猪，建议淘汰，以减少猪群中无效母猪的饲养量。

3. 催情措施

(1)应激催情　给母猪特殊的应激对催情是有利的，在断奶当天将母猪集中到运动场，停饲 1 d，供应充足的饮水。断奶、离仔、断料、混群、运动等，母猪会因多种应激出现身体和生理上的变化，从而促进发情。

(2)公猪刺激　在断奶当天，将一头性欲强的公猪与母猪混群，公猪的气味、追逐等也有促进发情的效果。

(3)营养催情　母猪营养对发情也有很大影响，断奶母猪应喂专用催情母猪料，并大量饲喂，日喂量可达 3.5～4.0 kg。

催情母猪料应是含大量淀粉的高能饲料，但不允许饲料中添加油脂。高淀粉料有促进胰岛素分泌的作用，从而促进母猪促性腺激素的分泌，促进发情；而过量的亚油酸会抑制胰岛素的分泌，从而抑制发情。大量饲喂会起到短期优饲的效果，增加母猪排卵数。

(4)激素催情　在满足营养与身体健康的前提下，使用激素可缩短断奶后发情时间，提高受胎率。

(5)维生素催情　空怀母猪长期不发情往往和维生素不足有关，特别是高温季节的母猪不发情。因为该阶段母猪采食量少，料中维生素的破坏加剧，猪为应付高温的影响会增加对维生素的需求量，从而出现维生素特别是维生素 A、维生素 E 的不足，使母猪发情不理想。处理措施是增加饲料中的维生素含量，如加大维生素比例、使用经过包被的维生素、加喂青绿饲料等。在配种前几天，大剂量补充维生素 A 和维生素 E 可增加受胎率和活仔数。

(6)中药催情　多孕宝，主要成分为淫羊藿、阳起石、当归、香附、益母草等能促进母猪卵泡发育，激发母猪发情，增加排卵数量，提高母猪的受胎率和产仔数。

4.发情鉴定与配种时机的掌握

引进品种已改变了本地品种的发情模式，拱圈、跳圈、不吃料的现象并不是发情的普遍现象，给发情诊断及配种时机的掌握带来相当大的难度。一些人单凭压背反射鉴定发情及配种时机，往往使不少猪漏过，为此发情鉴定仍应以阴户红肿、黏液变化、压背反射为前提，再结合公猪试情 4 道手续为最佳。

(1)发情症状

①阴门变化。发情母猪阴门肿胀，过程可简化为水铃铛、红桃、紫桑葚。颜色变化为白粉变粉红、到深红到紫红色。状态由肿胀到微缩皱缩。

②阴门内液体。发情后，母猪阴门内常流出一些黏性液体，初期似水，清亮；盛期颜色加深为乳样浅白色，有一定黏度，后期为黏稠略带黄色。

③外观。活动频繁，特别是其他猪睡觉时该猪仍站立或走动，不安定，喜欢接近人。对公猪反应：发情母猪对公猪敏感，公猪路过接近、公猪叫声、气味都会引起母猪的反应，母猪会出现下述情况：眼发呆、尾翘起、颤抖、头向前倾、颈伸直、耳竖起(直耳品种)、推之不动、喜欢接近公猪；性欲高时会主动爬跨其他母猪或公猪，

引起其他猪惊叫。

(2)观察发情时间

①吃料时。这时母猪头向饲槽,尾向后,排列整齐。如人在后面边走边看,很快就可把所有猪查完,并做出准确判断。

②睡觉时。猪吃完料开始睡觉,这时不发情的猪很安定,躺卧姿势舒适,对人、猪反应迟钝,发情猪在有异常声音,人或猪走近时会站起活动,或干脆不睡经常活动。我们可以很方便地从中找出发情适中的猪。

③配种时。公猪会发出很多种求偶信号,如声音、气味等,待配母猪也会发出响应或拒绝信号,这时其他圈舍的发情母猪会出现敏感反应,甚至爬跨其他母猪,很容易区别于其他猪。

如果能把握好上述 3 个时机,一般能准确判断出母猪是否发情或发情程度。

(3)配种时机的掌握

①变化。"粉红早,黑紫迟,老红正当时",是配种时机把握的依据。一般掌握的尺度为,颜色粉红、水肿时尚早,紫红色、皱缩特别明显时已过时,最佳配种时机为深红色,水肿稍消退,有稍微皱缩时。

②黏液。用手蘸取黏液,如无黏度为太早,如有黏度且为浅白色可即时配种;如黏液变为黄白色,黏稠时,已过了最佳配种时机,这时多数母猪会拒绝配种。

③静立反射。静立反射表示母猪接受公猪的程度,按压母猪的几个敏感部位,母猪会出现静立不动现象(与接受配种时状态相同)。在这个问题上,许多人会出现误解,认为在任何时候只要母猪发情适宜都会出现静立反射。其实,母猪的静立反射对于有无公猪在场或是否受到公猪挑逗情况是不一样的。单纯地不管有无公猪刺激,机械地以静立反射判定发情时期往往会漏过部分适期母猪的配种。

综上所述,只要有任何一条症状出现就要用公猪去试,特别是隐性发情的母猪只能凭公猪接触，才能确定配种与否，在生产中切实注意。

(4)配种方式与次数

①配种方式。配种方式有单次配、重复配或多重配等，配种方式及次数对受胎影响很大。有许多资料表明，重复配要优于单次配，双重配或多重配更优于重复配，混合输精的产仔数、产仔窝重优于单种精液，在人工授精时多次输精优于单次输精。

②配种次数与间隔。由于母猪排卵持续时间长(约 6 h)，母猪外观发情与排卵并非完全一致，再加上配种一般有固定时间，所以每一次配种不一定都有很高的配种受胎率。在做到严格消毒的前提下，增加配种次数有利于增加卵子受精的机会。建议采用 3 次配种方式，如上午—下午—上午，上午—上午—下午，下午—上午—下午。如第 1 次配时稍早，则可间隔 12～24 h，如配时已到发情盛期，则可间隔 8～12 h。在生产中，有经验的配种员可以根据自己的经验处理，以达到最佳配种效果为准。

③本交时应考虑到公母猪体格大小。公猪大母猪小或体弱，配种时压坏母猪的现象时有发生，实在调整不开，也应有人在旁辅助，将公猪前腿抬起或把母猪挤在墙边。由于地面太滑，母猪站立不稳受伤的情况也很多，轻者当时配种失败，错过一个情期，重者失去使用价值。出现这样的损失是很可惜的。为避免这些现象的发生尽量使用人工授精。

(四)妊娠母猪的精细管理

妊娠母猪的饲养管理目标是："三保"——保胎、保奶、保自身。

一是保证胚胎的正常生长发育，以生产出体大、健壮、数量多的活仔猪；二是保证母猪的良好体况，母猪乳腺发育正常，以提高泌乳力；三是保证母猪自身的生长发育，以提高繁殖力，同时尽可能地节省饲料，降低初生仔猪生产成本。

1. 妊娠母猪的营养需要特点

(1)含有充足的亚油酸是提高仔猪初生重和初生活力的重要

因子,妊娠母猪料中应含有2.5%以上的亚油酸;植物油是含亚油酸丰富的原料,而植物油以豆油最为理想。

(2)妊娠母猪料不需要过高的能量和蛋白质。妊娠期间母猪的食欲和消化吸收能力非常强,而增加初生仔猪体重主要集中在妊娠后期很短时间内,前中期过多增加营养只会导致母猪过肥,反而对胎儿不利,所以妊娠期间必须限制饲喂。

(3)妊娠期间需要大量的粗纤维。这时的粗纤维不是起营养作用,而是起饱腹作用;如果粗纤维含量少,就会因喂量过少,长时间的饥饿而导致母猪便秘,特别是妊娠后期便秘将影响到胎儿的发育,增加死胎和难产以及产后无乳症等。另外,大量的粗纤维还可以增加胃肠容积,增强母猪消化能力,为产仔后提高采食量,增加泌乳量创造条件。

(4)妊娠70日龄左右是乳腺开始发育时期,这时如果高能量供应饲料,会出现脂肪颗粒填充乳腺现象,抑制乳腺泡的发育,影响产后泌乳性能,所以这阶段不能饲喂过多饲料。

2.后备猪妊娠期特点

后备猪配后,既长身体,又长仔猪,且个体小,竞争力弱,应不同于成年猪。一些猪场把后备猪和成年猪放在一起,往往造成后备猪孕期采食量不足,到产仔时体格小、瘦弱,产后哺乳性能差,断奶后发情不正常等一系列问题。所以后备猪孕期饲养应给予特殊照顾:与成年猪分圈饲养;前中期供料比成年猪多0.25 kg/d;后期加料不可过多,以防胎儿过大造成难产。

3.妊娠期间的4个关键时期

(1)配后3 d　这是受精卵细胞开始高速分化时期,高能量饲料的供应将增加受精卵的死亡数。

(2)附殖前后(12～21 d)　这一时期如出现高营养或高温天气或者强烈应激因素,也会增加受精卵死亡。

(3)配后70～90 d　乳腺细胞大量增生时期,该阶段高能饲料会影响乳腺细胞发育。

(4)配后 100 d 以上　100 d 以前，胎儿因营养不足造成的死亡很少，但在 100 d 以后，如营养供应不足，则会造成胎儿生长不良，母猪产仔无力，出现大批死胎，这阶段必须供给高能高蛋白饲料，以促成仔猪的尽快发育，对一些瘦弱母猪可采取自由采食方式。

4. 引起死胎、木乃伊数量增多的原因

除了疾病外，还和怀孕期间母猪运动不足，体内血流不畅有关，这在一些定位栏和小群圈养的对比中得到证实。生产中，定位栏便于控制饲料，保持猪体膘情，流产比例少，但却易出现死胎，木乃伊和弱仔比例大，难产率和母猪淘汰率高；而小圈饲养却不易控料，因此易造成前期空怀率高，后期流产比例大的弊端。达到上述二者和谐统一的方法：①前后各 20 d 定位栏饲养，中期小圈混养；②全期小圈混养，前中期采用隔天饲喂方式，后期自由采食；③全期定位栏，中期定时放出舍外活动。

5. 怀孕检查

怀孕检查是一项细致而重要的工作，每一个空怀猪的出现，不仅仅是饲料浪费的问题，同时还会打乱产仔计划及猪群周转计划。如果空怀猪后期返情，还会由于发情猪的爬跨、乱拱，引起其他母猪流产。在配后 70 d，母猪是否怀孕在以下几个地方比较明显，注意观察就会很快发现：①怀孕猪喜睡，空怀猪喜动。②怀孕猪腰部下陷。③怀孕猪毛光、顺溜。④怀孕猪尾根夹紧，阴户紧缩。⑤怀孕猪吃料快，空怀猪吃料慢。⑥怀孕猪站立时，肷部向内陷，肚下沉。⑦怀孕后期猪乳房开始隆起，猪躺卧休息，可以看见胎动。

6. 饲料供应

孕期是母猪饲料利用率最高的时期，限制饲养是业内人士公认的方法。但限制到什么程度，怎样限制却众说不一。猪的营养需要，受怀孕的不同时期、体重大小、母猪体况、胎次、季节等因素影响。在严格限制饲养的前提下，必须考虑上述各因素。我们不可能对每一头猪都制订饲养方案，但至少应制订出一个范围，如后备猪给料标准、体弱猪给料标准、不同体重给料标准等，最后综合几种方案，就可得出一个切实可行的方案。既节省饲料，又不影响母仔发育，达到理想的程度。前中期，降低蛋白供应量是降低成本的途径，因现在几乎所有怀孕猪日粮都存在蛋白偏高的现象，前中期如以豆粕为主，则有 12%～13%的粗蛋白即可满足，不必太高，而头胎母猪日粮中粗蛋白应高于这个标准，在 14%以上，因其体重仍在增长。如何调整饲料配方，应引起猪场技术人员的足够重视。

7.避免环境高温

高温对母猪的影响在配后 3 周和产前 3 周的影响最大，配后 3 周高温会增加受精卵死亡，影响胚胎在子宫的附植，而产前 3 周，由于仔猪生长过快，猪为对抗热应激会减少子宫的血液供应，造成仔猪血液供应不足，衰弱甚至死亡。其他时期，母猪对高温有一定的抵抗能力，但任何时期的长时间高温都不利于妊娠，孕期降温是炎热季节必不可少的管理措施。

(五)哺乳母猪的精细管理

哺乳母猪的饲养管理目标是：乳量足，乳质好；保持体况，正常发情、排卵和配种。

产房的管理是最需要精细的，因为不论母猪还是仔猪都是一生中最脆弱的阶段，每一项精细的管理都会给你带来效益。

1.哺乳母猪营养需要特点

喂好母猪，产房管理就成功了一半。哺乳母猪通过尽可能的大量采食营养丰富的哺乳料，以产生大量的高质量母乳，可获得较高的仔猪日增重，并且使母猪顺利进入下一个繁殖周期。

分娩后采食量要逐渐增加，在 10 d 内达到最大采食量。如果采食量太低，母猪体内脂肪转化为奶水，由于长链脂肪酸不易被吸收，导致乳猪消化障碍，出现脂肪性下痢；同时母猪掉膘严重，影响断奶后发情配种。

哺乳母猪的能量首先来自糖类和淀粉以便提高胰岛素分泌水

平，促进雌激素和黄体素的释放。在哺乳饲料中添加适合的复合酸制剂有助于机体抵抗病菌侵害（特别是大肠杆菌）。

不要担心哺乳母猪饲喂过度，因为避免哺乳母猪体重损失实际每天应采食 8 kg 哺乳母猪料，饲料营养水平为 DE 13 814 kJ，19％粗蛋白和 0.9％的赖氨酸。

母猪哺乳期要完成哺乳仔猪和恢复自身的双重任务，高能高蛋白、适口性好的饲料是完成这一目标的前提条件，同时提供适宜的环境温度可以使母猪吃进更多的饲料，规范的接产操作及产后护理是保证母猪健康的保证。

哺乳母猪要满足仔猪最大限度的生长，每天需要采食 8 kg 以上哺乳料，但在实际工作中很难做到，所以提高营养浓度是提高母猪泌乳性能的另一途径。

不论饲料如何变化，产出的奶的成分是比较恒定的，为保证大量产奶的需要，母猪除通过饲料转化外，还会运用体内贮存的物质如脂肪、钙等。如果饲料中营养不足，往往出现泌乳量不足，动用体脂过多引起消瘦，动用体内钙过多引起瘫痪等。所以在哺乳期应供给足量质优、全价的饲料。

要特别重视哺乳母猪料营养成分的平衡，饲料消化能应在 13.4 kJ/kg 以上，蛋白 18％以上，钙磷比例为 1.3∶1。

2.哺乳母猪饲喂量的掌握

产后前几天逐渐增加喂量，7 d 后尽可能多的让猪多采食。使用潮拌料分顿给料要优于干粉料自由采食。潮拌料适口性优于干粉料，可刺激猪采食，便于掌握猪采食情况，这一点在夏季体现得更为明显。同时定时饲喂也便于粪便清理，有利于保持卫生，防止各种疾病。

实际喂料量需场内技术人员根据母猪胎次、母猪体重、母猪膘情、所带仔猪数及本场情况灵活调整。

3.哺乳母猪的精细管理

（1）母猪上床前彻底清理消毒产仔舍，并空舍 5 d 以上。空舍消毒做到“清—冲—消—熏—空”5个环节的连续作业。

（2）上床母猪先洗澡，后消毒，洗去身上污物，不让任何东西带上产床，特别注意的是蹄部的冲洗消毒。

（3）母猪排便后，立即清除，产床上不留粪便。如母猪沾上粪便，应立即用消毒抹布擦净。

（4）上床母猪例行检查是否有乳房炎症和消化道疾病，如发现问题应及时采取措施，可有效避免母猪无奶和仔猪生后腹泻。

（5）既要提高仔猪的温度（30～34℃），又要控制产房在20～22℃的范围内，这是产仔舍温度控制的重点。

（6）小猪拉稀时，别忘了从母猪身上找原因，绝大多数小猪拉稀与母猪奶水有关。

（六）哺乳仔猪的精细管理

哺乳仔猪的养育目标：“全活全壮”。

1. 哺乳仔猪生理特点

（1）生长发育快，代谢机能旺盛，利用养分能力强　仔猪出生后2个月生长发育特别迅速。一般仔猪出生重1.3 kg左右，30日龄时增长5～6倍，60日龄可增长10～13倍，高的可达到30倍。由于生长迅速，需要充足的营养供给，特别是蛋白质代谢和钙、磷代谢要比成年猪高得多。一般生后20日龄的仔猪，每增重1 kg体重需要代谢净能302.08 MJ，每千克增重需要钙7～9 g，需磷4～5 g。仔猪对营养物质的需要，无论在数量上或质量上相对都比成年猪高，营养物质数量不足、质量差或某些养分的比例失调，轻则影响仔猪生长，重者造成大批死亡。因此，应对仔猪应供给全价而充足的平衡日粮，进行科学的饲养管理。在哺乳期除有效利用母乳外，应特别注意进行合理补料，加强培育，以便充分发挥它最大的生长潜力。这对以后提高饲料利用率、缩短育肥期，增加胴体瘦肉率和提高经济效益都有特殊的重要意义。

（2）哺乳仔猪消化器官的重量和容积小，消化机能不完善　猪的消化器官在胚胎期虽已形成，但出生时其相对重量和容积小。

如初生仔猪胃的重量为5～8 g，是体重的0.44%，容纳乳汁20～50 g，因此，在哺乳阶段仔猪哺乳次数多。

由于仔猪消化器官的晚熟，导致消化腺分泌不足和消化机能不完善。初生仔猪胃内仅含有凝乳酸，胃蛋白酶很少，仅为成年猪的1/4～1/3，而且胃底腺不发达，不能制造盐酸，缺乏游离盐酸，胃蛋白酶没有活性，胃液无杀菌作用。初生仔猪胆囊小，胆汁分泌量少，对外源脂肪的消化能力有限。另外，消化碳水化合物的酶如麦芽糖酶、果糖酶、蔗糖酶以及淀粉酶的活性都很低，所以1周龄以内的仔猪是不能饲喂蔗糖的，否则会导致顽固性腹泻而死亡，在配制人工乳时，只能添加葡萄糖。

哺乳仔猪消化机能不完善的又一表现是食物通过消化道的速度太快。食物进入胃内的排空时间，15日龄为1.5 h，30日龄为3～5 h，60日龄为16～19 h。

(3)乳猪开食料的特点　乳猪开食料不同于断奶后的饲料，主要有以下几点：一是哺乳期间，乳猪胃肠环境pH接近中性，无需添加酸制剂；而断奶后胃内环境应为酸性，才足以刺激胃蛋白酶。二是乳猪开食料只起由母乳到单一饲料的过渡作用，以减轻直接使用断奶料的饲料应激。

2. 哺乳仔猪精细管理

(1)创造适合仔猪生存的一切有利条件　保温箱、插板、底部铺板、上面的盖、烤灯等，最大限度地满足仔猪所需环境条件。

(2)合理的保健措施　如3 d内补铁、补硒，母猪产前产后药物预防等，有效地预防了疾病的侵害。“爱若达”(主要成分：右旋糖酐铁、活性磷和维生素B_{12})具有明确和安全的补铁作用，还有多糖类物质的免疫调节作用。多糖铁可迅速提高血铁水平，升高血红蛋白量，提高动物的食欲和采食量，加强非特异性免疫功能，提高动物的抗病能力。

(3)精细的饲养管理　初生后当天必须保证每个仔猪都吃上初乳，合理的并窝、寄养。观察仔猪温度是否合适不是单纯信赖温度计，而是看小猪躺卧姿势，热时喘气急促，冷时扎堆，适宜时均匀散开，躺姿舒适。

(4)及时发现吃奶不足的仔猪　仔猪吃奶不足有如下表现：乱跑乱叫、无固定奶头、肚瘪、迟迟不离母猪身边等。发现这样的小猪应给它找个吃奶的机会或人工补奶。这些猪如不采取措施将会影响生长甚至死亡。

(5)病弱猪的合理护理　仔猪死亡的原因主要有吃奶不足，缺糖衰竭死亡；拉稀脱水死亡；体弱猪让母猪压死。及时采取相应措施，降低仔猪死亡率。

(七)保育仔猪的精细管理

断奶猪的饲养管理目标是做好“三过渡”：即饲喂方法、饲料类型和环境条件的过渡。

1. 过好断奶关

(1)提供适宜的断奶仔猪料　现在许多饲料厂把控制仔猪腹泻放在第一位，在料中加入大剂量的优质抗生素，当时可以起到控制腹泻和防止继发感染，但同时造成生长迟缓以及发病后用药效果差等许多负面影响。优质的乳猪料既要让仔猪断奶后迅速生长、不发生腹泻，又不能有任何后遗症。

(2)做好饲料过渡减少营养落差　保育期间饲料品种多，营养变化大，从转入到转出要使用至少 3 种以上饲料，营养变化很大，如赖氨酸从 1.35%降低到 0.95%，饲料原料由易消化的动物性饲料为主变为全部植物性饲料，每一次饲料变化都会造成仔猪消化系统的不适应，从而出现相关症状，如腹泻、水肿、生长停滞等，做好饲料过渡工作是非常重要的。如果是营养差别不大的两种料之间变换，换料时间可稍短，但如果是营养差别大的品种则需要 7～10 d 的过渡期。

(3)分散应激　断奶后到保育舍，除饲料变化外，同时会出现许多的应激因素，如脱离母猪的应激、抓猪应激、注射疫苗应激、换饲养员的应激、调群并窝的应激、环境变化的应激、温度应激等。

每一种应激都会降低仔猪的抵抗力，如果将过多的应激集中在一起会影响仔猪生长甚至发病，但如果将多种应激分在不同时期出现，单种或少数的应激对仔猪的伤害就会减轻。现在多采用断奶后 5～7 d 转仔猪的饲养方案，在生产上取得了不错的效果。

①断奶时将母猪赶走，仔猪仍留在原圈，同时保持舍内温度不变或略高，这样只有饲料变化的应激，仔猪可以很快适应。

②一些弱小仔猪断奶后很难适应各种应激，让它们再吃几天母乳，对断奶后顺利成活是有好处的。

③断奶时，如果没能用上比较理想的乳猪料，就要考虑在饮水中添加抗应激药物，如电解多维、布他霖、常安舒，以增强仔猪抗应激能力。

④仔猪采用自由采食方式，但也需要定时将仔猪赶到补料槽边，引导仔猪吃料。

⑤不要忽视晚上的工作，因为仔猪在晚上也要吃奶。

⑥每天必须检查仔猪能否喝上水，喝水比吃料还要重要。

(4)提供适宜的环境条件

①温度控制。温度不适是保育猪问题的第二大因素，仔猪从条件优越的产仔舍到保育舍，没有了保温箱，没有了垫板，没有了同窝仔猪的默契，温度的作用就显得更大了。温度方面，应把握好以下几条：a. 保育舍环境温度要比产仔舍略高 2℃左右。b. 新入保育舍的仔猪最好铺设垫板，因网床下的冷气对猪的伤害是很大的。c. 靠近门口的保育床最好有挡风设施，哪怕是一个饲料袋或硬纸板。d. 温度计感温点的位置要保持与仔猪背部平行，以显示其真实温度。e. 温差的危害比温度本身更大，频繁的温度变化会将仔猪大部分精力用于应付对温度的适应。一天内温度的变化绝对不能高于 5℃。f. 猪在活动时和休息时需要的温度不同，休息时需要的温度比活动时要高至少 2℃以上。g. 有无垫板及栏间有无挡板、湿度大小、通风大小都间接影响猪对温度的感受，真正体现温度是否适宜还是要看猪是否舒适。

②湿度控制。一般认为湿度对猪的影响主要体现在舍内粉尘的多少及影响猪对温度的感受。过干的空气不断刺激呼吸道，呼吸道黏液分泌加强，鼻涕、痰液增多，为排出异物，引起呼吸系统负担加重，导致病原乘虚而入，引发呼吸道感染。潮湿空气则是腹泻病的病因之一，低温高湿引发的腹泻是最常见的病因之一。

③空气质量。如果把所有的营养排一下重要性顺序，氧气应排在第一位，因为如果断绝氧气供应，没有一头猪能活到 1 h 以上。为什么保育舍呼吸道病多出现在秋冬季？是因为这个时期猪舍封闭，空气流畅不良，所以加强通风是必要的。

通风在操作上有许多细节需要注意：a. 通风不能过急，特别是舍内外温差较大时。具体操作上是温差大时不能从门上通风，从窗户通风时也须考虑是开上层窗口，通风不注意会引起部分猪感冒，进而发展成呼吸道病的情况常有发生，这也是靠近门口处呼吸道病多发的原因。b. 不怕狂风一片，只怕贼风一线，局部不间断的贼风会造成一个猪栏或几个猪栏长时间的不适。一块破损的玻璃或一个不显眼的风口都会有很大的危害。c. 暖风炉如果是舍内暖气组供暖，会出现空气交换不良，但却会让人忽视，尽管有空气流通，但污浊空气并没及时排出。

(5)进舍猪质量把关　如果将产仔舍的病猪带进保育舍，会将病同时带入；如果将个体过小的猪转入，这个猪转育肥舍时同样不会达到标准。保育舍不同于产仔舍，不可能对每一头猪做到细心照顾，病弱猪康复的机会较产仔舍小得多，所以在转群时卡住体重不达标、有疾病表现的不合格仔猪是一项重要工作。

(6)进猪前消毒和空舍　全进全出最大优点是可将上批猪群遗留的病原排除，但如果操作不到位，效果会大打折扣。除地面、网床等面上消毒外，料槽要清完料后，用水冲洗干净，直到手摸不到有脏物(注意是手摸不是眼看)，然后消毒液浸泡或喷雾消毒；饮水器则需要用高压水枪将水嘴舌头四周的杂物冲净，再用消毒液消毒，如能卸下浸泡效果更好；仔猪垫板则需像产房垫板一样用

5%烧碱水浸泡半小时左右。消毒后的猪舍要再进行熏蒸，空舍，这样可将上批猪的病根彻底清除。

（7）疾病预防　保育舍病多，水肿病、胸膜肺炎、副嗜血杆菌病、猪瘟、肺疫、呼吸道综合征等，看起来很复杂，但如果掌握了发病规律，保育舍防病并不是不可能的事。以下是一些猪场的体会：

①除病毒病外，保育舍的病多和营养及环境控制有关，提供优质饲料和保持舒适环境是防病效果最好的措施。

②在引起应激阶段提前进行药物预防是必要的，如转群、换料、气候突变等，所用药物为抗应激药物与抗生素的结合。

③及时淘汰无价值猪，可减少疾病的传播机会。

④对饲料及猪活动状态的监控，可在最早时间发现病情，因每一种病都会造成采食量减少及精神不振，及时测体温是上述工作的继续。

⑤每次转群时，都要留出几个空栏，以便出现病猪进行隔离。

⑥大群发病后，多数猪采食废绝或减少，料中加药并不能起到治疗作用。

⑦饮水给药时，有异味的药物会导致饮水量减少，必须注意猪的饮水量变化。

⑧严格杜绝在治疗时不换针头，以防交叉感染，一猪一针很重要。

⑨防在平时，治在病初，应作为保育舍防病治病的原则。在猪第一声咳嗽时治疗效果远好于出现喘气后。早晨上班前先听猪是否咳嗽，发现后记下，然后注射治疗，这一方法在许多猪场保育阶段获得成功。

2.断奶仔猪饲养

近年来，断奶仔猪饲养成了规模猪场十分头疼的事，各种疾病接连不断，死亡率居高不下，损失相当惨重。但通过对一些猪场的调查了解，每个猪场在饲养管理上都存在明显的漏洞，就是这些漏洞给了疾病乘虚而入的机会，而这些漏洞却是由于一些细节没有注意所造成的，精细养猪将有效地避免这些漏洞的出现。

(1)全进全出避免水平传播　如果断奶猪群仍保持原有的健康状态，转到新的清洁的环境中，无新病原干扰，它们仍会保持一种健康的动态平衡，使仔猪顺利度过危险期。

(2)转出的猪都是健康无病的猪　一些人误认为全进全出就是不管好坏、大小、强弱同时转出，这是错误的。因为弱猪、病猪易受感染，发病后会大量排毒造成全群感染，如无这些病猪，少量的病原未必能打动健康状态的猪。

(3)加强消毒，杀灭病源　消毒包括进猪前的彻底消毒、进舍时的药水盆消毒、定期的带猪消毒等。

①进猪前的消毒。进猪前，先用水将猪舍内大部分脏物、病原冲走，消毒时就可轻易将暴露在外的病原杀死，如脏物未冲净，消毒不可能彻底。特别要注意一些容易忽视的角落，如料槽、屋顶、水嘴的消毒。进猪前的空舍十分必要，是彻底根除病源的后续手段。

②进、出舍时的药水盆消毒。要注意的是药水必须勤换，如烧碱和空气中的二氧化碳结合就会变成无消毒作用的碳酸钠。

③定期带猪消毒。这是将潜入猪舍的病源及时杀死的有效措施，如果一些病源从空气中进入猪舍，在其大量繁殖时及时杀死，可有效地防止疾病传播。因病原致病是毒力、数量、抗药力的三方面因素的综合体现。

④定期药物预防，防止病原在体内滋生。在转群前后等易造成抗病力降低时期，给料中加药，可有效阻止病原在体内的繁殖，使其不能达到致病的数量，这在用药时应使用广谱药物或几种药物的组合，同时应有针对性。

⑤减轻应激。任何一个大的应激都将导致抗病能力的降低。

A. 断奶。断奶是不可避免的，但在断奶时不改变其他条件，应激也并不是太大，几天后仔猪就会适应，这也就是断奶后在原圈多养一周的道理。

B. 转群。转群时如能由原饲养员操作，减少因生人造成的影响，也会有效地降低应激。

C.换料。换料要缓不能急，突然改变猪消化道环境会出现消化不良等现象。

D.并圈。转群尽可能保持原圈。

E.注苗。在其他应激比较集中的时期，尽量减少注苗次数或不注苗，因注苗本身是一种应激，同时应激高时免疫力下降会影响注苗效果。

F.环境应激。这是所有应激中最大的一种，也是最容易被忽视或误解，其中最主要的是温度的变化。认为断奶后温度应降低，这是一种错误，仔猪断奶后各种因素造成抗病能力降低，特别是能量供应不足，需要较断奶前更高一些的温度。为促进能量（ATP）代谢，提高仔猪非特异免疫力，可在断奶前后的仔猪饲料中添加“元动利”。

G.时刻注意疾病动态，将病消灭在萌芽状态。任何一种病都有一个从轻到重的过程，也都有一些发病前的征兆。如传染病来临前都会出现采食量下降，呼吸道病的传播首先发生呼吸道症状，如咳嗽。大批的传染病首先是从部分开始。发现有咳嗽症状，立即记录并采用重症隔离、轻症就地治疗、全群用药的办法。

这就需要饲养人员细心观察，以下几处是关注重点。采食量：所有传染病发生都会使猪采食量减少；活动状态：猪患病并不马上显示出典型特征，而先是体温升高，精神委顿、活动减少；眼神：健康猪的眼神发亮，水灵灵的，给人一种机灵的活泼的感觉，而病猪则会见人后眼无神，半睁半闭或稍睁后又闭上，无精打采的；其他：如在不冷的时候扎堆，个别猪睡时独处等都是患病征兆。

当然养好仔培猪还有许多需要注意的地方，如果我们把每件事都想在前边，避免每一种不利于仔猪的因素出现，仔培舍就会再次变成轻松愉快的“养生堂”。

（八）育肥猪的精细管理

育肥猪的饲养管理目标是：“三高”——日增重高、出栏率高、商品合格率高。

育肥猪饲料消耗为全群饲料消耗的67%，该期死亡率相对较低，降低料肉比是该阶段的重点。不少人认为育肥猪好养，只要按时加料，清粪，病猪治疗就行了，都是力气活，不需花太多心思，不需多高技术，这就容易忽视技术的重要性。

1.保证适宜的环境温度

育肥猪最适环境温度为16～21℃，该阶段生长速度最快，料重比最合理，温度过高过低都不利于快速生长和饲料利用。夏季的防暑、冬天的升温是提高生长速度及饲料报酬的必然途径。

生产中不可能达到理想的环境条件，灵活运用各种防暑降温手段能起到良好的效果。如夏季喷水降温只能将温度降到28℃时，如加大空气流动，可能会使猪有22℃的感觉，而冬天减少风流量，也同样起到适温时的效果。

2.消除慢性疾病

育肥期间病少，能致猪死亡的病更少，所以不少人忽视这个问题，只是在病重时才重视，以不死猪为原则。所以猪群中有咳嗽猪没有管，生长慢没人管，却不知这些猪却在影响着整群的利润。

同样的猪正常情况下，生长速度相差不大，如到出栏时体重差异很大，就说明一部分猪吃了该吃的料却没有长肉，如果相差10 kg，那么这10 kg就是因疾病或其他原因带来的损失。剔除僵猪、消灭慢性病是育肥猪管理的重中之重，育肥猪的精细管理不仅是要治活重病猪而更重要的是消除慢性病对猪生长发育的影响，将疾病带来的影响降低到最低程度。

消除慢性病可采用以下步骤：①全群用药1周，同时将无治疗价值的猪淘汰；②1周后再从中挑出病弱猪进行治疗，使全群猪健康正常；③定期或不定期对猪群进行药物预防。

3.按性别分群饲养

育肥时期，公猪、母猪、去势猪的蛋白沉积和脂肪沉积是有差别的，相同饲养条件下，小公猪生长速度更快，瘦肉比例更高，其次是小母猪，再次是去势肥猪，它们对饲料的要求也就产生了差别，给小公猪以高蛋白饲料，会最大限度地发挥其生长潜能，生长速度加快，饲料报酬增高。而给去势肥猪高蛋白饲料，多余的蛋白并不能转化为瘦肉，而是变成脂肪沉积下来，所以针对性地给小公猪、小母猪、去势肥猪不同的营养水平，将更有利于生产水平的提高和饲料成本的降低。

4. 消灭苍蝇与老鼠

没有人报道过猪场的一个苍蝇或一个老鼠一年能消耗多少饲料，但可以证实的一点是它们都是以吃猪饲料为生的。当我们发现自由采食槽顶部饲料经一个晚上变平的时候，当我们看到潮拌料放置半天后，上部饲料大部分变成纤维含量高的麸皮时，我们知道是老鼠和苍蝇已经吃掉了我们的利润。

苍蝇和老鼠的危害远不至此，疾病的传播会给猪场造成更加严重的损失。当我们严格控制人员进出猪舍的时候，却没能阻止苍蝇和老鼠的进入。苍蝇的危害还在于使猪不能安定地休息，老鼠却会破坏房屋建筑，如采用石棉瓦、泡沫板材料做房顶的，老鼠会在一年内将屋顶的泡沫材料咬得支离破碎，失去有效的保温性能。灭蝇灭鼠势在必行。

(1)灭蝇　苍蝇是在猪粪中产卵孵化的，阻止了苍蝇的繁殖也就大大减少了苍蝇的数量。采用定期舍内药物灭蝇的同时，用塑料布将新鲜猪粪盖严，使有蝇卵的猪粪断绝空气的供应，无数蝇蛆会很快死亡。这个方法的灭蝇效果十分显著。当然，有条件的猪场专设封闭的贮粪池效果更好。

(2)灭鼠　老鼠不同于苍蝇，它的生存、繁殖需要一定空间，至少需要一个鼠洞。规模猪场的场内空地面积很少，每周一次检查空地鼠洞并及时采用水灌等办法消灭洞内老鼠，并定期投药，可有效地控制老鼠的数量。

专题六　猪场疫病防控

一、当前猪病流行特点

随着规模化养猪的发展，育种、营养和饲养等技术领域的成果被不断应用，使得我国养猪的技术水平和整体实力都得到了较好的发展和挖掘。目前，影响我国养猪业经济效益的瓶颈已经不是猪种、饲料的问题，而是各种疾病所带来的威胁。

(一)新出现和重新流行的传染病危害性增大

随着集约化、规模化养猪业的迅速发展和市场经济的建立、交通渠道的增多，为疫病流行创造了客观条件，导致一些曾一度得到控制的传染病，如猪丹毒、猪肺疫、猪副伤寒等又重新抬头。

此外，由于检疫不严或缺乏有效的检测手段，致使一些新的疫病传入我国。如 PRRS、猪圆环病毒 2 型(PCV-2) 、猪回肠炎等。

近几年国外发生的非洲猪瘟、猪尼帕病毒病、曼那角病毒病、猪盖他病毒感染、猪蓝眼病及猪戊型肝炎病毒、猪肠道杯状病毒及猪细环病毒感染等，严重危害着养猪业的发展，应引起关注。

(二)多病原混合感染增多使病情更加复杂化

当前猪群中发生传染病往往不是单一的病原体所致，而是两种或两种以上的病原体共同协同作用而造成的。陈焕春研究团队根据对 3 237 家规模化猪场 7 972 份临床样本的混合感染模式分析，结果表明：单病原感染的猪病只占 9%，两病原混合感染的占 26%，三病原混合感染的占 36%，四病原混合感染的占 23%，五病原混合感染的占 5%，六病原及其以上混合感染的占 1%。也就是说，多病原混合感染或继发感染已成为发病的主要形式，导致疾病诊断困难，发病猪群的治疗难度大，治愈率也极低。

(三)病症非典型化和隐性感染增多

在疫病流行过程中，病原体受到外界环境及高度免疫的影响，使一些病原体的毒力经常发生改变，有的毒力变强，有的毒力变弱，出现了新的变异株和血清型。加之猪群中的免疫水平不高或免疫抗体不一致，致使某些疫病在猪群中发生流行，并呈非典型化。比如低毒力猪瘟病毒可引起非典型猪瘟，表现为散发、发病率不高、发病年龄提前、潜伏期延长，缺乏典型的临床症状，病程长，可成为"僵猪"。母猪持续感染，通过胎盘感染仔猪，出现流产、死胎和弱胎等。又由于目前配合饲料中抗菌药物添加剂长期连续的使用，治疗中滥用抗菌药物，加之疫苗质量不稳定，免疫程序不科学、不合理，致使细菌抗药性菌株大量出现，造成疫病的不断发生。

(四)猪呼吸道传染病日益突出

目前在我国养猪生产中出现的呼吸道传染病日益突出，因呼吸道疾病引起死亡的猪只在不断增多，规模化猪场呼吸道传染病的发病率为30%～60%，死亡率为5%～30%。猪呼吸道疾病发病原因包括原发性感染病原(如蓝耳病病毒、猪圆环病毒Ⅱ型、猪肺炎支原体、猪伪狂犬病毒、猪流感病毒、猪瘟病毒、猪呼吸道冠状病毒、猪传染性胸膜肺炎放线杆菌、副猪嗜血杆菌和猪支气管败血波氏杆菌)、继发性感染病原体(如猪多杀性巴氏杆菌、链球菌、沙门氏菌和大肠杆菌等)。另外，猪舍通风不良、卫生条件差，空气与环境污染严重，有害气体过多；气温变化大、猪舍保温不好；不同日龄、不同品种的猪只混群饲养，饲养密度过大；饲料单一，营养不良等各种应激因素都可诱发本病的发生与流行。

(五)繁殖障碍性传染病普遍存在

引起猪繁殖障碍性传染病有蓝耳病、猪瘟、圆环病毒2型感染、伪狂犬病、细小病毒病、乙型脑炎、猪流感、附红细胞体病、布鲁氏菌病、衣原体病、钩端螺旋体病、弓形虫病等。我国当前以蓝耳病、圆环病毒2型感染、猪瘟、伪狂犬病及附红细胞体病等造成的繁殖障碍最为普遍和严重。

(六)免疫抑制性传染病的危害愈来愈严重

蓝耳病与圆环病毒2型(PCV2)感染是当前公认的两个主要的免疫抑制性疫病,气喘病与伪狂犬病也可导致免疫抑制,这些疫病已广泛存在于我国的猪群之中,其危害愈来愈严重。因为免疫抑制性疫病可直接损害猪的免疫器官和免疫细胞,造成细胞免疫和体液免疫的抑制,使机体的免疫力和抵抗力大大减弱,健康水平整体下降,同时,免疫抑制性疫病对其他疫病疫苗的应答产生干扰作用,如蓝耳病阳性猪场中用猪瘟弱毒疫苗免疫猪群其抗体水平明显偏低,使猪群对疫病的易感性增高,并发病、继发感染与混合感染明显上升。

(七)细菌性疾病的危害有加重的趋势

饲养管理不善、环境卫生恶劣、免疫抑制性疾病的不断增多、不科学地使用抗生素使耐药菌株不断出现、饲料中添加大量抗生素,这些因素导致猪群一旦发生细菌性疾病则几乎无药可治。近几年,除副猪嗜血杆菌病、传染性胸膜肺炎和链球菌病,猪肺疫、猪丹毒、猪大肠杆菌病在许多猪场暴发,造成重大损失。

(八)病原体变异情况增多给控制带来难度

病原体发生变异的情况增多,随着饲料营养浓度的增强造成机体生长速度增快、应激因素(如饲料变更、营养不平衡、气候突变、断奶、转栏、合群、不合理消毒)以及药物使用增多,使得病原体与这些因素接触后发生变异的情况增多。近几年 PRRSV、FMDV 的变异最让猪场头痛。

有些病原体本身就由多种血清型构成(如大肠杆菌和链球菌等),随着环境条件的改变而发生变异,表现的病症也呈现非典型化和复杂化。

(九)高热症候群依然经常发生

近几年来,我国相继暴发猪"无名高热症",临床表现高烧、败血症、皮肤发红等病变,发病率和死亡率高达20%～100%,因该病病因复杂,临床上难以对其作出准确诊断。目前,普遍认为该病是由多种病原引起的症候群,这些病原包括:病毒性的如猪繁殖与呼吸综合征病毒、猪圆环病毒2型、猪瘟病毒、猪流感病毒、猪伪狂犬病毒等;细菌性的如大肠杆菌、猪链球菌、副猪嗜血杆菌、多杀性巴氏杆菌以及附红细胞体、弓形体、肺炎支原体、猪痢疾蛇形螺旋体等,它们以混合感染和继发感染的方式感染猪群,导致病情的严重化和复杂化。除致病性病原外,还包括霉菌毒素、重金属超标、抗生素滥用、免疫不当等不良因素的应激,可引起猪发生高热。

(十)消化道疾病非常广泛

无论是现代化规模养殖场,还是中、小规模的养殖专业户或散养户,猪的消化道疾病均有发生,占疾病的35%～45%。临床上主要表现为腹泻,导致仔猪死亡率较高,饲料转化率降低,并使猪肉的质量下降。引起猪消化道疾病的病因有很多,有细菌性的、病毒性的、寄生虫性的、营养性的及一般条件因素引起的。其中由病毒性病原(猪传染性胃肠炎病毒、猪流行性腹泻病毒)和细菌性病原(致病性大肠杆菌、猪霍乱沙门氏菌等)引起的腹泻危害最为严重。这些致病因素有时单独出现,有时以2种或2种以上混合感染的方式出现,使病情加重,可导致严重的经济损失。

据调查,现在绝大部分养猪场都存在哺乳仔猪和断奶仔猪的腹泻问题。其中,寒冷、潮湿、不卫生、氨气浓度高等环境应激问题以及奶水质量差,是哺乳仔猪腹泻最主要原因。断奶仔猪腹泻,与饲料营养、饲养管理和饲喂方式等都有关系。实践证明,几乎所有的腹泻都与温度有直接关系,掌握好温度就能减少腹泻的发生。

二、当前猪病的发病原因分析

当前猪病发生率和死亡率高,除了一些猪场猪群密度高、生物安全措施落实不到位及免疫抑制现象普遍外,以下几个原因需要特别重视。

(一)环境因素

病原的传播是疫病流行的关键因素之一。养殖场过于密集,使病原容易在养殖场间相互传播,容易形成自然疫源地;活猪的频繁运输,加之动物运输车辆逃避检疫的现象较为普遍,使病原易于传播;养殖场(户)无害化处理工作不到位,病死猪随意乱扔甚至病死动物流入社会现象常见,粪尿及垫料未经处理就直接排到场外更是十分普遍,造成养殖环境越来越恶化,病原的污染面越来越大,是疫病暴发的重要因素。

(二)饲料因素

一些饲料企业为了单纯追求猪长得快或吃料后不拉稀,盲目加大铜锌用量和滥加抗生素,猪长期食用这样的饲料导致肝、肾损伤,抗病力下降;加之,发霉玉米广泛使用,尽管有的猪场在饲料中添加脱霉剂起到了一定的作用,但并不能从根本上解决问题,多种霉菌毒素会进一步对猪的肝、肾及其他内脏器官造成严重损伤,免疫功能下降,这也是导致猪群发病的重要因素。

(三)免疫因素

免疫程序不科学、疫苗保存或使用不当、免疫时滥用抗生素、抗病毒药物以及免疫抑制性药物等造成免疫失败,致使猪群对抗传染病的能力降低,一旦病毒、病菌侵入猪体则发病严重。当前诸多小规模场及散养户,对该免什么不该免什么缺乏认识,对科学免疫知之甚少,盲目性很大;大、中规模化养猪场虽有较强的防疫意识,但很多猪场兽医技术力量薄弱,免疫程序设计不科学,为图省事,不顾配伍禁忌,将多种疫苗同时注射的现象较普遍,大、中规模化猪场对免疫效果评估的重视程度依然不够,特别是在进行效果评估时,对科学监测的概念不理解,做不到随机采样、科学采样。

(四)药物因素

疫病的预防与控制离不开药物,但是,在实际生产中,重用药、乱用药、错用药屡见不鲜。盲目用药或大剂量用药反而导致药物无效或中毒,造成病死率上升。大量抗生素使用后使猪体内的常在菌和致病菌死亡,一方面造成菌群失衡,另一方面释放出大量内毒素。大量抗生素使用后损伤了肝肾功能,破坏了机体免疫系统,结果是猪病越来越多,疾病越来越复杂,猪病防治越来越困难。

违规生产经营兽药现象并不少见,不少假冒伪劣药品在市场上流通,药品销售行业操作不规范性,加之众多从业人员缺乏鉴别能力,使养殖行业蒙受了巨大的经济损失。

(五)管理因素

一些猪场不是从正规种猪场引进种猪,而是为了贪图便宜从交易市场或从无种猪生产资质的猪场引进。由于不清楚免疫情况,加之长途运输造成应激,很容易发生疾病。种猪引进后没有进行有效的检疫、隔离、驯化和适应,导致疾病的发生。猪场管理不精细,不能有效缓解或消除各种应激的产生,生物安全措施不到位等诱发疾病的发生。

三、猪场疫病控制总体原则

(一)重视猪群健康监测

在整个养猪生产过程中,猪群随时都可能发生传染病,一旦发生,规模越大,损失越惨重。因此,做好猪群的健康检测工作,及时发现亚临床症状,早期控制疫情,把传染病消灭在萌芽状态是非常重要的。主要的监测方法有如下几种:

1.观察猪群

饲养员对自己所养猪只要随时观察,如发现异常,及时向兽医或技术员汇报。猪场技术员和兽医每日至少巡视猪群2~3遍,并经常与饲养员取得联系,互通信息,以掌握猪群动态。不管是饲养员还是技术人员，观察猪群要认真、细致，掌握好观察技术、观察时机和方法。生产上可采用“三看”，即“平时看精神，喂饲看食欲，清扫看粪便”。并应考虑猪的年龄、性别、生理阶段，季节、温度、空气等，有重点、有目的地观察。

对观察中发现的不正常情况，应及时分析，查明原因，尽早采取措施加以解决。如属一般疾病，应采用对症治疗或淘汰，如是烈性传染病，则应立即扑杀，妥善处理尸体，并采取紧急消毒、紧急免疫接种等措施，防止其蔓延扩散。

对异常猪只及时淘汰，可提高生产水平，减少耗料和用药，更有利于维护全群的安全，因为这些猪往往对传染病易感或是带菌带毒，是危险的传染源或潜在的传染源。

2.测量统计

特定的品种或杂交组合，要求特定的饲养管理水平，并同时表现特定的生产水平。通过测量统计，便可了解饲养管理水平是否适宜，猪群的健康是否在最佳状态。低劣的饲养管理发挥不出猪的最大遗传潜力，同时也降低了猪的健康水平。

猪所表现的生产力水平的高低是反应饲养管理好坏和健康状况的晴雨表，例如，猪的受胎率低、产仔数少往往与配种技术不佳、饲养管理不当和某些疾病有关；出生重低与母猪怀孕期营养不良有关；21 d 窝重小、整齐度差与母乳不足、补料过晚或不当、环境不良或受到疾病侵袭有关；肉猪日增重低、饲料报酬差有可能是猪群潜藏某些慢性疾病或饲养管理不当。

3.病猪剖检

通过对病猪的剖检，观察各器官组织有无病变或病变的种类、程度等，了解猪病的种类及严重程度。

4.屠宰厂检查

在屠宰厂检查屠宰猪只各器官组织有无异常或病变，了解有无某种传染病及严重程度。

5.抗原抗体测定

检查和测定血清及其他体液中的抗体水平，是了解动物免疫状态的有效方法。动物血清中存在某种抗体，说明动物曾经与同源抗原接触过，抗体的出现意味着动物正在患病或过去患过病，或意味着动物接种疫苗已经产生效力。如果抗体水平下降，表示这些抗体可能是传染病或接种疫苗的残余抗体。接种疫苗后测定抗体，可以明确人工免疫的有效程度，并作为以后何时再接种疫苗的参考。

怀孕母猪接种疫苗后，仔猪可通过吃初乳获得母源抗体。测定仔猪体内的母源抗体量，可了解仔猪的免疫状态，同时也是确定仔猪何时再接种疫苗的重要依据。用来检查抗体的技术，也可以检查和鉴别抗原、诊断疾病。生产现场可用全血凝集试验等较简单的方法进行某些疾病的检疫，淘汰反应阳性猪，净化猪群。

(二)树立疫病控制新观念

1.树立长远规划的观念

集约化猪场兽医防疫工作是一项长期的投资，必须有一个长远的计划，有计划地分期完成各项防疫措施，使兽医防疫体系不断完善。猪场的场长、主管兽医及技术骨干应相对稳定，以保证兽医防疫工作的连续性。

2.树立预防为主的观念

应改变过去传统养猪的兽医方法，由应用临床兽医学向预防兽医学转变，由被动防疫转为主动防疫，从产前、产中、产后着手，切实做好隔离饲养、全进全出、消毒、免疫接种等各项工作。在人、猪、饲料、环境等方面，采取可行措施，逐步控制、消灭场内已有疫源，防止新的疫病传入。

3.树立群防群治的观念

确立对猪群体诊断、治疗，而不是个体防治的观念。传统的兽医注重个体的预防和治疗，集约化猪场应重视群体的预防和治疗。所采取的措施要从群体出发，要有益于群体。当然也要对个体猪只的情况予以重视。应根据本场实际，制定免疫计划。对一些主要细菌性疫病，应在疫病发生之前进行药物预防，而不是发病一头治疗一头。

4. 树立群体保健的观念

确立猪群保健，特别是怀孕、哺乳和保育期的保健预防，而不是病后治疗的观念。为了维护猪群健康，必须对其健康情况进行经常性的监测，即使监测结果并未超出正常范围，猪只也未表现明显的症状，但可以通过调整饲粮、环境及管理方法等，达到减少患病的危险，保持良好的健康状态的目的。应根据本场实际制定猪群健康及经济效益指标，掌握猪群生产状态，经常巡视猪群的体况、毛色、粪便等，发现问题及时处理，并根据本场的设备和条件，开展免疫监测、消毒药剂的选择及消毒效果监测、疫病净化水平监测等工作。

5. 树立多病因论的观念

改变单纯病原学的观念，树立多种病因论的观念。疫病的发生往往涉及多种因素，如同一来源的种猪，在有的猪场会出现严重的临床型萎缩性鼻炎，而在另一些猪场症状轻微或不发生，这与饲养管理、环境等因素有关。随着猪场设备的老化，因素病对猪场经济的危害也越来越严重。因此，诊治疫病，不仅应查明致病的原发性及继发性病原，还应考虑外界环境、管理条件、应激因素、营养水平、免疫状态等与疫病发生有关联的各种因素，用环境、生态及流行病学的观点分析研究，从设施、制度、管理等方面，采用综合措施，才能有效地控制疫病的发生与流行。

6. 树立健康监测的观念

健康监测将使畜禽的饲养方法及兽医业务范围发生变化，兽医工作的重点将是群体。健康监测将使研究方法发生改变，即不再孤立地考虑某种单一因素，而是更加重视各因素间的相互影响。健康监测的重点主要是集中解决一些生殖系统疾病和多病因性疾病。健康监测还将通过调整投入和管理方式，使畜禽发挥最大的生产能力,使经济效益发生改观。

7.树立系统论的观念

养猪生产是一个大系统,要按总体来考虑解决问题。而疾病的发生与饲养管理等多种因素有关,治疗仅是应急措施,不能根除。作为一名兽医,应有系统论观念,考虑经济效益,重视疾病的预防。应关注整个猪群的健康情况,关注猪群的生长和生产成绩。重视资料,做好记录,并输入计算机,进行统计、比较、分析,把资料转为信息,把信息转为资料。

8.树立多学科共同协作的观念

兽医、畜牧、生态、建筑、机械设备等学科应密切配合,从场址选择、猪舍建筑、种猪引进、种源净化等方面,均应考虑兽医防疫问题。另一方面,作为兽医工作者,不仅要掌握有关兽医专业知识,而且要学习饲养学、营养学、生态学、遗传学、卫生学、经营管理等有关知识,在实践中理论联系实际,不断总结经验和教训,不断完善兽医防疫体系,以保证养猪生产的健康发展。

总之,兽医防疫方法正在从对个体动物的治疗转向群体治疗;从预防疾病的疫苗接种、预防性用药及治疗病畜转向健康监测及改善管理,以防止疾病发生;从对疾病的单一病因观念转向多病因认识;从单一学科转向多学科,以维护动物生产。

(三)坚持猪场疫病控制原则

现代化养猪业具有经营企业化、生产工厂化、销售市场化和效益最大化四个特点,存在疾病和市场两大风险。就疾病风险而言,养猪是一个系统性工程,在养猪防控疫病中,需要树立起“养重于防、防重于治、养防结合、综合防治”的理念,以及“环境控制与饲养管理是基础、免疫接种与药物预防是手段、健康监测与人力资源是保障”的思路。

1.重视环境,保障安全

养猪场环境条件是决定养猪业经济效益的重要因素,集约化养猪场必须高度重视养猪场环境。不但场址选择要合理,养殖场内的布局结构也应符合防疫要求和管理要求。养猪场不准私自养鸡、养犬、养猫等，不得外购猪肉及其制品。

2. 长远规划，制度连贯

集约化养猪场要有长远的发展规划，有计划地分期完成扩大生产任务和各项防疫措施，要特别注意兽医防疫体系不能有间断，防疫措施不能有断层。管理人员、主管兽医应相对稳定，不能随意更换或新旧人员衔接不上，新进人员必须经过一定时间的场内培训和见习实习，保证防疫制度和措施始终连续一致。

3. 精细管理，以人为本

很多养猪企业制度非常完善，但是发挥的作用微乎其微。从某种程度上讲，很多养猪企业缺的不是技术，而是精细管理。因为，人是一切工作的实施者，现代企业管理理念已将人力资源作为重要的生产力加以管理。因此，养猪企业在继续采取原有饲养管理措施的前提下，应该改变观念，从加强猪场所有从业人员的教育和管理上下更多功夫。猪场管理者应该制定科学合理的管理制度和措施，充分调动猪场所有从业人员的工作的主动性和积极性，创造和谐的工作氛围，培养他们工作的责任心、细心和耐心，提高所有人员的从业素养和执行力。只有这样，科学的免疫程序才能成为有效的免疫程序，合理的用药方案才能发挥更大的作用，各项管理措施才能成为实实在在的工具，环境温度、湿度的控制才能成为可能。人的管理是一项系统复杂工程，养猪企业就是一个小社会，需要企业主或管理者用心思考，切实把人力管理纳入最重要的工作日程之中，制度激励，制定适合本场特点的管理模式。

4. 预防为主，防治结合

一个规模化的猪场不可能不发生猪病，任何一个兽医也不可能将所有的病猪都治愈，有的病猪即使治愈了，花的代价很高，是劳民伤财的，有的烈性传染病，越治疗发病的猪越多，是得不偿失的。由于传统兽医重治轻防，往往把猪场办成病猪的疗养院。为此，对规模化猪场提出病猪“五不治”：即无法治愈的病猪不治；治疗费用高的病猪不治；治疗费时费工的病猪不治；治愈后经济价值不高的病猪不治；传染性强、危害大的病猪不治，彻底改变过去“重治轻防”的陈规陋习。坚持搞好产前、产中、产后的各项预防工作，变被动防疫为主动防疫，实现由临床兽医观点向预防兽医观点的根本转变，做好发病猪只的隔离饲养，实行全进全出的管理制度，制定科学的免疫接种计划，及时消灭场内已有的疫源，努力阻止新的疫病传入。

5. 计划免疫，适合本场

无论从免疫的理论或实践都说明，通过免疫接种的动物，并不等于已进入免于疾病发生的保险箱，这是由于任何一种疫苗由于种种因素都不可能获得100％的保护率；疫苗接种后所产生的保护力是有限度的，影响猪体产生免疫力的因素很多，如猪的体质、环境的应激，特别是有些传染病如伪狂犬病、蓝耳病、圆环病毒病等可造成不同程度的免疫力功能下降；疫苗的免疫原性和产生质量与免疫效果有密切关系；注射的手法，是否免疫确实，注射深度是否合理等。因此，免疫应有制度、有计划，不可随意进行，不可盲目实施。制定免疫计划时，既要充分考虑品种特点、疫苗特性，又要结合本地疫情和本场实际，选择最合适有效的免疫途径，选择最可靠的免疫程序，选择最安全的免疫剂量，免疫前后及时进行必要的抗体滴度检测。同时，还要慎重制定药物预防计划，严格筛选药物，按照规定留出足够的停药期，坚决禁止使用任何违禁药物。

6. 常规监测，坚持不懈

猪群疫病是由多因素引起的一类症候群，仅凭临床症状和剖检病变很难作出确切诊断。在很多情况下，企业对本场的猪群健康状况实际上并不真正清楚，表现在：猪群疫病的感染压力？病原在什么时候开始感染仔猪？母源抗体水平？什么时候免疫疫苗最合适？疫苗免疫后是否起效（抗体水平、均匀度、维持时间）？猪群发病的主要病因是什么？面对日益复杂的发病因素，缺乏有效的实验室支持，是造成临床误诊，盲目用药、用苗的最主要原因之一，使临床疾病更加复杂。因此，猪场应建立系统的实验室解决方案，进行常规保健监测及动态分析，及早发现问题并提前采取措施，方能降低发病率，减少经济损失。通过系统的常规监测与动态分析，可以在一定程度上解决以下问题：猪场存在什么病原感染及感染严重程度；病原感染时间；母源抗体消长规律；确定免疫什么疫苗；免疫母猪还是免疫仔猪；什么时候免疫最合适；疫苗免疫效果如何（抗体水平、均匀度、维持时间）；建立猪场免疫基线水平，有助于疫病监控。有效的疫病监测策略应遵循三个基本原则，即：保证样品数量与质量、时间连续性、阶段连续性。

7. 群体保健，数据管理

在健康检测的基础上，还应该树立群体保健的观点，既要让猪只迅速提高生产力，还要让猪只健康生长发育。应确立对猪群的诊断、防疫、治疗制度，而不能仅仅局限于防治个体，不要发病一头治疗一头，否则就会处处被动、顾此失彼，要善于从一个单独的个体看到全部的整体，通过个体检疫，发现群体中可能存在的问题或隐患，采取必要的措施对全场猪群进行控制。要通过全面掌握猪只生产状态，经常巡视猪群的体况、毛色、粪便、姿势、饮食等情况，经常分析猪场生产成绩和经济效益，及时发现问题，有针对性地调整日粮营养水平，改善环境气候条件，加强日常饲养管理，使猪只保持良好的生理状态，减少任何患病的危险。为此，养猪场要有完整的数据管理系统。

8. 共同协作，全局观点

养猪场内的疾病防治工作不单单是饲养员、技术员和兽医的事，应该是各方面共同合作、所有人员都有责任，需要场长、兽医、饲养员、采购员、饲料加工员、仓库保管员、门卫等密切配合，从场址选择、建筑布局、舍内设计、环境改造，到种猪引进、种源净化、产品外运、饲料加工、来人接待等方面，都要充分考虑兽医防疫问题，在实践中不断丰富理论体系，不断完善防疫体系，保证集约化生产健康、稳定、全面发展。

9. 多因推论，综合防控

集约化养猪场内致病因子众多，要改变过去那种单纯就病因进行推论的思维定式，确立发散思维、多因推论的观点，综合考虑病原因子、环境因子、宿主因子、管理因子、应激因子、营养因子等对疾病发生和传播的影响，用环境学、生态学、免疫学、流行病学的观点，进行综合分析和推断，从设施、制度、管理等方面，采取综合预防和补救措施，切实有效地控制疾病的发生和流行。

10. 措施前移，无病先保

工厂化养猪生产方式，猪只是按生产工艺流程的要求流动。所以，出现了感染期和临床表现期不在同一个阶段，而是跨阶段发生，传统兽医学的理念是很难解决的。同时，工厂化生产有严格的工艺流程，猪只的类别和年龄接近，对生活条件的要求相对一致，又给我们控制疾病创造了条件。

根据规模化养猪场猪病发生的新变化，更新观念，制定适合于工厂化生产的生物安全措施、合理的消毒程序、科学的免疫程序和驱虫程序、药物保健方案，使之程序化，达到理想的效果。做到各种措施前移、无病先保。

(1)通过流行病学调查、临床观察、病理剖检、实验室检测等措施，摸清本场疾病的种类、发病阶段和规律。

(2)根据本场的实际情况和抗体监测结果制定合理的免疫程序，并跟踪监测，适时调整。

(3)根据疾病的发生阶段、疾病种类和药敏试验制定药物使用方案，及时记录观察防控效果并进行调整。

(4)发生疾病后，首先确定发病时间在本阶段还是在上阶段，为制定控制方案提供依据。

四、猪场主要病毒性疫病防控方案

(一)猪场病毒性疾病综合防控方案

1. 强化引种检疫

不要同时从几个不同的猪场引种，以避免带入不同的病原体，威胁猪群的安全与健康。引种要慎重，避免病原进入猪场。后备母猪引进后必须进行严格的检疫，入场前必须进行隔离观察和严格检测，确保新猪无传染病后方可进入猪舍。种公猪、精液应检测有无特定病原感染。种猪引进后隔离 45 d 以上，观察记录淘汰非健康种猪，7 d 后做好各种疫苗的基础免疫，20 d 后使用本场健康母猪粪便自然适应，30 d 后使用空怀母猪混群饲养，50 d 后经健康检查可以混群。

2. 加强科学管理

健康状况良好的猪群在免疫时能产生坚强的免疫力，而体质虚弱、营养不良、处于各种外界因素而引起应激的猪群，或患有慢性病的猪群，在免疫注射后所产生的免疫应答能力都很差。因此，结合猪场实际情况制定饲养管理和疫病防控措施，全方位落实各项生物安全措施，坚决贯彻“养重于防、防重于治、预防为主、养防结合”的疫病防控理念，在猪群饲养密度、温度、湿度、通风、光照和饲料质量等方面都需采取优化措施，为猪只创造一个良好的环境，提高猪群整体健康水平，提高猪群免疫应答水平。

全场实行全进全出的饲养管理制度，并坚持自繁自养·重视生物安全措施，防止病原体在猪群中交叉感染与水平传播。

对生产区要采取严格消毒、隔离和防疫、检疫措施。严禁将发霉饲料用于喂猪，要严格控制饲料和各种原料的质量。在阴雨天气和炎热夏天，加工饲料时应在饲料中添加霉菌毒素处理剂，减少因霉菌毒素的危害而导致免疫失败的情况发生。

3. 定期灭鼠，禁养猫、犬

鼠类、猫、犬与鸟类均可携带病毒，是许多病毒性疫病的重要传染源。因此，在猪场内禁养猫、犬，定期驱蚊蝇、投饵灭鼠，驱赶鸟类。

4. 严格消毒制度

引种前对场地、用具进行彻底消毒，将消毒工作贯穿于养猪生产中的各个环节。选用高效消毒药进行定期全面消毒和适时消毒，及时、彻底杀死病原体，切断传播途径，切实保障猪场的安全生产。注意消毒药品的交替使用，以免产生耐药性，使环境中病原微生物控制在最低程度。同时，要注意工作人员及车辆、用具等的日常消毒，避免疫病引入场内。

将消毒卫生工作贯穿于养猪生产的各个环节，最大限度地降低猪场内污染的病原微生物，减少或杜绝猪群病毒性疾病感染的几率。在消毒剂的选择上应考虑使用敏感的消毒药。去势和注射需遵循良好的卫生和消毒习惯。

5. 执行全进全出制度

规模化猪场应彻底实现养猪生产各阶段的全进全出，至少要做到产房和保育舍的全进全出。避免将不同日龄的猪混群饲养，减少和降低猪群之间病原的接触感染机会，尽可能地降低猪群的感染率。

6. 定期对猪群监测

检测和监测是构筑疫病防控体系的关键环节之一，建立完善的疫病诊断和疫情监测体系，采取检测、淘汰阳性猪、消毒、免疫等有效的综合措施消灭传染源，切断传播途径，根除疫源地，达到防控目的。运用免疫监测手段给猪群进行抗体检测，摸清猪场多发疾病的种类，建立合理完善的监测方案，根据免疫效果实行科学免疫，逐渐净化种群。可以用 ELISA 方法定期对猪群进行病毒性疾病抗体监测，以了解猪场的感染状况。一般来说，一个季度监测一次以便实时了解猪群的感染情况从而对猪场的管理和预防工作进行调整和改进；根据抗体检测情况制定、调整和评估疫苗及免疫程序；通过监测及时发现并淘汰阳性病猪。

7. 正确选择和使用疫苗

疫苗本身的质量直接影响免疫效果。应使用主管部门指定的疫苗，尽量选用高效价、高质量疫苗，国家定点专业生物制品厂生产的疫苗一般质量可靠。确保在低温条件下运输、保存和使用疫苗，疫苗出厂后必须在 8 ℃以下的冷藏条件下运输，严防日晒和高温。

按疫苗使用说明书指定的稀释剂进行稀释，稀释后的疫苗需置于冰袋内，做到苗不离冰，冰不离苗，并在 4 h 内用完。免疫注射前应对耳标钳、注射器、针头等器械进行煮沸消毒 30 min，严禁用其他消毒液消毒针头。注射部位消毒后必须用棉球擦干，应一猪一针头，严禁一个针头打到底。严禁用大号、短针头注射和打飞针，以免造成疫苗灭活或注射部位过浅，剂量不足等。紧急接种时按先健康、后轻症、再重症的顺序，防止交叉感染。每头猪注射要确实，免疫时避免出现漏注现象，保证注苗密度，使猪群有整齐、正常的免疫抗体水平。

不要使稀释液与疫苗温差过大，夏天气温高达 30℃时，如果用室温的生理盐水去稀释刚从冰柜里取出来的在－15℃条件下保存的疫苗，冷热差距太大，对疫苗的活性和效价影响很大。这时可将疫苗取出，在室温下放置 3～5 min 再稀释，或前一天将疫苗放在 2～8℃的冷藏室里平衡一下温度。严寒季节，为防止过冷的疫苗注射的冷应激，肌肉的强烈收缩易造成疫苗外溢，可将生理盐水用 25～30℃的温水预温一下（不能超过 35℃），再去稀释已在室温下预温的疫苗。

8. 制定合理的免疫程序

应根据当地实际情况，合理地制定免疫程序。因此养猪场应该加强血清学抗体监测，随时掌握猪群的抗体水平，依据抗体水平免疫监测的结果制定免疫程序。免疫程序的关键是排除母源抗体干扰，确定合适的首免日龄。首免日龄的选定应在仔猪体内母源抗体不会影响疫苗的免疫效果而又能防御病毒感染的时期。

9. 做好保健

根据猪场疾病流行特点、猪场周围疾病感染压力及猪场各种应激发生情况，制定猪群药物保健方案，以增强机体对疫病的抵抗力，控制细菌源性的混合感染或继发感染。

10. 饲喂优质的全价饲料

饲料一定要营养全面、科学搭配，尽可能使用低氮饲粮和氨基酸平衡饲粮，保证有足够的蛋白质、氨基酸、微量元素和各种维生素(特别要注意增强非特异性免疫力的维生素 A、维生素 E 等以及微量元素硒、锌、铬等用量)，确保猪只各生长阶段的营养需要，提高猪群对病原微生物的抵抗力，降低疫病的发生率和由此造成的损失。①适当添加免疫增强因子，如“优壮”、“元动利”、黄芪多糖原粉等；②把控好原料关，避免使用发霉、变质的原料；③注意营养平衡、氨基酸之间的平衡、蛋白质之间的平衡等。

11. 及时淘汰带毒猪

带毒公、母猪不停地排毒，在猪场就是“定时炸弹”。因此，应加强对猪群尤其是种猪群及后备种猪野毒抗原的检测，对感染野毒阳性猪及时淘汰。

12. 实施种猪场净化

从源头抓起建立健康种猪群，实施种猪场净化。采取多点式生产与规范化技改；实施全进全出、系统选种选育和超早期隔离断奶技术；实施后备猪健康培育与驯化、制定严格的生物安全措施，并在生产经营管理中认真落实到位；对主要疾病进行有效防控、清除与净化；实行常年抗体检测。

13. 建立档案管理制度

养殖场应建立从仔猪出生到出售整个生产过程每一环节的档案，并做好记录，归档保存。猪场兽医技术人员应担当起防疫工作的重任，及时做好各项免疫工作，及时了解猪群健康状况，当发现免疫失败时，应及时找出免疫程序实施中可能存在的漏洞，采取相应的补救措施。加强对饲养员防疫知识辅导，提高其对防疫工作重要性的认识，增强责任心，配合做好防疫工作。

(二)猪繁殖与呼吸综合征防控方案

猪繁殖与呼吸综合征(porcine reproductive and respiratory syndrome，PRRS)是由猪繁殖与呼吸综合征病毒(PRRSV)引起的猪群发生以繁殖障碍和呼吸系统症状为特征的一种急性、高度传染的病毒性传染病。该病主要感染猪，尤其是母猪，严重影响其生殖功能，临床主要特征为流产，产死胎、木乃伊胎、弱胎，呼吸困难，在发病过程中会出现短暂性的两耳皮肤紫绀，故又称为蓝耳病。

1. 病原特性

(1)病原体　本病的病原又名莱利斯塔病毒(Lelysted virus)，为套式病毒目(Nidovirales)、动脉炎病毒科(Arteriviridac)、动脉炎病毒属(*Arterivirirus*)的繁殖与呼吸综合征病毒，呈卵圆形，有囊膜，直径在40～60 nm，表面有约5 nm大小的突起。核衣壳呈二十面体对称，直径为25～30 nm。基因组为单股正链RNA病毒，平均分子质量约1.5×10^6。组长约15 kb，不分节段的RNA，含有5′端非编码区(untranslated region，UTR)、10个开放阅读框架(ORF1a、ORF2a、ORF1b、ORF2b、ORF 3～7、ORF5a)编码病毒结构蛋白(GP2、GP3、GP4、GP5、M、N)和3′端UTR，其中ORF7编码核衣壳蛋白(N)、ORF5编码病毒的糖化囊膜蛋白[GP5(E)]是最易发生变异的蛋白基因之一，基因之间有部分重叠。无血凝活性，不凝集哺乳动物、禽类和人类红细胞。

(2)环境抵抗力　该病毒对外界环境抵抗力相对较弱，病毒在氯化铯中的浮密度为1.13～1.19 g/mL，在蔗糖梯度中的浮密度为1.18～1.23 g/mL。病毒的稳定性受pH和温度的影响比较大。pH 6.0时稳定，在pH小于5或大于7的条件下，其感染力降低95%以上。在pH 7.5的培养液中可于-20℃和-70℃长期保存。在4℃下仅存活1个月，37℃存活18 h，56℃存活15 min以内，干燥可很快使病毒失活。对有机溶剂十分敏感，经氯仿处理后,其感染性可下降99.99%。但在空气中可以保持3周左右的感染力,对常用的化学消毒剂的抵抗力不强。

(3)病毒的变异　变异是RNA病毒一个非常明显的特征。PRRSV基因组的变异是本病难以控制的重要原因之一。根据基因组的序列差异分为2个型,即以ATCCVR-2332(VR株)毒株为代表的美洲型(简称B亚群)和以Lelystadvirus(LV株)为代表的欧洲型(简称A亚群)。毒株之间存在显著的抗原差异性,两者只有很少的交叉反应。A亚群:广泛的基因组变异,B亚群:较为保守。而且2个毒株的差异越大,两者之间不相容的程度就越高。我国的猪繁殖与呼吸综合征病毒分离毒株以美洲型为主,已发现欧洲型毒株,同时我国的分离毒株也存在变异现象,现已发现有缺失变异毒株的存在。

(4)病毒的感染　PRRSV的主要靶细胞是单核细胞-巨噬细胞系统如肺泡巨噬细胞(macrophages,PAM)、肺泡的二型肺细胞(pneumocytes type Ⅱ)、外周单核细胞、生精小管(seminiferous tubules)的上皮生殖细胞(epithelial germ cells)和间质内的巨噬细胞,卵巢卵泡中的巨噬细胞。其中猪肺泡巨噬细胞最为敏感。

病毒通过受体介导的胞吞作用进入肺泡巨噬细胞,这牵涉到核受体的变异,包括唾液酸黏附素、硫酸肝素、CD163、CD151。目前认 为病毒的初级复制部位是鼻黏膜或上呼吸道系统中的巨噬细胞,然后通过血液循环扩散至其他器官,并在其中的单核巨噬细胞系统内增殖。

该病毒有严格的宿主专一性,对巨噬细胞有专嗜性。病毒的增殖具有抗体依赖性增强(ADE)作用,即在亚中和抗体水平存在的情况下,在细胞上的复制能力反而得到增强。

PRRSV进入猪机体后,侵入肺泡巨噬细胞,造成严重的间质性肺炎,入侵的第2天即可造成肺的损害,7 d后损伤整个肺尖叶,呈多中心病状,病毒侵入细胞后在细胞内增殖,使巨噬细胞破裂,溶解崩溃,造成巨噬细胞数量减少,肺泡壁增厚,淋巴组织呈衰竭状态，同时降低了肺泡巨噬细胞对其他细菌和病毒免疫力。另外，因为毒株的变异，导致免疫细胞识别能力降低，从而逃避抗体的作用，极易继发或并发其他疾病，使病情非常复杂。

PRRSV 可通过血液循环穿过胎盘使胎猪受到感染，从而引起妊娠后期母猪流产等繁殖障碍。

2.流行特点

本病是一种高度接触性传染病，呈地方流行性。PRRSV 只感染猪，各种品种、不同年龄和用途的猪均可感染，但以妊娠母猪和 1 月龄以内的仔猪最易感。患病猪和带毒猪是本病的重要传染源。主要传播途径是接触感染、空气传播和精液传播，也可通过胎盘垂直传播。易感猪可经口、鼻腔、肌肉、腹腔、静脉及子宫内接种等多种途径而感染病毒，猪感染病毒后 2～14 周均可通过接触将病毒传播给其他易感猪。从病猪的鼻腔、粪便及尿中均可检测到病毒。易感猪与带毒猪直接接触或与污染有 PRRSV 的运输工具、器械接触均可受到感染。感染猪的流动也是本病的重要传播方式。持续性感染是 PRRS 流行病学的重要特征，PRRSV 可在感染猪体内存在很长时间。

我国当前蓝耳病流行特点：

(1)目前我国蓝耳病广泛存在，多呈地方流行性；由于多毒株弱毒疫苗获批与广泛使用以及疫苗毒株的返强、重组和传播，使多个毒株同时流行并使疫情更加复杂化；有些疫苗毒株残留毒力偏强，直接造成猪体免疫力下降，继发或并发感染严重。

(2)大部分猪执行免疫或自然感染过，临床特征不明显，但个别污染 HP-PRRS 毒株可表现母猪全程流产、死胎、黑胎；母猪呈亚健康状态：眼屎偏多，被毛粗乱，哺乳母猪发热，奶水不足；产房腹泻、关节肿及保育猪链球菌病和呼吸道病增多，整体猪群抵抗力低，猪瘟抗体水平上不去，肉猪难养；个别猪群中大猪发生典型蓝耳病和呼吸道病难治。

(3)我国 PRRSV 毒株呈多样化趋势：以北美洲型(基因 2 型)

毒株为主，但呈现致病性和遗传多样性。我国已发现欧洲型（基因1型）毒株的存在，而毒株间存在明显的基因组差异。猪场多个毒株共存，重组毒株——野毒间的重组毒株、疫苗毒株和野毒株的重组毒株在同一猪场可能同时存在。

（4）高致病性 PRRSV（HP-PRRSV）是目前优势流行毒株，且在继续变异：流行数年之后，高致病性 PRRSV 的致病性和毒力仍未降低，此病一年四季均可发生，很多猪场在冬、春季节会不稳定，以中小型猪场和散养户多发。目前很多猪场存在疫苗盲目过度使用的乱象，比如多种（多个毒株）活疫苗，众多企业生产，滥用和盲目使用 2 种（不同毒株）以上的活疫苗，使用活疫苗的免疫次数过频、普免等。盲目过度使用活疫苗会导致加剧猪繁殖与呼吸综合征病毒的变异，疫苗毒株的毒力返强，疫苗毒株间重组或疫苗毒株与野毒株间的重组，导致 PRRSV 新毒株的层出不穷。

3.临床特征

本病的潜伏期差异较大，引入感染后易感猪群发生 PRRS 的潜伏期，最短为 3 d，最长为 37 d。本病的临诊症状变化很大，且受病毒株、免疫状态及饲养管理因素和环境条件的影响。低毒株可引起猪群无临诊症状的流行，而强毒株能够引起严重的临诊疾病，临诊上可分为急性型、慢性型、亚临诊型等。

（1）急性型　母猪染病后，初期出现厌食、体温升高、呼吸急促、流鼻涕等类似感冒的症状，少部分（2%）感染猪四肢末端、尾、乳头、阴户和耳尖发绀，并以耳尖发绀最为常见，个别母猪拉稀，后期则出现四肢瘫痪等症状，一般持续 1～3 周，最后可能因为衰竭而死亡。怀孕前期的母猪流产，怀孕中期的母猪出现死胎、木乃伊胎，或者产下弱胎、畸形胎，哺乳母猪产后无乳，乳猪多被饿死。

公猪感染后表现为咳嗽、打喷嚏、精神沉郁、食欲不振、呼吸急促和运动障碍、性欲减弱、精液质量下降、射精量少。

生长肥育猪和断奶仔猪染病后，主要表现为厌食、嗜睡、咳嗽、呼吸困难，有些猪双眼肿胀，出现结膜炎和腹泻，有些断奶仔猪表现下痢、关节炎、耳朵变红、皮肤有斑点。病猪常因继发感染胸膜炎、链球菌病、喘气病而致死。如果不发生继发感染，生长肥育猪可以康复。

哺乳期仔猪染病后，多表现为被毛粗乱、精神不振、呼吸困难、气喘或耳朵发绀，有的有出血倾向，皮下有斑块，出现关节炎、败血症等症状，死亡率高达60%。仔猪断奶前死亡率增加，高峰期一般持续8～12周，而胚胎期感染病毒的，多在出生时即死亡或生后数天死亡，死亡率高达100%。

(2)慢性型　这是在规模化猪场PRRS表现的主要形式。主要表现为猪群的生产性能下降、生长缓慢、母猪群的繁殖性能下降、猪群免疫功能下降，易继发感染其他细菌性和病毒性疾病。猪群的呼吸道疾病(如支原体感染、传染性胸膜肺炎、链球菌病、附红细胞体病)发病率上升。

(3)亚临诊型　感染猪不发病，表现为PRRSV的持续性感染，猪群的血清学抗体阳性，阳性率一般在10%～88%。目前对这种亚临床感染的认识仍显不足。

4.病理变化

(1)大体病变　主要眼观病变是肺弥漫性间质性肺炎，并伴有细胞浸润和卡他性肺炎区，肺水肿，在腹膜以及肾周围脂肪、肠系膜淋巴结、皮下脂肪和肌肉等处发生水肿。若有继发感染，则可出现相应的病理变化，如心包炎、胸膜炎、腹膜炎及脑膜炎等。

(2)病理组织学　PRRSV感染引起的繁殖障碍所产仔猪和胎儿很少有特征性病变，PRRS致死的胎儿病变是子宫内无菌性自溶的结果，没出现特异性；流产的胎儿血管周围出现以巨噬细胞和淋巴细胞浸润为特征的动脉炎、心肌炎和脑炎。脐带发生出血性扩张和坏死性动脉炎。

生长猪较成年猪更常见特征性组织性病理变化，肺的组织学病变具有普遍性，有诊断意义。单纯的PRRS感染引起的肺炎以间质性肺炎伴随正常的呼吸道上皮为特征。其特点为肺泡间隔增厚，单核细胞浸润及Ⅱ型上皮细胞增生，肺泡腔内有坏死细胞碎片。

PRRS和细菌、病毒混合感染时，病变应和并发感染的细菌/病毒的不同而有所变化，合并感染细菌性病原常引起复杂的PRRS肺炎，间质性肺炎常混合化脓性纤维素性支气管肺炎或被化脓性纤维素性支气管肺炎所掩盖。有些感染病例还可见胸膜炎。

鼻甲部黏膜的病变是PRRS感染后期的特征，其上皮细胞纤毛脱落，上皮内空泡形成和黏膜下层淋巴细胞、巨噬细胞和浆细胞浸润。淋巴结、胸腺和脾脏的组织病理学变化，以发生肥大和增生、中心坏死、淋巴窦内有多核巨细胞浸润为特征，病早期可见脾脏白髓、扁桃体滤泡淋巴细胞坏死，后期脾核淋巴结细胞增生；另外PRRS感染引起的血管、神经系统、生殖系统的病变也主要表现为淋巴、巨噬细胞、浆细胞的增生和浸润。

5.诊断方法

根据病原、传播特点、临床症状及剖检特点可做出初步诊断，但要注意与症状相似的一些病毒性传染病相鉴别，如流感、细小病毒病、流行性腹泻等。猪繁殖与呼吸综合征是病毒性传染病，确诊必须进行血清学鉴定或病毒分离鉴定。

有关专家提供了一个直观判断猪繁殖与呼吸综合征的基本原则，可以供临床参考使用，如果猪场在14 d内出现下述临床指标中的2个，就可判定为猪繁殖与呼吸综合征疑似病例：母猪流产或早产超过8%；死产占产仔数20%；仔猪出生后1周内死亡率超过25%。

6.防控方案

我国猪群蓝耳病感染率很高，病毒高度变异，且不同毒株疫苗相互之间又不能完全保护，蓝耳病的防控就显得尤为重要。不论是灭活疫苗还是弱毒疫苗均有免疫效果，但均能对机体造成免疫损伤或免疫抑制作用。

要做好蓝耳病的防控，关键是要抓好猪场的生物安全管理，采取确切有效的保健方案，建立蓝耳病阴性的核心公猪站，建立蓝耳病阴性的核心种猪场，扩繁场使用疫苗免疫，引进和使用蓝耳病阴性的精液或种猪。

(1)安全引种与有效的隔离驯化　引种是蓝耳病发生的主要原因，引种会带入新的血清型蓝耳病。因此，要坚持自繁自养的原则，建立稳定的种猪群，不轻易引种。如必须引种，首先要搞清所引猪场的疫情，进行血清学检测，做到安全引种，坚决禁止引入阳性带毒猪。每年定时到同一种猪场引种，避免同时到 2 个以上猪场引种，发病时期禁止引种。种猪引入后必须建立适当的隔离区，做好监测工作，一般需隔离检疫 5～7 周，健康者方可混群饲养。

引进种猪的驯化：种猪引进后隔离 45 d 以上，观察记录淘汰非健康种猪，7 d 后做好各种疫苗的基础免疫，20 d 后使用本场健康母猪粪便自然适应，30 d 使用空怀母猪混群饲养，50 d 健康检查后可以混群。

引进种猪的药物保健：药物保健的作用是压制 PRRSV 的繁殖，控制猪体内的细菌数量，缓解应激。“安替可＋氟洛芬”组合或者“爱乐新＋伊科力康”组合或者“元动利＋赛替咳平”组合，可压制 PRRSV 的繁殖，控制猪体内的细菌数量，提高猪非特异性免疫力。

(2)严格执行有效的生物安全措施

①运猪车辆消毒。运猪车几乎每天出入各个猪场与屠宰场，已有研究表明运猪车上 PRRSV 可以存活相当长的时间，其他装上该车的猪只很快被感染，说明车上的病毒含量已足够多，很容易通过空气或猪场工作人员等途径进入猪场，给打算净化蓝耳病的猪场带来噩梦。美国猪场的做法是清洗、消毒之外还要对车辆进行烘烤，75℃下烘烤 10 min，对包括蓝耳病毒在内的大多数病毒(不包括 PCV-2)都能灭活。饲料车的风险不大，只要司机不进猪场就可以了。

②空气过滤系统。蓝耳病净化的猪场最好远离养猪密集区，因为大量的研究证实感染 PPRSV 的猪群可以产生病毒污染的气溶胶，可以协助病毒在周围环境中传播，模拟试验条件下传播距离至少 120 m，而实际生产中估计可以传播 2 km 甚至更远。幸好空气过滤系统给这一问题提供转机，加拿大、法国和美国的许多公猪站和母猪站利用该技术已保持 PRRSV 阴性数年，尽管这些猪场位于养猪密集区，而且数年间周围环境新出现的高毒力 PRRSV 再次感染的压力很大，但这些猪场仍然维持 PRRSV 阴性。空气过滤系统前期投资大，每头母猪启动时需要 250 美元，过滤网 2 年更换 1 次，这样每头母猪每年开支需要 36 美元，据统计，断奶猪的平均费用在 1.5～2.4 美元，一次蓝耳病暴发造成的损失明显超过这些费用，所以空气过滤系统未来猪场应用前景很大。根据周围猪场密集程度，猪场选择不同等级的空气过滤器。

③人员。进出场内的员工要换衣服(包括鞋、帽、外套)，严格洗澡，每年接种流感疫苗。对于访客一定要有隔离期，尽量减少外来无关人员。携带的工具如果进入过其他猪场也要严格消毒，最好制度化。定期进行员工的生物安全常识培训，由于净化 PRRS 猪场员工付出比一般猪场多，薪酬激励措施要相应提高，主动关注并积极解决员工随时出现的后顾之忧。相关制度制定后，需要有具体的执行人和监督人。

④水。使用地表水源的猪场，一定要净化消毒，进行监控，防止疾病的传播。最好猪场里有自己的水井，定期检测水质。

⑤灭蝇防鸟。最新的研究显示在实验室条件下，家蝇和蚊子能够在猪只之间传播病毒，野鸭等鸟类携带并可能传播 PRRS，可选择性地对原种场、产房、母猪群设置防鸟网，现在国外防鸟网上又有一定改进，网眼变得更小，类似纱窗。

(3)做好猪群饲养管理　在猪繁殖与呼吸综合征病毒感染猪场，应做好各阶段猪群的饲养管理，用好料，保证猪群的营养水平，以提高猪群对其他病原微生物的抵抗力，从而降低继发感染的发生率和由此造成的损失。

应激可能会激活潜伏在体内的病毒，所以要尽可能改善环境应激，减少人为应激。饲料中添加“常安舒”、“布他磷”可增强猪体内免疫细胞活性，提高机体抗应激力和抗病力。

保育舍清空再进猪、慎重寄养、全进全出、严格消毒、分点饲养、降低猪群密度、猪只定向流动、及时隔离或坚决淘汰病弱猪等是减少蓝耳病在猪群之间交流的重要措施。

(4)分胎次饲养　为避免后备母猪给原来已经稳定的种猪群带来不稳定，往往将后备母猪放在隔离饲养场饲养。猪场最好将不同胎次的母猪群分开饲养，以保证母猪群的抗体水平一致性好，不容易感染疾病。

(5)做好其他疫病的免疫接种　做好其他疫病的免疫接种，控制好其他疫病，特别是猪瘟、猪伪狂犬病和猪气喘病的控制。在猪繁殖与呼吸综合征病毒感染猪场，应尽最大努力把猪瘟控制好，否则会造成猪群的高死亡率；同时应竭力推行猪气喘病疫苗的免疫接种，以减轻猪肺炎支原体对肺脏的侵害，从而提高猪群肺脏对呼吸道病原体感染的抵抗力。

(6)定期监测　定期对猪群中猪繁殖与呼吸综合征病毒的感染状况进行监测，以了解该病在猪场的活动状况。一般而言，每季度监测 1 次，对各个阶段的猪群进行采样进行抗体监测，如果 4 次监测抗体阳性率没有显著变化，则表明该病在猪场是稳定的；相反，如果在某一季度抗体阳性率有所升高，说明猪场在管理与卫生消毒方面存在问题，应加以改正。

(7)合理、科学和规范使用猪繁殖与呼吸综合征活疫苗　随着 PRRS 的发现，PRRS 的疫苗研究也就随之开展，对于蓝耳病的免疫现在养猪界的说法很多，到底应不应该注射疫苗，在疫苗的选择上是应用弱毒苗还是灭活苗，每个人都有自己的看法。

目前，世界上商品化的 PRRS 疫苗有弱毒苗和灭活苗 2 类。

弱毒苗的缺点是：把它注射入体内的效果与感染野毒没有多

大差别。对完全蓝耳病阴性的场或已经是蓝耳病阳性的猪，当注入另外一种毒株的PRRS疫苗后，它会同野毒一样照样穿过胎盘侵害胎儿。有时，如果我们所使用的疫苗的基因序列与某一群体存在的PRRS病毒基因序列相似性达到70%～80%时，疫苗会比较有效。如果我们所使用的疫苗的基因序列与我们本场存在的PRRS病毒基因序列不同时，则意味着可能会有一场新的蓝耳病到来。Botner等报道，在丹麦，对1 000多头PRRS血清学阴性猪使用了弱毒疫苗，可是不久后猪群发生了PRRS，而且从流产胎儿和死胎中分离到了疫苗病毒，发现疫苗病毒可经胎盘感染胎儿，并向未接种的母猪传播，有些猪群则表现出急性PRRS样综合症状。Opriessnig报道从一个多次接种Ingelvac PRRS MLV的猪场发生PRRS后分离到一株PRRSV 98—38803，并证实该毒株来自于Ingelvac PRRS MLV。所以PRRS弱毒疫苗的毒力返强的可能性是存在的。从以上结果来看，PRRS弱毒疫苗免疫产生期快，在控制PRRS临床症状上明显好于PRRS灭活疫苗。但PRRS强毒和弱毒在猪体内的反应过程是一致的，所以长期使用PRRS弱毒疫苗所带来的安全问题仍是目前PRRS免疫中最大的争议。

灭活苗的缺点是：免疫剂量大、免疫次数多、免疫力产生期较长，诱导有效免疫力的能力比较差。但毫无疑问，灭活苗在使用上是比较安全的，可以诱导一定的抗体产生，如果抗体与野毒的基因序列比较相似，同样还会产生保护；如果基因序列不相似，则保护力比较差。

这就是这两种疫苗的不同之处，了解到他们的缺点后我们在生产实践中就要避免它。所以要根据每个养殖场不同的情况来选择疫苗。灭活苗的安全性大大高于弱毒苗，而且不存在散毒的危险，然而再好的灭活苗的效果也不能和弱毒苗的效果相比较。所以对于种猪和阴性场应该选用灭活苗，而阳性场为了净化蓝耳病最好选用免疫效果好的弱毒疫苗。

猪繁殖与呼吸综合征减毒活疫苗的使用不能搞“一刀切”,更不能实行强制性免疫。猪场应在对猪繁殖与呼吸综合征状况的监测与评估的基础上,确定用还是不用,以及如何使用。

强制免疫、普遍免疫、频繁免疫都是不科学的;要选择适合于自身猪场的疫苗,实行猪场个性化的免疫程序。科学使用猪蓝耳病活疫苗的建议:

一个猪场仅使用 1 种活疫苗,避免使用 2 种以上的活疫苗;PRRSV 仅在保育猪出现感染,则哺乳仔猪断奶前免疫 1 次;PRRSV 在哺乳仔猪后期出现感染发病,可在 3 日龄(滴鼻)免疫接种;经产且抗体阳性母猪群可不免疫;后备母猪可在配种前 1～3 月免疫 1 次;PRRS 阴性猪场和稳定猪场,不建议使用活疫苗;种公猪不可以使用蓝耳病弱毒苗;如果猪场是阳性场,引进猪繁殖与呼吸综合征阴性种猪后,可使用减毒活疫苗进行“驯化”或与经产母猪进行混群饲养;猪繁殖与呼吸综合征阴性猪场和稳定/不活动猪场,不建议使用活疫苗;配种后 7 d 内、产前 7 d、产后 7 d,不要免疫;如果免疫 HP-PRRS,建议使用 TJM-F92 毒株的疫苗;初次应用本疫苗的猪场,应先做小群试验;注射疫苗前使用“安替可”、“赛替咳平”,以提高抵抗力,清除体内细菌;注射疫苗时确保猪群的健康。

推荐使用硕腾公司的蓝耳病疫苗“瑞兰安”。推荐理由:

瑞兰安是硕腾公司根据中国目前蓝耳病流行毒株精心筛选出高致病性蓝耳病自然基因缺失 TJM-F92 弱毒活疫苗株,按照国际标准、优质原料和先进工艺生产的蓝耳病弱毒活疫苗,保护猪群免受高致病性蓝耳病的危害。瑞兰安的特点和使用方法:

①高效性。

★高保护率:试验表明疫苗对于适龄猪免疫死亡保护率达 100%。

★保护期长:免疫保护期可长达 6 个月。

★国际性 GMP 质量标准管理与全面的技术服务体系、促使疫苗高效稳定。

②高安全性。

★无污染:世界级标准生产,严格质量控制,全程无菌认证,确保无外来抗原污染。

★不返强:在猪体内传代 5 次后的病毒毒力不返强,稳定性高。

★无免疫干扰:可与猪瘟等其他疫苗同时免疫。

★病毒血症持续时间短:不超过 2 周,猪场生产更稳定。

★低毒力:单剂量重复免疫、10 倍剂量免疫、非适龄仔猪免疫、不同品种猪的免疫等试验结果都显示了该疫苗是高度安全的,都不影响健康猪只生长发育。

③高稳定性。

★严格的世界级质量控制、多重检测技术、特殊工艺流程,保证每一批次疫苗抗原含量稳定。

★通过全程冷链控制,确保疫苗从工厂到客户效价始终稳定如一。

④可鉴别诊断,有利于蓝耳病控制与净化。

★用分子生物学技术可区别本疫苗毒株与其他毒株。

★通过相应试剂盒可鉴别诊断本疫苗抗体与其他毒株抗体。

⑤瑞兰安的主要成分和含量。疫苗中含猪繁殖与呼吸综合征病毒弱毒(PRRSVTJM-F92),每头份疫苗病毒含量不少于 $10^{5.0}$ $TCID_{50}$。

⑥瑞兰安的使用方法。

★母猪:阴性场和稳定/不活动猪场:生物安全良好,可以不免疫;稳定/活动猪场:妊娠期 30～80 d 内免疫,或每 3～4 个月免疫 1 次;不稳定猪场:“一刀切”免疫,30 d 后再免疫 1 次。

★公猪:分 2 次免疫,每次免疫一半公猪,2 次间隔半个月。或使用灭活疫苗。

★后备母猪(稳定/活动场、稳定/不活动场、不稳定场):在进入种猪群配种之前 42 d 完成 2 次免疫,2 次免疫间隔 4 周。

★生长猪：阴性场和稳定/不活动猪场，生物安全好，可不免疫；稳定/活动猪场，感染前至少4周前免疫1次；大体稳定场，14日龄免疫1次，断奶注射"瑞可新"；2～3周再免疫1次；暴发场：全群免疫，仔猪注射"瑞可新"；生长育肥猪添加"安替可"。

★猪群同时存在多个PRRSV毒株循环：不停免疫，在猪群中建立疫苗优势毒株。

(8)严密封锁发病猪场　对发病猪场要严密封锁；对发病猪场周围的猪场也要采取一定的措施，避免疾病扩散，对流产的胎衣、死胎及死猪都做好无害处理，产房彻底消毒；隔离病猪，对症治疗，改善饲喂条件等。对猪群进行封群200 d以上，封群期间，不从外面引种，本场也最好暂时不留后备母猪或后备母猪在场外配种，不同规模猪场需要4～11个月，一般多在200 d以上。

(9)环境预防　猪蓝耳病舍内的主要传播途径是接触感染、空气传播和精液传播，而舍外病原的侵袭多为空气传播，因此切断空气传播渠道以及在舍内采取降低空气微生物浓度以及物理灭活空气微生物等预防措施是预防本病发生的关键。实现以上防疫目标可采用空间电场自动防疫方法或建立环境安全型猪舍。

物理预防通常是指空间电场生物效应衍生的畜禽舍空间电场自动防疫方法，该方法是在猪舍中猪的上方布置一组空间电场发生电极线，该电极线与地面组成一个"无形的防疫电窗"，向电极线充以直流高电压，则空间电场就在电极线与地面之间建立起来了，在这个空间电场环境中，微生物气溶胶浓度以及粉尘含量会降低到很低的状态，而且带有高电压的电极线会电离空气产生臭氧、硝酸气用以灭杀病毒等空气微生物和物体表面的微生物，同时会分解粪便发酵产生的恶臭气体。同样，在粪道设置空间电场也具有这样的防疫和空气净化能力。

空间电场对空气微生物浓度的降低以及病毒的灭杀是建立微生物气溶胶空间电场疫苗化的基础，也是防疫成功的基础。

(10)提高猪只非特异性免疫力　PRRSV首先摧毁巨噬细胞

功能，使得猪的非特异性免疫受损，继而影响特异性免疫，使猪产生免疫抑制。因此，增强猪机体自身免疫力，提高猪非特异性免疫功能是蓝耳病防治的根本出路。“元动利”作为 ATP 能量代谢促进剂，让猪体的每个细胞特别是免疫细胞（巨噬细胞）都能量无限，从而从根本上提高猪非特异性免疫力。

①非特异性免疫与特异性免疫的比较。非特异性免疫与特异性免疫之间有着极为密切的联系。以抗病原体来说，非特异性免疫是基础，它的特点是出现快，作用范围广，但强度较弱，尤其是对某些致病性较强的病原体难以一时消灭，这就需要特异性免疫来发挥作用。特异性免疫的特点是出现较慢，但是针对性强，在作用的强度上也远远超过了没有针对性的非特异性免疫。由于机体在任何时间、任何地点，都有可能接触到各种各样的异物，如果全部都以特异性免疫来对付，机体的消耗就会过大，因此先以非特异性免疫来处理，对机体更为有利。

特异性免疫是在非特异性免疫的基础上形成的。例如，进入机体的抗原，如果不经过吞噬细胞的加工处理，多数抗原将无法对免疫系统起到刺激作用，相应的特异性免疫也就不会发生。此外，特异性免疫的形成过程，又反过来增强了机体的非特异性免疫。非特异性免疫与特异性免疫区别见表 6-1。

表 6-1　非特异性免疫与特异性免疫区别

项目	非特异性免疫	特异性免疫
范围	机体对内外异物都可以发生免疫反应	机体仅对某一异物（抗原）产生免疫反应
细胞组成	黏膜和上皮细胞、吞噬细胞、NK 细胞	T 细胞、B 细胞
作用时间	立刻至 96 h 内	96 h 后
作用特点	非特异作用，抗原识别谱广，不经克隆扩增和分化，即可发挥免疫效应	特异性作用，抗原识别专一、经克隆扩增和分化成效应细胞，发挥免疫效应
作用时间	无免疫记忆，作用时间短	有免疫记忆，作用时间长
特性	非专一性	专一性

②提高猪非特异性免疫重要性。在实际生产中我们往往关注特异性免疫，较少重视非特异性免疫。例如，在发生疫病传染时，习惯只用各种方法测抗体，如凝集试验、酶联免疫吸附法(ELISA)、免疫荧光法(IFA)、血清病毒中和试验(SVN)等。认为抗体上来了就不会发生该病，殊不知在抗体水平合格的情况下还可以发生潜伏感染，如伪狂犬病毒(PRV)的疫苗毒株感染。猪巨细胞病毒(PCMV)可在高水平循环抗体存在下排毒。还有不少猪场，免疫后部分群体抗体水平始终上不来，人们多归咎于疫苗质量和免疫程序等，很少考虑机体免疫抑制，尤其是巨噬细胞的功能状态。而巨噬细胞在特异性体液免疫应答过程中扮演了重要角色，起着递呈抗原的作用，巨噬细胞的功能低下将影响特异性免疫，降低免疫应答。

蓝耳病病毒首先摧毁巨噬细胞功能，使得猪的非特异性免疫受损，继而影响特异性免疫，使猪产生免疫抑制。另外，应激因素、霉菌毒素、有害金属等也是引起猪机体免疫抑制的原因，削弱了猪非特异性免疫功能，使得猪免疫应答反应机制不完善，很多情况下超剂量疫苗接种也无法收到预期效果。因此增强猪机体自身免疫力，提高猪非特异性免疫功能才是蓝耳病及众多免疫抑制病(如圆环病毒感染、伪狂犬病)防治的根本出路。

(11)药物预防与保健　存在有猪繁殖与呼吸综合征病毒感染猪场应做好猪群的药物预防与保健，以控制可能的细菌性继发感染。种猪群定期添加 Aivlosin(爱乐新)，保证 2.5 mg/kg 的用量，抑制 PRRS 的复制，加快猪场净化 PRRS 时间，阻滞目前未知的 PRRS 重新感染的因素(包括当前措施仍无法完全消除的 PRRS 传播途径，如空气传播问题)。

(12)猪繁殖与呼吸综合征的净化　环境条件相对较好、管理与饲养水平高的猪场应通过实施闭群饲养、监测与淘汰、猪舍空气过滤等技术，开展猪繁殖与呼吸综合征的净化工作。

(三)哺乳仔猪腹泻综合征防控方案

自 2010 年冬季以来,哺乳仔猪腹泻在我国猪场一直没有停止,感染猪场哺乳仔猪大批死亡,给猪场带来重大的经济损失,严重危害着养猪生产的发展,已经成为我国养猪界热点关注的疫病。

1.病原特性

关于本病的发病原因一直众说纷纭,目前主要有如下几种:

(1)多病原说　据有关农业院校与兽医科研院所的检测发现,目前的哺乳仔猪腹泻病原有流行性腹泻病毒、传染性胃肠炎病毒、轮状病毒,有的猪群中还检测出杯状病毒、博卡病毒、圆环病毒 2 型、蓝耳病病毒、猪瘟病毒等。农业部关于印发《生猪腹泻疫病防控技术指导意见(试行)》中也指出"引起生猪腹泻的疫病有猪流行性腹泻、猪传染性胃肠炎、猪轮状病毒病和伪狂犬病。"有专家还指出,猪群处于免疫抑制、饲料中的霉菌毒素的存在、冬春季节气候寒冷、早春季节日温差大、气候变化剧烈以及母猪营养不佳、产仔后乳水不足、产房保温措施不到位、饲养环境恶劣等多种因素都是引起哺乳仔猪腹泻发生与流行的原因,因此,有学者把目前的哺乳仔猪腹泻称为"新生仔猪腹泻综合征"(newborn piglet diarrhea syndrome,NPDS)。

(2)猪流行性腹泻病毒和猪传染性胃肠炎病毒感染为主说　尽管有关农业院校与兽医科研院所的检测出的病原多种多样,但多数检测结果也表明,流行性腹泻病毒(PEDV)所占比例最高,猪传染性胃肠炎病毒其次,因此,有观点认为,当前造成生猪腹泻流行的主要病原仍然是猪流行性腹泻病毒和猪传染性胃肠炎病毒。

(3)猪流行性腹泻(PED)的变异病毒说　中国动物卫生与流行病学中心、云南农业大学等,为探明 2011 年我国猪群仔猪腹泻的病因,采用巢式 RT-PCR 方法对河南和辽宁省 2 个规模猪场采集 43 份出现腹泻的粪便进行猪流行性腹泻病毒(PEDV)、猪传染性胃肠炎病毒(TGEV)和轮状病毒(PROV)的检测,结果表明:43

份腹泻样品均为PEDV,没有检测出TGEV和PROV。对扩增的PEDV进行测序和分析显示,这些PEDV流行毒株均属基因G2.3亚型,彼此之间的同源性高达99.2%～100%,与2011年韩国和2008年泰国流行的PEDV毒株同属于一个进化分支。将其中3份病料在Vero细胞传代后接种2日龄仔猪,结果发现接种后13～57 h内仔猪全部死亡,接种仔猪呈现典型的腹泻症状和病理变化特征,提示了这些PEDV流行毒株具有较强的致病性。哈尔滨兽医研究所也认为,2010—2011年发生的腹泻与往年有所不同,普遍发病日龄偏小,死亡率高,返饲效果不好,反复发病持续时间长,与病毒的变异可能有一定的关系。

(4)轮状病毒说　血清抗体检测表明,猪轮状病毒感染相当普遍。猪轮状病毒病腹泻是主要症状,粪便呈黄白、黄绿色或暗黑,水样或糊样,严重者带有黏液和血液。腹泻3～4 d后,部分病例出现严重脱水并死亡。业内也有人士认为,轮状病毒感染是仔猪腹泻的主要原因之一。

(5)新病毒说　据说博卡病毒、猪星状病毒(PoAstV)与猪细环病毒(TTSuV)等与这轮腹泻有关。

(6)耐药性大肠杆菌说　2007年以来有一种超级耐药的大肠杆菌,对几乎所有常用的抗生素都产生耐药性,在腹泻猪中也检测到了大量的耐药大肠杆菌。

(7)饲料源头说　转基因玉米因植入了抗病虫害的基因,玉米害虫接触这种基因会烂肠,那么这种基因怀疑会引起猪的腹泻。

对哺乳仔猪腹泻的母猪进行的检测发现中毒指数非常高。中国农业大学动物医学院副教授何伟勇认为,这主要是饲料原料的问题。他指出,母猪因食用了霉变饲料中毒,毒素通过胎盘传给仔猪,造成仔猪消化系统病变,从而引起拉稀。

也有业内人认为,普遍性的腹泻可能与饲料原料的替代有关。近年来随着玉米价格的不断上涨,替代物玉米DDGS(玉米干酒糟及其可溶物)使用逐步广泛,而猪群的消化道尚未适应新的原料,所以出现应激性腹泻。

(8)母猪群遭受野毒持续感染说　南京农业大学韩健宝、扬州大学兽医学院邓小红认为:我国目前新生仔猪腹泻高发病率高死亡率与母猪群遭受野毒持续感染,形成感染压力呈正相关,凡是在重胎期出现一过性腹泻、体况不良、食欲不佳、产程过长、奶水不足、乳房炎与子宫炎及返情、产死胎率高的母猪群所产的新生仔猪发生腹泻病率显著的增高。

(9)猪群中毒说　据广州国家种猪测定中心樊福好博士对30窝哺乳仔猪腹泻的30头母猪的血样进行了检测,发现中毒指数高,只有3头中毒指数为0,6头在100以下,其余21头全部在100以上,最多高达260,败血指数也普遍偏高。

(10)免疫紊乱说　最近几年来,大量使用各种“蓝耳病”弱毒疫苗和有缺陷的伪狂犬疫苗,“疑似口蹄疫”及霉菌毒素,均不同程度地对猪群的特异性和非特异性免疫功能造成损害。

综合分析,这轮腹泻并非单一病原,不同的猪场发病临床表现不完全相同,检测出的病原也多种多样。大部分猪场应该是以流行性腹泻为主,其中有PEDV、TGEV和PRV、PRRSV、HCV变异株参与其中,同时“超级大肠杆菌”也是主要原因之一,中毒性因素普遍存在。所以,此病称之为哺乳仔猪腹泻综合征比较确切,也可称之为仔猪恶性腹泻。

2.流行特点

(1)2010年冬季以来我国哺乳仔猪腹泻综合征主要感染哺乳仔猪,2～7日龄仔猪感染率高;1周龄内仔猪感染后,出现腹泻2～4 d后,大量死亡,死亡率在50%～100%;在部分猪场呈时间上的间歇性发病,间隔20 d后可再次发生,两次发病的病原不同,复发的不是同一猪群;腹泻持续时间长,温度很高的情况下依然发生;第1次返饲(强毒免疫)有较好的效果,但之后再次返饲效果较差,在部分猪场病料返饲后母猪不出现腹泻。

(2)就全国范围而言,哺乳仔猪腹泻综合征的发病时间从秋天

(10 月下旬)到夏天(7 月份)都会发生,其中从深秋(元旦前后)至初春(4 月份)最为集中,造成的损失也更大;某些猪场在上年秋天发病后,次年春天会再次发生,更有部分猪场连续 4～6 个月发病不断,出生仔猪在 1 周龄内几乎全部死亡。因此,仅从发病时机来看,此类似乎毫无规律的发病情况与经典的 PED/TGE 仅有部分相似或完全没有相似之处。

(3)从局部上看,发病猪群主要集中在初生小猪,绝大多数情况下,母猪并无腹泻表现,在很多猪场保育舍小猪和生长育肥猪不同程度地存在一定比例的长期的腹泻现象,而且保育舍小猪的拉稀与猪舍温度无关,但生长肥育猪群饲料中添加各种针对性抗生素或抗菌药物几乎完全没有效果。大部分猪场头胎和低胎龄母猪的仔猪发病率相对较高。

(4)经典的 PED/TGE 以水平传播为特征,2～3 d 内可令一个猪场的各阶段猪群同时感染发病,并呈一过性感染特征,5～7 d 病程基本结束;然而,这几年的仔猪腹泻绝大多数似乎不具备水平传播特征,而是呈典型的垂直方式。这几年的仔猪腹泻病例大多数与以往大家熟识的 PED/TGE 完全不是一回事。

3. 临床特征

从过往经验看来,由轮状病毒或冠状病毒感染导致的经典 PED/TGE 往往先由母猪发病开始,再感染哺乳仔猪;然而这几年的仔猪腹泻绝大多数是在母猪没有腹泻症状下发生,属于典型的仔猪独立发病病例;有些猪场则先在全场暴发经典的 PED/TGE, 2～4 周后继发独立的仔猪腹泻,并持续相当长时间。

从排泄物的颜色看,经典的 PED/TGE 导致的仔猪腹泻,其排泄物的颜色以未消化的乳汁或饲料为主要特征,即习惯所称的"白痢"或"水样"的排泄物,但这几年的仔猪腹泻最典型的特征是排泄物为浅黄色膏状粪便,或有青灰色者,从粪便含水量看,感染经典 PED/TGE 的腹泻致死病例有相当部分发病仔猪的排泄物含水量与正常粪便没有显著差异。

4.病理变化

由于此类病例从发病到死亡的病程较短，尸体或活体解剖很难看到典型的器官病变，一般表现为腹股沟淋巴结轻度或中度肿大、充血、出血；肠系膜淋巴结肿大、充血；胃肠道空虚，肝、心、肺鲜见异常，肾脏表面偶见针状出血点、肾盂多见充血症状。仅凭解剖症状几乎无法作出任何有指导意义的结论。

5.防控方案

猪场第1次暴发PED时发病率可达100%，仔猪死亡率可达90%以上，这是不可避免的，猪场应做好思想准备。一旦发病，应尽快确认是单纯PED、TGE、轮状病毒感染还是几种混合感染，同时停止移动人、哺乳母猪、后备母猪和仔猪，防止病毒进入分娩舍，特别要严格控制车辆、猪和人员流动。另外，要重点做好以下具体措施：

(1)紧急预防接种　包括强毒的免疫接种(返饲)、弱毒疫苗的免疫接种2方面。

①强毒的免疫接种(不推荐)。A.患病仔猪放血，清水冲洗体表污物，小心剖开腹部。

B.十二指肠与空肠的交界处结扎，回盲交界处结扎。剪下两个结扎点之间的小肠段部分，小肠及其内容物一起置入无菌容器中。

C.当采集足够的小肠组织后，用消毒手术剪将其剪成碎状小块，置于组织匀浆机，制备匀浆。

D.向匀浆中加入抗生素(每100 g组织中加庆大霉素3 mL、新霉素10 g、硫酸黏菌素15 g、注射用乳酸林格氏液10 mL)和稀释剂(400 mL鲜牛奶)。

E.将制备好的返饲用组织匀浆给符合条件的母猪一次性投喂，每天饲喂1次病料，连续饲喂5～7 d，每次喂30～50 mL，母猪出现拉稀后停止饲喂。

F.未使用的组织悬液在−80℃保存。

②弱毒疫苗的免疫接种(后海穴注射)。流行季节前21～35 d全群免疫,或跟胎次免疫(主动免疫和被动免疫),对于疫情稳定的猪场和种猪场进行灭活疫苗的免疫,对于不稳定和受疫情威胁的猪场可采用活疫苗免疫,对于发病的猪场一定要采用活疫苗进行免疫接种或活疫苗联合灭活疫苗免疫,母猪产前至少免疫2次。

(2)母猪用药方案　仔猪出生后能否发生腹泻,与母猪的健康状况十分相关。仔猪出生后发生腹泻疾病及其他的疾病,病原的60%来自母猪,40%来自外界环境,因此,母猪产前与产后的预防显得非常必要。通过保健预防,净化母猪体内携带的各种病原体,提高其非特异性免疫力,使其产下的仔猪健康、安全。

①怀孕母猪日粮中添加2.5%免疫强壮蛋白原,以提高母猪特异性免疫力和非特异性免疫力,调节肠道菌群平衡,活化肝细胞,提高解毒和排毒的功能,提高抗应激能力。

②母猪产前10 d至断奶,在饲料中添加"元动利"2 kg,提供母猪和仔猪能量,增强母猪和仔猪的非特异性免疫功能,有效减少仔猪腹泻几率。元动利能平衡机体的神经-免疫-内分泌-体液轴,解除应激;能调节细胞的新陈代谢,促进机体能量代谢,从源头解决自由基的生成,消除亚健康;机体内可以参与三羧酸循环,促进新陈代谢,加速机体必需能量的合成与利用,提高肝脏排毒功能;能提高机体非特异性免疫,以增强动物机体抵抗力,增强单核吞噬细胞系的吞噬指数,增加血清溶血素的量,提高体液免疫能力。

③母猪产前15 d和1 d各注射"爱若达"10 mL+"灵乐星"20 mL,仔猪2日龄"爱若达"1 mL,提供母猪和仔猪能量,增强母猪和仔猪的非特异性免疫功能,有效减少仔猪腹泻几率。

④母猪产前7～15 d注射"高效干扰素",仔猪0～3日龄注射"高效干扰素",可排除体内病毒。

⑤母猪进产房之前要用32℃温水清洗全身,然后用"百胜"带猪消毒后再进入产房待产。

⑥母猪产仔后,产床要立即清扫消毒,母猪的乳房与乳头要用

0.1%高锰酸钾溶液或百胜擦洗干净,然后才能固定乳头让仔猪吃初乳,严防病原菌从口而入。

⑦母猪分娩当天,让母猪每头饮 1∶100 的 10%聚维铜碘 1 L,充分清理母猪肠道内的病毒与细菌。

⑧清空发病分娩舍,清洗消毒并干燥后再次消毒,空栏 1 周后,再将分娩前母猪移入分娩舍。

(3)腹泻仔猪用药方案

①腹腔注射"施瑞康"+林格氏液或 50%葡萄糖+优质电解多维,每天 2~3 次,连用 2~3 d,防止脱水,恢复酸碱平衡和离子平衡。

②每头仔猪灌服蒙脱石粉 2 g,每天 2 次,可有效吸附肠道毒素,修复肠道功能,防治胃肠黏膜的脱落。病猪的临床症状稳定后,口服微生物制剂,调理胃肠功能。

③仔猪出生后在吃初乳前灌服免疫球蛋白。

④新霉素+甲溴东莨菪碱成分的喷剂喷入口腔,同时后海穴肌注黄芪多糖注射液+甲磺酸培氟沙星注射液,按说明剂量,每天 1 次,连用 2~3 次。

⑤使用干扰素、转移因子肌肉注射发病猪只,全窝仔猪同时治疗。

⑥收集返饲过的母猪的初乳,保存在-20℃,使用前用温水解冻,每头仔猪饲喂 5~10 mL。

以上 6 种方案单独或选择其中几种使用。

(四)猪伪狂犬病防控方案

猪伪狂犬病(porcine pseudorabies,PR)是由伪狂犬病病毒引起的一种急性传染病,新生仔猪主要表现为神经症状,死亡率高达 100%,成年猪常为呼吸道症状,母猪和公猪多表现为繁殖障碍。世界动物卫生组织(OIE)将其列为 B 类动物疫病,我国将其列为二类动物疫病。近年来,该病的发生呈不断上升的趋势,成为当前严重危害养猪业的重要病毒性传染病之一。

1.病原特性

伪狂犬病毒属于疱疹病毒科(Herpesviridae)、猪疱疹病毒属，对外界环境中的不良因素有很强的抵抗力。37℃下的半衰期为7 h,8℃可存活46 d,而在25℃干草、树枝、食物上可存活10～30 d,在pH 4～9保持稳定。5%石炭酸经2 min灭活,但0.5%石炭酸处理32 d后仍具有感染性。0.5%～1.0%氢氧化钠迅速使其灭活。对乙醚、氯仿等脂溶剂以及福尔马林和紫外线照射敏感。

伪狂犬病毒只有一个血清型,但不同毒株在毒力和生物学特征等方面存在差异。伪狂犬病毒具有泛嗜性,能在多种组织培养细胞内增殖。

2.流行特点

猪是伪狂犬病毒的贮存宿主,病猪、带毒猪以及带毒鼠类为本病重要传染源。在猪场,伪狂犬病毒主要通过已感染猪排毒而传给健康猪,另外,被伪狂犬病毒污染的工作人员和器具在传播中起着重要的作用。而空气传播则是伪狂犬病毒扩散的最主要途径。在猪群中,病毒主要通过鼻分泌物传播,另外,乳汁和精液也是可能的传播方式。

(1)最新流行动态　近年来许多接种过PR疫苗的规模化猪场出现了典型的伪狂病症状,感染和发病猪场有所升高,规模化养猪场的PRV的净化和防控形势十分严峻。该病的流行新特点主要有：

①混合感染且种类更复杂。PRV和PRRSV二重感染、PRV与PCV2二重感染、PRV、PCV2与PRRSV三重感染及PRV与猪瘟病毒、猪传染性胸膜肺炎放线杆菌、细小病毒、附红细胞体、弓形虫、链球菌、李氏杆菌、大肠埃希菌等并发双重或多重感染在临床很多见。

②易感动物种类增多。猪是PRV唯一的自然宿主。PRV能引起猪临床、亚临床和潜伏感染。PRV还可感染牛、羊、犬、猫、浣熊、鼠、某些猴类等,偶可感染马。实验动物中家兔、豚鼠、小鼠都

易感,但以家兔最敏感。

③传播方式多样化。病猪、带毒猪以及带毒鼠类为主要传染源,隐性感染猪和康复猪可长期带毒。空气传播是本病的主要传播方式,尤其是在猪场内或邻近猪场中。被病毒污染的尸体、饲料、饮水、乳汁、器具等若被易感猪吃食,则可经消化道感染。皮肤伤口接触带毒物可感染。猪配种可传染,PRV 还可经过胎盘而传递给仔猪。

④隐性感染及带毒猪的潜在危险。染毒猪不表现症状,病毒在体内长期潜伏,且往往分离不到病毒,只能用聚合酶链式反应(PCR)或核酸探针方法才可查出病毒基因组 DNA 的存在。但在不良因素刺激下,如紫外线强烈照射、免疫抑制剂的使用等,使猪免疫力减弱时,可使带毒猪发病。

⑤临床发病严重化。15 日龄以前小猪病死率一般在 90%以上甚至 100%,断奶仔猪发病率可达 20%~40%,病死率 30%左右,怀孕母猪繁殖障碍率可达 50%左右,而不发情或配种失败可达 20%甚至更高;育肥猪的感染可导致比同期增重降低 20%。除此,疾病症状也更加多样化。

(2)近两年伪狂犬病发病率上升的原因分析　gE 阳性率居高不下,猪场内野毒有循环传播的机会;从兽医防疫的角度讲:主要是免疫不合理,出现免疫空白问题:表现为免疫程序与疫苗特性不对称,商品猪不免疫或免疫时机把握不正确,免疫量不足(疫苗效价低)。另外引进种猪时同时引入病原,猪场消毒、隔离措施不严。

仅采取一般控制措施,未实施扑灭方案,这些也是伪狂犬流行的原因。近年来也有报道称可能出现了超强毒株。目前尽管多数猪场基于母猪流产、仔猪神经症状而确定了伪狂犬发病,而血清学资料显示往往是肥育猪 gE 转阳在先。仔猪免疫的不完整或程序的偏差,或免疫量的不足,使肥育期猪群不足以抵御高感染压力或强毒攻击而感染,临床出现咳嗽并大量排毒,同时血清 gE 抗体转阳。大量野毒的扩散，使母猪群处于病毒高压下，抵御能力经受考验。当病毒高压突破母猪原有抗力，则出现流产，继而仔猪发病死亡。临床案例显示有些猪场母猪在一致高 gB 抗体的状况下，也有出现较多流产病例并伴随仔猪神经症状现象。所以对于猪场来说，一方面要尽可能提高全场猪只对伪狂犬病毒的抵抗力（提高猪只的抗体水平）；另一方面尽最大的努力降低猪场的感染压力，阻断猪场内野毒循环是关键（公猪-母猪，母猪-母猪，母猪-肉猪，肉猪-肉猪，肉猪-母猪之间的传播），最好建立 gE 阴性猪场。肥育期的免疫漏洞不可忽视。

3. 临床特征

伪狂犬病的临诊表现主要取决于感染病毒的毒力和感染量，以及感染猪的年龄。其中，感染猪的年龄是最主要的，幼龄猪感染伪狂犬病毒后病情最重。

新生仔猪感染伪狂犬病毒会引起大量死亡，临诊上新生仔猪第 1 天表现正常，从第 2 天开始发病，3～5 d 内是死亡高峰期，有的整窝死光。同时，发病仔猪表现出明显的神经症状、昏睡、鸣叫、呕吐、拉稀，一旦发病，1～2 d 内死亡。15 日龄以内的仔猪感染本病者，病情极严重，发病死亡率可达 100%。仔猪突然发病，体温上升达 41℃以上，精神极度委顿，发抖，运动不协调，痉挛，呕吐，腹泻，极少康复。断奶仔猪感染伪狂犬病毒，发病率在 20%～40%，死亡率在 10%～20%，主要表现为神经症状、拉稀、呕吐等。

断奶仔猪（4～9 周龄）：很少见到神经症状，表现为精神沉郁、厌食、高烧（41～42℃），常并发蛋花样腹泻与呼吸症状。

成年猪一般为隐性感染，若有症状也很轻微，主要表现呼吸道症状，有些病猪呕吐、咳嗽，一般于 4～8 d 内完全恢复。

怀孕头 1 个月的母猪感染后，胎儿被母体吸收，母猪会再次发情；妊娠中期母猪感染表现流产；妊娠后期母猪感染会产生死产、产木乃伊胎儿、产弱仔，仔猪出生后即可见临床症状，并在 1～2 d 内全部死亡。据近年来的报道，奇痒症状以往在猪罕见，但目前则常可见到。

伪狂犬病的另一发病特点是表现为种猪不育症。近几年发现有的猪场春季暴发伪狂犬病，出现死胎或断奶仔猪患伪狂犬病后，紧接着下半年母猪配不上种，返情率高达 90%，有反复配种数次都屡配不上的。此外，公猪感染伪狂犬病毒后，表现出睾丸肿胀、萎缩，丧失种用能力。

4. 病理变化

特征性病变为脑膜充血、水肿、出血，脑脊液增多，淋巴结肿大，胃肠卡他性炎症，肾脏布满针尖样出血点，浆液性至坏死性纤维素性鼻炎，以及咽喉炎、气管炎、坏死性扁桃体炎、口腔和上呼吸道淋巴结肿大、出血。有时还可见到下呼吸道病变，如肺水肿、弥散小坏死点、出血或肺炎。在肝、脾浆膜下散在典型的疱疹性黄白色坏死灶，肺、扁桃体、肾有出血性坏死灶。子宫内感染后可发展为溶解坏死性胎盘炎。

组织学病变主要是中枢神经系统的弥散性非化脓性脑膜脑炎及神经节炎，有明显的血管套及弥散性局部胶质细胞坏死。在脑神经细胞内、鼻咽黏膜、脾及淋巴结的淋巴细胞内可见核内嗜酸性包涵体和出血性炎症。有时可见肝脏小叶周边出现凝固性坏死。肺泡隔核小叶质增宽，淋巴细胞、单核细胞浸润。

5. 诊断方法

结合流行病学、临床表现、剖检病变、血清学技术和病毒分离即可诊断该病。有流产病史及临床症状，肝、脾、肺、扁桃体有散在坏死灶即可怀疑本病。本病的呼吸症状易与流感相混淆。如本病只感染育肥猪或成年猪时，常导致误诊。要注意与猪细小病毒、流行性乙型脑炎病毒、猪繁殖与呼吸综合征病毒、猪瘟病毒、弓形虫及布鲁氏菌等引起的母猪繁殖障碍相区别。

6. 防控方案

疫苗免疫接种是控制猪伪狂犬病的主要措施(表 6-2)。目前市场上普遍使用伪狂犬疫苗自然单基因缺失的基因工程活苗，如美国硕腾公司的扑伪佳（Bucharest 株）或清伪灵（Bartha K61 株），便于使用 ELISA 试剂盒鉴别诊断用于区分疫苗免疫抗体和野毒感染抗体而进行本病的净化。

表 6-2　疫苗免疫接种方案

<table>
<tr><th colspan="2">日龄/阶段</th><th>净化程序</th><th>控制程序</th></tr>
<tr><td rowspan="2">仔猪</td><td>无母源抗体</td><td>3 周龄免疫 1 次，4 周后再免</td><td>3 周龄免疫 1 次</td></tr>
<tr><td>有母源抗体</td><td>10 周龄免疫 1 次，4 周后再免</td><td>10 周龄免疫 1 次</td></tr>
<tr><td rowspan="2">后备母猪及公猪</td><td>自己选留</td><td colspan="2">2 次，间隔 4 周，首免在 10 周龄；第 3 次免疫在 28 周龄，以后同基础母猪</td></tr>
<tr><td>外购</td><td colspan="2">到场 1 周内首免，4 周后再免。以后同种猪程序</td></tr>
<tr><td rowspan="2">基础母猪</td><td>选择一</td><td colspan="2">2 次，间隔 4 周，首免在产前 8 周；以后按胎次免疫，产前 8 周免疫 1 次</td></tr>
<tr><td>选择二</td><td colspan="2">基础免疫（2 次注射、间隔 4 周）后，3 次/年</td></tr>
<tr><td>基础公猪</td><td></td><td colspan="2">基础免疫（2 次注射、间隔 4 周）后，3 次/年</td></tr>
</table>

免疫时可使用免疫增强剂，如转移因子或白细胞介素-4 或 MHC-Ⅱ类分子，用量为仔猪每头 0.25 mL、中猪每头 0.5 mL、大猪每头 1 mL，与疫苗混合肌注。免疫增强剂可促使疫苗抗体产生加快、水平提高、持续时间延长，降低应激，减少免疫抑制的发生，从而有效提高疫苗的免疫效果，增强特异性免疫力与抗病力。

在注射疫苗期间，饲料中加入优质保健品（如“常安舒”、“优壮”、“元动利”、“布他霖”等），可在一定程度上缓解应激。

发生本病时应淘汰发病猪，但也可紧急免疫接种伪狂犬活毒疫苗，并消毒猪舍和环境。

（五）猪瘟防控方案

猪瘟（classical swine fever，CSF）是由猪瘟病毒（CSFV）引起的一种急性、热性、败血性传染病。国际兽疫局的国际卫生法规把猪瘟定为 A 类 16 种法定传染病之一，我国将其列为一类动物疫病。由于我国实行了猪瘟强制免疫政策，猪瘟疫情总体上得到了控制。但是近年来由于非典型猪瘟、温和性猪瘟造成的持续隐性感染，以及免疫程序不合理等因素的影响常常导致猪瘟疫苗免疫失败，给各猪场带来极大的风险。

1. 病原特性

猪瘟病毒是属披风病毒科、瘟疫病毒属。病毒分布于病猪全身各种体液及各种组织内，以淋巴结、脾脏及血液内含量最高，病猪的粪便、尿液及其他各种分泌物中都含有大量病毒。猪瘟病毒在不利因素的作用下，抵抗力很差，在自然干燥的条件下，易于死亡，被污染的环境如果保持充分干燥和较高的温度，也很快失去传染性。污染物堆积发酵或病死猪尸体腐败 2～3 d 后，就失去传染性。50 ℃ 3 d 即死亡，但在冷冻条件下，可经久不死。因此，保持一个通风良好、阳光充足、干净干燥的饲养环境，也是预防猪瘟病的措施之一。

2. 流行特点

(1)流行病学　猪，包括野猪，是猪瘟病毒的唯一易感动物，其他动物对其有抵抗力，但可以机械的、间接的传播病毒，苍蝇也是主要传播者之一，带毒病猪是本病的主要传染源，其粪尿及各种分泌物排出病毒，散布于外界，不法商贩对病死猪的贩运及屠宰后产品、废水、废料广泛散布造成了本病的广泛流行，并且很难扑灭。经免疫获得抗体的母猪所产的仔猪，在 30 日龄之内很少发病，30 日龄之后，易感性逐渐增加。

温和型猪瘟是由毒力较弱的毒株引起的，其病死率较低，仔猪感染后，由于自身抵抗力较弱，所以病死率较高，成年猪抵抗力较强，大部分经改善饲养环境、加强饲养管理和投入提高免疫能力的药物等措施后，能逐渐康复。但是在饲养环境恶劣、管理不到位的情况下，该病毒株连续通过易感动物后，其毒力逐渐增强，可使易感猪发生典型的猪瘟症状而出现高死亡率。在感染这种低毒力的毒株之后，由于抑制了免疫系统，给其他病原体的感染创造了机会，往往会使其他疾病大流行。

传染门户主要是扁桃体和呼吸道及未经消毒的针头，被该病毒污染过的饲料、饮用水以及饭店剩下的残羹剩饭未经煮沸消毒后喂猪，也是该病毒的来源。

此病的发生没有季节性，一年四季均有临床病例出现，而且多见于散养户与小规模养猪场。

在种猪群中带猪瘟病毒，持续性感染较为普遍。由于种猪持续性感染猪瘟病毒，并向外排毒，造成病毒垂直传播与水平传播同时存在，一个猪舍或一个猪群中反复交替的进行传播，在猪场形成了猪瘟感染传播的恶性循环链，给疾病的防控增加了很大难度。

（2）当前猪瘟流行和发病的新特点　据有关报道，2013 年我国猪群中猪瘟病毒的阳性感染率平均为 15.3％，猪瘟免疫抗体合格率为 77.8％。2013 年以来，全国猪瘟疫情总体平稳。虽然疫情呈全国性分布，各地猪场均有猪瘟发生，而且长年不断，危害较大，但其主要为散发流行，以非典型猪瘟为主。少数饲养管理水平差、免疫失败的猪场有时也有急性猪瘟病例出现，但没有呈现暴发性流行。

①病症非典型化，呈多地区散发性流行。近一二十年来，由于对猪瘟防疫的重视，疫苗的不断使用，典型猪瘟已非常少见，但由于免疫程序的不合理、疫苗的质量问题等，导致非典型性或温和型猪瘟的大量出现。猪瘟的流行病学特征、临床症状和病理变化等出现一些新的特征。如高热便秘、拉稀便秘交替进行，病猪渐进性消瘦，被毛粗乱，病程长达 1 个月以上，最终衰弱死亡。回盲口扣状肿、麻雀肾、淋巴结大理石样病变、脾脏梗死、会厌软骨出血、膀胱黏膜出血、皮肤表面针尖状出血等典型症状、病理特征已很少见。而以膀胱黏膜及肾皮质散在针尖大小出血点、淋巴结周边出血、隐性感染居多。

②新生仔猪的先天性感染。新生仔猪胎盘垂直感染，初生后不会吃奶或者吃奶较少，精神委顿，被毛粗乱，皮肤结痂连成片脱落，离群，喜卧，畏冷，常钻入稻草中。初便秘，后腹泻，排黄绿色或

褐色稀糊状的腥臭粪便，眼角出现眼眵。有些仔猪出现神经症状。剖检可见淋巴结水肿、肾脏有大量出血点。

③持续感染，但急性死亡少。当前以低、中毒力猪瘟毒株感染猪群为主，急性死亡减少，临床表现上多为非典型性、慢性、隐性。垂直感染、持续感染、繁殖障碍、不表现临床症状、长期带毒排毒现象增多，这给猪场、养殖户对于猪瘟疾病的控制、扑灭与净化造成巨大的困难，是目前猪瘟防控的难点和重点。

④病情复杂，混合感染多。临床上常常出现猪瘟和伪狂犬、流感、附红细胞体、猪繁殖与呼吸综合征、圆环病毒、大肠杆菌、沙门氏菌、链球菌等的二重感染或多重感染与继发感染，对猪群的危害性极大。

⑤妊娠母猪带毒，繁殖障碍严重。繁殖障碍型猪瘟是当前危害较为严重的猪传染病之一。它是由于妊娠母猪感染低毒力猪瘟病毒，而外表健康，但表现出繁殖障碍。妊娠母猪流产，产死胎、木乃伊胎、弱仔；经产母猪不发情、屡配不孕。产出的弱仔常表现为弱小、吃奶无力甚至不吃奶、腹泻，个别发生先天性震颤，最终陆续死亡。部分耐过的仔猪成为僵猪，带毒排毒。死胎出现皮下水肿、胸腔腹腔积液，出生后不久即死亡的仔猪最常见的病理变化为皮肤出血点和肾脏的出血点。

(3)我国猪群中长期存在猪瘟流行的主要原因。

①引种检疫不严，带入隐性感染的种猪造成猪瘟的发生与流行。我国猪群中猪瘟病毒持续性感染普遍存在。由于隐性感染，猪只不表现出临床症状，易被人们忽视。引种不检疫或检疫不严时，就会引入带毒种猪。这些带毒种猪进入新的猪群(场)，可通过垂直传播或水平传播而引发猪瘟的发生与流行。

②先天性感染猪瘟病毒的仔猪造成猪瘟的发生与流行。母猪妊娠 50 d 后感染猪瘟病毒会发生流产与产死胎；妊娠 70～80 d 感染猪瘟病毒后可产弱仔，表现为先天性震颤、皮肤发绀等，几天后死亡；妊娠 90 d 后感染猪瘟病毒，产出的仔猪少数发生死亡，成活

的仔猪已先天感染病毒，成为持续性感染者，终生带毒，长期向外排毒，仔猪并不表现出临床症状，接种猪瘟疫苗时不产生免疫应答，出现免疫耐受，导致免疫失败。如果将这样的仔猪当作后备种猪进行培育，则会形成新的带毒种猪群，同样会通过垂直传播与水平传播猪瘟病毒，致使猪瘟病毒在猪群中一代一代传播下去，导致猪瘟在猪场年复一年的发生与流行。这样的仔猪经商品流通出售后，也会在新的猪群中传播猪瘟病毒，造成猪瘟的广泛传播与流行，危害甚大。

③各种免疫抑制因素的存在造成猪瘟的发生与流行。许多猪场都存在各种免疫抑制因素，常见的有与猪瘟共感染或继发感染的蓝耳病、伪狂犬病、圆环病毒病、猪流感、细小病毒病、副猪嗜血杆菌病、喘气病、链球菌病、弓形虫病及附红细胞体病等免疫抑制性疾病；各种霉菌毒素中毒、滥用抗生素、微量元素与维生素的缺乏以及各种应激因素的存在等，都会对猪体的免疫系统产生损害，造成严重的免疫抑制；干扰猪瘟疫苗的免疫效果，导致免疫失败等，致使猪只免疫力低下，常年处于亚健康状态。加之饲养环境的恶化，从而诱发猪瘟的发生与流行。

④关于猪瘟病毒的变异问题。我国流行的猪瘟病毒株，呈现出多样性、复杂性与可变性。但流行毒株与持续感染毒株和致病毒株之间基因组没有什么太大的区别，病毒只有 1 个血清型，但是其抗原性、致病性及基因结构等生物学特性存在一定的差异。当前的猪瘟病毒流行毒株均属于基因 2 群，绝大多数属于 2.1 亚群。全国各地猪瘟流行毒株间核苷酸、氨基酸序列高度同源，变化方向一致。流行毒株保护性基因与猪瘟弱毒疫苗毒株相同基因片段的核苷酸同源性为 76.8%～81.6%；流行毒株与石门经典强毒株相同基因片段的核苷酸序列同源性为 77.48%～82.6%，说明流行毒株与弱毒疫苗相比已发生较大程度变异。但据流行病学调查及中国兽医药品监察所的研究结果发现，现有的猪瘟弱毒疫苗仍然能抵御流行毒株的攻击。

⑤疫苗的质量影响猪瘟的发生与流行。猪瘟疫苗质量的好坏，直接影响猪瘟的免疫效果。当前我国猪瘟疫苗的生产主要存在两大问题，一是疫苗中病毒含量低；二是疫苗污染问题。比如，牛睾丸细胞疫苗生产工艺不稳定，批间差异大，病毒滴度太低，免疫效果差；生产中易导致牛病毒性腹泻病毒(BVDV)的污染，致使细胞苗毒价低下，免疫猪只后使胎儿发育不良或死亡和形成免疫耐受。猪瘟脾淋组织疫苗，用于制苗的大耳白兔子数量太少，满足不了生产需要；而且兔子的品种退化，国家又没有制苗兔子的质量标准与检测兔体病原的方法，加之生产工艺落后，易造成外源病原的污染，如兔出血热病毒污染疫苗，会影响猪瘟病毒的增殖，给猪只免疫接种，抑制抗体的形成，造成猪瘟免疫失败。

疫苗保管与使用不当，也影响疫苗的免疫效果，造成免疫失败。猪瘟疫苗于－15 ℃冷冻保存，有效期为 1 年；0～8 ℃冷暗干燥处保存为半年；8～25 ℃阴暗干燥处保存为 10 d。疫苗稀释后在 15 ℃以下 6 h 用完，15～27 ℃以下应在 3 h 内用完，否则不能使用。

⑥不合理的免疫程序影响猪瘟的发生与流行。母源抗体的中和效价：抗体滴度为 1∶64 以上，免疫保护率为 100%；抗体滴度 1∶32，保护率为 75%，为临界线；抗体滴度为 1∶16 以下，无保护力。因此，疫苗免疫时要避免母源抗体的干扰，制订科学合理的免疫程序。

由于我国猪群中广泛存在猪瘟病毒的持续感染，多病原的共感染、免疫抑制、母源抗体参差不齐等因素的存在，使用常规免疫剂量和完全统一的免疫程序预防接种，很难达到有效控制猪瘟的目的。要想解决好这个问题，一是要提高疫苗的质量标准；二是要定期进行免疫检测。

⑦滥用药物影响猪瘟的发生与流行。在养猪生产中滥用药物防控疾病或在饲料中添加药物进行保健预防，都已造成了不良后果。兽医临床实践证实，滥用痢特灵、卡那霉素、土霉素、金霉素、

四环素、链霉素、新霉素、磺胺类药物及激素类药物等进行保健预防，对猪体的T、B淋巴细胞的增殖与分化有一定抑制作用，造成免疫细胞数量的减少，影响机体的免疫应答，降低疫苗的免疫效果。平时在生产中尽量少使用抗生素，特别是进行预防接种时，前3 d与后3 d要禁止使用抗病毒与抗细菌的抗生素及中兽药制剂，否则影响疫苗的免疫效果，造成免疫失败，诱发猪瘟的发生与流行。

⑧营养因素影响猪瘟的发生与流行。饲养管理不当，生物安全措施不健全，饲料不全价、发霉变质，缺乏维生素E、维生素A和微量元素锌、铁、硒等，都会影响机体免疫抗体的合成，降低猪体的特异性与非特异性免疫力，导致机体抗病力低下，长期处于亚健康状态，易诱发猪瘟的发生与流行。

3. 临床特征

(1)急性型突然发病，食欲减少或废绝，精神高度沉郁，聚堆嗜睡，怕冷哆嗦。有的触动它时，只发出低沉的叫声而不动，有的特别敏感，触动它时，发出尖叫声，立即爬起来躲避，换个地方继续趴卧不动，走动时弓背驼腰，四肢无力。体温在急性期升高至41 ℃以上，稽留不退，凡能耐过几天不死的，体温会降至40～41 ℃。当体温自然下降至常温以下时，是死前的主要征兆之一。两眼无神，开张不全，结膜潮红、发炎、有眼屎。早上观察，往往是双眼黏封而不能张开。耳朵、腹下、四肢下端及肛门周围皮肤有出血点，逐渐形成血斑，指压不褪色，后期出血斑连成大片出血区。

(2)病程稍长的公猪尿道口包皮处常有积尿，挤出后，浓茶颜色臊臭难闻，并有白色沉淀物，病初粪便干燥呈球状，病程长的，有的猪拉稀，常带有黏液和血液，有的便秘与拉稀交替发生。

(3)凡病程长者，常继发感染细菌病，以传染性胸膜肺炎、副猪嗜血杆菌、链球菌引起的肺炎及坏死性肠炎等多见，死亡率极高。

(4)未继发细菌病的患猪常转为慢性型，表现全身衰竭、行动缓慢无力、有少许食欲、拉稀与便秘交替、时轻时重、消瘦贫血、皮肤紫斑出现坏死结痂。病程往往达1个月之上,逐渐衰竭死亡。但有的经过治疗和加强护理,能耐过和逐渐康复,康复后生长缓慢。凡有此种症状者,往往被人误诊为圆环病毒病。

(5)怀孕母猪感染该病毒后,可能不表现临床症状,采食、精神、体温等一切正常。但在引起免疫抑制的同时,还可引起繁殖障碍,病毒可通过胎盘传染给胎儿,可引起死胎、木乃伊胎、早产或产出弱仔、或不会吃奶、或不能站立、或极度消瘦、或浑身哆嗦等,一般于1周内死亡。临床可见母猪上下眼皮发红,称为"熊猫眼",有明显的泪斑,有的有眼屎,面部及脊背两侧有大量陈旧的出血斑点,呈铁锈色,被毛粗乱无光。

4.病理变化

各脏器以出血为主要特征,黏膜、浆膜、淋巴结、心、肺、肾、膀胱、胆囊、胃等脏器有数量不等、程度不一的出血斑点,急性死亡的多呈散在斑点,慢性死亡的多呈密集斑点,尤以会厌软骨和肾脏皮质的出血斑点最为明显。有些严重的,肾脏皮质出血斑点密密麻麻,呈典型的"雀巢肾"。急性死亡猪脾脏无多大变化,慢性死亡的脾脏边缘常见出血性梗死灶。淋巴结肿大、出血、切面多汁、呈红白相间的大理石花纹状。慢性死亡病例的扁桃体常有坏死性炎症,出现拉稀死亡的病例,回肠末端和盲肠大部分轮层状溃疡斑。未出现拉稀就死亡的病例,个别的仅在回盲处偶见几个钮状溃疡斑。继发细菌感染后死亡的,其肺脏多呈纤维素性炎症变化,有的肺与胸膜发生粘连,个别的胸腔有浑浊的积液。

5.诊断方法

猪瘟的发生不受年龄和品种的限制,无季节性,抗菌药物治疗无效,发病率、病死率都很高。免疫猪群则常为零星散发。病猪高热稽留,化脓性结膜炎,先便秘后下痢。初期皮肤发紫,中后期有出血点。全身皮肤、浆膜、黏膜和内脏器官呈现广泛的出血变化,淋巴结、肾脏、膀脾脏、喉头和大肠黏膜的出血最为常见。在盲肠、结肠特别是回盲口呈纽扣状溃疡,脑有非化脓性脑炎变化。

目前猪瘟的实验室诊断方法较多,常用的方法有兔体交互免疫试验、免疫荧光试验、酶联免疫吸附试验(ELISA)、正向间接血凝试验和琼脂扩散试验等。

6.防控方案

疫苗免疫接种是预防猪瘟发生的主要措施。一般免疫程序是:

(1)母猪:产前 20～28 d 或产后 20～28 d 免疫 1 次。一年 2 次或 3 次,有利于监测,净化猪群应实行 100%普免。

(2)公猪:春秋季免疫,一年 2～3 次普免。

(3)仔猪:根据场内情况和母源抗体水平(一般以抗体水平平均降至阻断率 35%时为宜),确定第 1 次免疫时间,一般在 25～40 日龄。首免后间隔 40 d 第 2 次免疫。

(4)发生疫情时,应对受威胁的猪进行一次紧急免疫。

猪瘟免疫注意事项:

①猪瘟疫苗最好单独注射,不要用联苗或同其他灭活苗一起注射,和气喘病等应激小的灭活疫苗同时免疫一定要分开部位分别注射,以保证免疫效果。

②给母猪注射猪瘟疫苗在仔猪断奶前 2 d 同仔猪一起免疫最好,母猪注射猪瘟疫苗尽量在空胎时进行,不然,有专家认为可能会使胎儿对猪瘟免疫有耐受现象,造成仔猪出生后再免疫猪瘟疫苗效果不理想。

③经常通过实验室检测猪瘟野毒感染情况,免疫前后抗体不升高反而下降的母猪,再次免疫情况没有改善即为带毒母猪,对带猪瘟病毒的母猪应坚决淘汰以净化猪场,这种母猪带毒但不发病,却产死胎、弱胎。所产仔猪也可能带毒而成为猪瘟的传染源。免疫前后要监测抗体,以调整免疫程序,检验免疫效果。

邻近猪场发生猪瘟,应该对本场易感猪群全部进行猪瘟 3～4 头份疫苗剂量紧急免疫,紧急免疫时一头猪一个针头,以追求整个猪群抗体水平相对一致,抗体高、抗体水平一致性好的猪场不容易发生猪瘟。

④扑杀典型症状猪并对健康猪实施紧急免疫。

⑤清除猪场猪瘟带毒母猪。

(六)猪圆环病毒病感染防控方案

猪圆环病毒病(porcine circovirus disease,PCVD)是指以2-型圆环病毒(PCV2)为主要病原、单独或继发/混合感染其他致病微生物的一系列疾病的总称。主要有猪断奶后多系统衰竭综合征(PMWS)、皮炎肾病综合征(PDNS)、猪呼吸道疾病综合征(PRDC)、繁殖障碍、先天性震颤、肠炎等。病猪主要表现为被毛粗糙,皮肤苍白,发育迟缓,体重减轻,进行性消瘦,呼吸过速或呼吸困难,嗜睡,腹泻,可视黏膜黄疸,咳嗽以及中枢神经系统紊乱,常突然死亡,体表淋巴结,特别是腹股沟淋巴结肿大。

1. 病原特性

猪圆环病毒(PCV)属圆环病毒科圆环病毒属成员,本病毒是动物病毒中最小的一种病毒,其粒子直径为14~25 nm,呈二十面体对称,无囊膜,基因组为单股环状DNA病毒。

PCV分为2个型,即PCV1和PCV2。PCV1对猪无致病性,但能产生血清抗体,在猪群中较普遍存在,用其接种2与9月龄的猪均不出现任何临床症状;PCV2对猪有致病性,可引起猪只发病,在临床上主要表现为PMWS和PDNS。

PCV2基因变异毒株有PCV2a、PCV2b、PCV2d型等,目前我国流行毒株主要为PCV2b,新的病毒基因型也不断出现。

2. 流行特点

本病一年四季均可发生,一般呈地方性流行。常经消化道、呼吸道途径感染不同年龄的猪群,但主要感染断奶后仔猪,一般集中在断奶后2~3周和5~8周的仔猪。如果采取早期断奶的猪场,10~14日龄断奶猪也可发病。断奶仔猪和架子猪感染PCV2后,发病率为4%~25%,但是病死率可高达90%以上。

猪对PCV2具有较强的易感性,感染猪可自鼻液、粪便等废物中排出病毒,经口腔、呼吸道途径感染不同年龄的猪。怀孕母猪感染PCV2后,可经胎盘垂直传播感染仔猪。人工感染PCV2血清阴性的公猪后精液中含有PCV2的DNA,说明精液可能是另一种传播途径。用PCV2人工感染试验猪后，其他未接种猪的同居感染率是100%，这说明该病毒可水平传播。猪在不同猪群间的移动是该病毒的主要传播途径，也可通过被污染的衣服和设备进行传播。

工厂化养殖方式可能与本病有关，饲养管理不善、恶劣的断奶环境、不同来源及年龄的猪混群、饲养密度过高及刺激仔猪免疫系统均为诱发本病的重要危险因素，但猪场的大小并不重要。

PCV2感染主要引起免疫抑制，降低猪瘟疫苗的免疫效力，与猪繁殖与呼吸综合征病毒感染互相交织，影响猪伪狂犬病毒的免疫应答，增加细菌病继发的几率，尤其是副猪嗜血杆菌病或链球菌病。

PCV2抵抗力强，一般消毒剂无效。此病毒无囊膜，对醇、氯、碘、苯酚等有机消毒剂具有抵抗力，但能够被碱性消毒剂（氢氧化钠）、氧化剂（次氯酸钠）和季铵盐化合物灭活。

3.临床特征

猪圆环病毒病是PCV2感染所引起的一系列疾病的总称，也称为圆环病毒相关疾病（PCVAD）。但是，不同日龄猪所发生的疾病（或临床类型）有所不同。

（1）PCV2相关性中枢神经系统病（CNS） 仔猪出生后，全身肌肉震颤，尤其是头部震颤，严重时不能正常吃乳。除此之外，无其他临床表现。如果辅助病猪能够吃到足够的乳汁，就能够逐渐康复，同窝母猪也无可见症状。脑组织也无特征性病变，仅利用免疫组化技术发现病毒阳性信号。

（2）断奶仔猪多系统衰竭综合征（PMWS） 主要发生在断奶仔猪或保育猪。病猪主要表现被毛粗乱、皮肤苍白、发热、消瘦、呼吸困难、腹股沟淋巴结肿大等临床表现。病程长并可见皮肤黄疸。同时，可发现猪群中，病猪与临床健康猪相比生长明显缓慢，猪群整齐度差。

（3）猪皮炎与肾病综合征（PDNS） 本病主要发生于保育阶

段结束进入生长阶段的猪群，主要表现在臀部或后肢皮肤出现近乎圆形的紫色丘疹，与周围健康皮肤界限清晰。

（4）PCV2 相关性繁殖障碍　母猪未见明显的临床表现，在不同妊娠阶段发生流产、产死胎等。流产和死胎呈现肝充血和心脏肥大、心肌变色。

（5）增生性坏死性肺炎（NP）　病猪表现呼吸困难，肺脏主要见点状出血。在日益严重的呼吸道疾病综合征（PRDC）中，PCV2 与肺炎支原体、蓝耳病毒、流感病毒、胸膜肺炎放线杆菌等组成了 PRDC 的主要病原。

（6）PCV2 相关性肠炎　在发生腹泻的仔猪肠道黏膜中，用免疫组化技术发现了病毒信号，用 PCR 方法从病猪粪便中检测出 PCV2。

4. 病理变化

发病猪和死亡猪全身淋巴结，尤其是腹股沟淋巴结、肺门淋巴结、肠系膜和颌下淋巴结等明显水肿，切面为灰黄色；肺脏出血、实变，肺间质增宽、水肿；肾脏肿大，皮质出现密集的白色坏死灶，使肾脏外观呈现花斑状；少数病例在心脏冠状沟水肿、纤维素性或坏死性心肌炎，脾脏肿大或边缘梗死、肝脏轻度肿胀。有腹泻症状的猪只回肠壁变薄。发生 PMWS 的大部分猪群均存在其他疾病的继发感染或合并感染（如副猪嗜血杆菌、巴氏杆菌、链球菌、附红细胞体等），因而可出现相应的剖检病变，如肺脏出血、坏死、脓肿，淋巴结出血、胸膜炎、腹膜炎和心包炎以及关节炎，这样的猪群发病率和病死率均很高。当出现肠系膜水肿时，要与大肠杆菌引起的仔猪水肿病相区分。

5. 诊断方法

本病的诊断必须将临床症状、病理变化和实验室的病原或抗体检测相结合才能得到可靠的结论。最可靠的方法为病毒分离与鉴定。

(1)临床诊断

①PMWS 主要发生在 5～16 周龄的猪，断奶前生长发育良好。

②同窝或不同窝仔猪有呼吸道症状，腹泻，发育迟缓、体重减轻，有时出现皮肤苍白或黄疸。抗生素治疗无效或疗效不佳。

③剖检淋巴结肿大，脾肿、肺膨大，间质变宽，表面散在大小不等的褐色突变区。其他脏器也可能有不同程度的病变和损伤。

(2)病理学检查　此法在病猪死后极有诊断价值。当发现病死猪全身淋巴结肿大，肺退化不全或形成固化、致密病灶时，应怀疑本病。可见淋巴组织内淋巴细胞减少，单核吞噬细胞类细胞浸润及形成多核巨细胞，若在这些细胞中发现嗜碱性或两性染色的细胞质内包涵体，则基本可以确诊。

(3)血清学检查　是生前诊断的一种有效手段。诊断本病的方法有：间接免疫荧光法(IIF)、免疫过氧化物单层培养法、ELISA 方法、聚合酶链式反应(PCR)方法、核酸探针杂交及原位杂交试验(ISH)等方法。

6.防控方案

(1)免疫接种　推荐免疫程序一：

后备母猪配种前 3 周和 6 周各免疫 1 次；经产母猪产前 4 周免疫 1 次；仔猪 10～14 日龄免疫 1 次；每次注射剂量均为 1 头份。

推荐疫苗："科圆宁"——猪圆环病毒 2 型灭活苗(WH 株)。

推荐理由：①抗原谱广；②抗原滴度高(10^7 $TCID_{50}$)，只需免疫 1 次，就可激发机体 4 个月的持久保护；③可以同时使用母猪和仔猪免疫。

推荐免疫程序二：

健康仔猪 14～21 日龄首免，间隔 14 d 加强免疫 1 次，每次每头 1.0 mL。

推荐疫苗：圆力佳——猪圆环病毒 2 型灭活苗(DBN-SX07 株)。

推荐理由：①全病毒疫苗，免疫原性好；②疫苗总蛋白含量<500 μg/mL，Cap蛋白含量≥25 ng/mL。是国内独家采用抗原精制纯化工艺，三级纯化获得的精制抗原，杂蛋白去除率>99%；国内首家在圆环疫苗检测中引入内毒素检测，每批产品均测定内毒素含量，确保成品中内毒素含量≤1EU/mL；③水包油包水佐剂，安全应激反应小。

(2)药物预防

方案一：易发阶段饲料中添加"热毒病可清"+"绿力源"，连用7～10 d。

方案二：易发阶段饲料中添加"呼毒清"+"绿力源"，连用7～10 d。

方案三：易发阶段饲料中添加"大败毒"+"优壮"，连用7～10 d。

(七)猪口蹄疫防控方案

口蹄疫(foot-and-mouth disease, FMD)是由口蹄疫病毒(FMDV)引起的以患病动物的口、蹄部出现水疱性病症为特征的传染性疫病。口蹄疫的特点是起病急、传播极为迅速。除通过感染动物污染的固性物传播外，还能以气溶胶的形式通过空气长距离传播。发病率可达100%，仔猪常不见症状而猝死，严重时死亡率可达100%。该病一旦发生，如延误了早期扑灭，疫情常迅速扩大，造成不可收拾的局面，并且很难根除。国际动物卫生组织(OIE)将该病列在15个A类动物疫病名单之首，我国政府也将其排在一类动物传染病的第1位。

1. 病原特性

FMDV属于微RNA病毒科口蹄疫病毒属，是RNA病毒中最小的一个，具有多型性、易变异的特点。根据血清学特性可分为O、A、C、SAT1型、SAT2型、SAT3型及Asia1型7个血清型，每个血清型又有很多亚型，口蹄疫亚型已达到80多个，型内不同毒株间的遗传变异可导致抗原差异。各血清型之间无交叉免疫现象，但各型临诊症状表现基本相似。同型的各个亚型也仅有部分交叉免疫反应，FMDV 容易发生变异常有新的亚型出现，该特性使口蹄疫的防控难度加大。全球目前存在 7 个流行圈，欧洲和北美洲目前没有口蹄疫大流行，疫源多为输入。重疫区主要为亚洲和非洲。近年来世界上每年有 30 多个国家和地区报告有疫情，而直接威胁我国的是东南亚、南亚和西亚 3 个流行圈，境外对我国构成严重威胁尤以西南、西北为甚。在我们国内主要流行的血清型为 O 型、A 型和 Asia 1 型。

FMDV 对外界环境抵抗力很强，耐干燥，但对酸碱度敏感。病毒在低温下十分稳定，在 4℃ 比较稳定，－20℃ 特别是－70～－50℃ 十分稳定，可以保存数年，37℃时 4h 内可使病毒灭活。最适 pH 为 7.2～7.6，在酸性环境中迅速灭活，但各毒株对热和酸的稳定性有所差异。高温和直射阳光（紫外线）对病毒有杀灭作用，污染物品如饲草、被毛上的病毒可存活几周，猪舍墙壁和地板上的干燥分泌物中的病毒至少可以存活 1 个月（夏季）至 2 个月（冬季）。病毒对酸和碱特别敏感，在 pH3.0 和 pH9.0 以上的缓冲液中病毒迅速灭活。因尸僵后迅速产酸，肌肉中的病毒很快被灭活，但在腺体、骨髓、内脏及淋巴结内的病毒因产酸不良可以存活数周甚至多年。

2. 流行特点

猪口蹄疫具有发病急、传播广、流行快、危害大的特点，一年四季均可发生，但冬、春寒冷季节多发。传染源极为普遍，病猪、带毒猪、被污染的饲料、饮水、用具、车辆、人员、野生动物、鼠、犬、鸟以及屠宰后未消毒的肉品、内脏、血液、皮毛等都可通过直接或间接接触传播该病。患病猪是主要的传染源，病毒可通过病猪的水泡液、分泌物、排泄物、呼出气以及被污染的车辆、器具等途径直接或间接传播。如果环境气候适宜（相对湿度较大、气温较低），病毒可以气溶胶的形式随风远距离传播。病毒经过呼吸道、消化道及被损伤的皮肤黏膜感染发病。该病流行猛烈，发病率高，短时间内即可蔓延整个猪群，但是成年猪致死率不高，仔猪死亡率较高。

随着养殖业的发展，我国的规模化集约化养猪场的数量逐渐增多，猪群及相关产品的流通日渐频繁，口蹄疫的流行也变得复杂，呈现为一年四季均有发病、临床症状不典型和混合感染增多、流行间隔缩短、传播迅速、跳跃式传播增多等新的特点。

(1)传染源　患病动物和带毒动物是主要的传染源，持续感染(牛)、隐性感染(羊)动物是潜在的传染源。在潜伏期患病动物开始排出大量病毒，于发病初期排毒量最多，毒力最大，恢复期排毒量逐步减少。隐性感染和持续感染动物则长期排毒，在一定条件下可以引起大流行。病毒随分泌物和排泄物排出体外，处于口蹄疫潜伏期和发病期的动物，几乎所有的组织、器官以及分泌物、排泄物等都含有口蹄疫病毒，水疱液、水疱皮、奶、尿、唾液、粪便含毒量最多，毒力和传染性最强。病毒随同动物的乳汁、唾液、尿液、粪便、精液和呼出的空气等一起排放于外部环境，造成严重的污染，形成了该病的传染源。潜伏期的动物，在未发生口腔水疱前就开始排毒。痊愈的动物有50%左右在病愈后的数周至数月仍可带毒，成为传染源。不可能屠宰所有发病和同群畜的情况下，带毒动物就可能是一个潜在的、引发未来疫病暴发的病毒传染来源。

(2)传播途径　调运病猪肉及其制品，饲喂未经煮熟的泔水，使用被污染的运输工具和饲养管理用具及饲料，是此病暴发的主要原因。同时，口蹄疫的暴发具有一定的周期性，每隔1～2年或3～5年就流行1次。口蹄疫病毒传播方式分为接触传播和空气传播，接触传播又可分为直接接触和间接接触。

直接接触主要发生在同群动物之间，包括圈舍、牧场、集贸市场，展销会和运输车辆中动物。通过发病动物和易感动物直接接触而传播。间接接触主要指媒介物机械性带毒所造成的传播，包括无生命的媒介物和有生命的媒介物。野生动物、鸟类、啮齿类、猫、犬、吸血蝙蝠、昆虫等均可传播此病。通过与病畜接触或者与病毒污染物接触，携带病毒机械地将病毒传给易感动物。

口蹄疫病毒的气源传播方式，特别是对远距离传播更具流行病学意义。感染猪呼出的口蹄疫病毒形成很小的气溶胶粒子后，可以由风传播50～60 km以上的距离，具有感染性的病毒能引起下风处易感猪发病。影响空气传播的最大因素是相对湿度高于55％以上，病毒的存活时间较长，低于55％较易失去活性。在70％的相对湿度和较低气温的情况下，病毒可见于100 km以外的地区。

(3)易感动物　各品种年龄段的猪均易感，但成年猪死亡率较低，仔猪特别是初生乳猪死亡率较高，且常常是全窝死亡。

(4)新的流行特点　由于FMDV在流行过程中的抗原漂移，FMDV新的亚型不断出现，目前FMD流行特点发生新的变化：

①由从前的地方性大流行转变为现在的小区域发病；

②由过去的秋末、冬、春是常发病季节，春季最为流行，夏季很少发生，到现在的不分季节均有发生，只是夏季病死率低于冬季；

③由在蹄部、口腔、鼻盘等部位的典型症状，转变为临床症状不明显或非典型发病，这就使得病猪在应激后迅速死亡，增加了临床诊断的难度，难以及时采取合理的防控措施；

④仔猪发病由肠炎型、心肌炎转变为大多数发病呈现心肌炎型，而且心肌炎的发病群体也有所扩大，育肥猪心肌炎的死亡率已升高；

⑤由过去单一感染发病转变为混合型感染为主，临床检测可以看到口蹄疫、猪传染性胸膜炎和猪瘟等混合感染病症，给疾病的诊断治疗造成了很大的麻烦，导致了猪只的死亡率大大增加；

⑥历史上在一定区域内猪口蹄疫每隔1～2年或3～5年流行1次，现在常常是年年流行，甚至1年流行2次。

3. 临床特征

猪口蹄疫潜伏期1～2 d，最长达7～14 d。猪患此病后以蹄部水泡为主要特征，病初体温升至40.3～42.0℃，精神不振，食欲减退或废绝，站立行走难，肢蹄疼痛，并且全身发抖。病猪四蹄的蹄冠、趾间、踵及副蹄等部位均出现水疱，约有50%病猪在鼻镜、口腔黏膜上有豆状水疱和烂斑，1～2 d后水疱破溃，流出透明或微黄色液体，形成表浅的边缘整齐的红色糜烂。如无感染7 d左右可结痂痊愈，如感染可导致蹄甲脱落，严重的死亡；仔猪无明显临床症状，多因急性心肌炎和急性肠胃炎而突然死亡。怀孕母猪易发生流产、死胎等症状。

4. 病理变化

除蹄部、口腔、鼻端、乳房等处出现水泡、溃疡及烂斑外，咽喉、气管、支气管和胃黏膜也有烂斑和溃疡，小肠、大肠可见出血性溃疡。具有特征意义的病变为心脏出现不规则的灰黄色至灰白色条纹和斑点，切面清晰可见，俗称"虎斑心"。

5. 诊断方法

口蹄疫的临诊症状主要是口、鼻、蹄、乳头等部位出现水疱，发疱初期或之前，猪表现跛行。一般情况下主要靠这些临诊症状可初步诊断，但表现类似症状的还有猪水疱病、猪水疱疹(SVE)、水疱性口炎(VS)。因此，最终确诊要靠实验室诊断。通常采用病毒中和试验和ELISA方法可以用于诊断急性感染、在流行病学调查中检测感染情况和接种疫苗后效价测定。

6. 防控方案

(1)加强饲养管理，提高猪群抵抗力　高度重视各个不同生长阶段的猪群营养需求量的差异，制定科学饲喂日粮计划，提供无霉菌毒素的高品质饲料；关注个体猪只的健康，合理的饲养密度，减少应激带来的危害，为每头猪提供安全舒适的环境，冬春季节注意保暖工作。应激发生前后，在饲料中添加"常安舒"、"布他霖"以减少应激，提高猪抵抗力。

(2)定时消毒，提高生物安全意识　消毒是应对口蹄疫病毒的常规措施。平时要保持猪舍干燥，适当提高室内温度，使用干粉消毒剂消毒，阻止病毒的传播。"百胜-30"对口蹄疫病毒具有很强的杀灭能力。消毒时，应确保消毒的效果并制定定期的消毒制度，严格控制运输车辆的出入猪场，在场内大力宣传生物安全的重要性以提高集体的生物安全意识。

平时要加强对猪群的饲养管理，饲养者之间避免或减少相互接触，杜绝到疫区或者是就近市场交易牲口、购买畜产品。新购进的猪应进行隔离观察 21 d 后，确认健康后再进行合群饲养。当周边区域发生疫情时及时进行紧急免疫，紧急消毒，增加养殖场的消毒频率，严格养殖场出入管理，切断传播途径。

(3)制定科学的免疫程序，确保抗体水平　生产实践中，选择合适的疫苗，科学地免疫是保证仔猪群具有良好免疫力的重要措施。猪口蹄疫是国家要求强制免疫的重大动物疫病之一，要求应免动物的免疫密度达 100%，免疫抗体合格率必须大于 70%。由于口蹄疫预防难度较大，各血清型间无交叉免疫现象，所以不仅要做多发血清型的免疫，在周边有新的血清型猪口蹄疫发生时应进行相应血清型疫苗的紧急免疫，确保免疫效果。

疫苗接种可分为常年计划免疫、疫区周围环状免疫和疫区单边带状免疫。实施免疫接种应根据疫情选择疫苗种类、剂量和次数。常规免疫应保证每年 3～4 次，每头份疫苗含 $3PD_{50}$ 以上。紧急预防应将每头份疫苗提高到 $6PD_{50}$，并增加免疫次数。猪口蹄疫免疫程序应结合本场的免疫检测结果来制定，一般情况下可参考下列免疫程序：后备猪，在 170 日龄以前按照育肥猪免疫程序，配种前间隔 1 个月免疫 2 次；经产母猪，1 年普免 3～4 次，规模化场一般 4 次，或配种前和产前 1 个月各 1 次；出生的仔猪根据抗体监测确定首免日龄，出栏前免疫 2～3 次(如：45～55 日龄首免，80 日龄二免，120 日龄三免，每头肌肉注射浓缩苗 2 mL)；公猪，1 年 3 次，猪群分为 2 个批次分别免疫。

猪场在威胁较大的情况下可以紧急免疫，以 10 d 的间隔连续进行 3 次免疫，即 1 个月免疫 3 次，用量：小猪(1＋1＋2) mL，大猪(2＋2＋2) mL，这种强制性的免疫，可以产生较好的抵抗力。做过口蹄疫基础免疫的猪场紧急免疫效果较好。

在注射疫苗期间,饲料中加入优质保健品(如“常安舒”、“优壮”、“元动利”、“布他霖”等),可在一定程度上缓解应激。

(4)当周边猪场开始发病时,只有2个措施可以采纳

①紧急免疫(要非常慎用,要绝对确保猪场还没有感染口蹄疫时才能使用紧急免疫,一旦确定猪只发病,则要及时扑杀)。

当周边猪场开始发病时,最好对本场所有易感猪只进行紧急免疫,当发现猪群已经超过3个月的免疫保护期,则要马上进行预防免疫注射。接种的疫苗应选用与当地流行相同病毒型、亚型的疫苗进行免疫接种。注射后3周猪群健康无异样,周边猪场发病更厉害时,可以加强免疫1次。紧急免疫有风险,但能够让本场猪只抗体水平一致,抗体高、一致性好,则猪只不易发生疾病。

②用百胜-30大规模消毒,每天1~2次。群体使用百胜-30消毒剂按说明书稀释倍数稀释后进行带猪消毒,对没有确诊的可疑病猪使用百胜-30原液进行涂抹,以促进病猪的康复。

(5)药物治疗　每1 000 L水中加入复方阿莫西林粉600 g,高热血毒清600 g,布他霖500 g,治愈率达95%以上。

(八)猪流行性感冒防控方案

猪流行性感冒(swine influenza,SI)是猪流感病毒(SIV)引起的猪的一种急性、传染性呼吸器官疾病。其特征为突发、咳嗽、呼吸困难、发热及迅速转归。猪流感由甲型流感病毒(A型流感病毒)引发,通常暴发于猪之间,传染性很高但通常不会引发死亡。秋冬季属高发期,但全年可传播。

1.病原特性

猪流感流行于世界各地,由A型(甲型)猪流感病毒所引发。A型流感病毒属于正黏病毒科,有16个H亚型,H_1~H_{16};9个N亚型,N_1~N_9。H和N可以通过不同的组合形成不同的流感病毒毒株。在猪群中广泛流行的流感病毒血清型主要有古典型猪H_1N_1、类禽型H_1N_1、类人型H_3N_2,此外还存在H_1N_2、H_4N_6、

H_1N_7、H_2N_3、H_3N_1、H_3N_6 等血清型。近年来，还发现猪感染禽流感病毒 H_9N_2、H_5N_1 的报道。

2. 流行特点

猪流感发生、流行和病情严重程度与病毒毒株、猪日龄大小、免疫力状态、环境因素、继发或并发感染的严重性密切相关。猪流感一年四季均可发生，但有一定的季节性，多见于天气多变的早春和深秋季节以及寒冷的冬季。我国长江以南地区主要发生在夏季与冬春季节，长江以北地区一般发生在每年的 12 月至次年的 2 月底，东北地区常见于 11 月至次年的 3 月底，以元旦至春节前后为发病高峰期。

该病通过空气传播，经呼吸道感染，以突然发病、传播迅速（2～3 d 可波及全群）、发病率高（可达 100%）、病死率低（死亡率约为 4%）、不同品种与大小的猪只都可感染发病为特点。阴雨、潮湿、闷热、空气污染、天气突变、寒冷、拥挤、应激、营养不良以及饲养条件突变时，可诱发与促进本病的发生和流行。

3. 临床特征

潜伏期为 2～7 d，病程约 1 周。临床上表现为病猪突然发热，体温升高到 40～42℃，精神高度沉郁，减食或不食，卧地不起；眼结膜潮红，呼吸急促，呈腹式呼吸，气喘，咳嗽，鼻孔流出清亮或黏性分泌物，眼分泌物增多；肌肉与关节疼痛，触摸时敏感，行走无力，粪便干燥，小便呈黄色。妊娠母猪感染发病可出现流产，流产率为 10% 左右；早产或产死胎与弱仔。哺乳仔猪发病死亡率较高。

猪只感染流感病毒后，严重地破坏呼吸道黏膜上皮细胞的防御屏障，造成上皮细胞变性、脱落与坏死，以及黏膜充血与水肿，导致细支气管和肺部出现严重感染，使病情复杂化，危害性加重。目前在兽医临床上多见猪流感混合感染与并发感染蓝耳病病毒、圆环病毒 2 型、呼吸道冠状病毒、猪瘟病毒、伪狂犬病病毒等，以及胸膜肺炎放线杆菌、多杀性巴氏杆菌、副猪嗜血杆菌、肺炎支原体、支气管败血波氏杆菌、链球菌等，使病程延长、病情加重、并发支气管炎、肺炎、胸膜炎、心包炎与关节炎等，导致猪群发病率与死亡率升高，造成更大的损失。

4.病理变化

病死猪只的鼻腔、咽喉、气管及支气管黏膜充血、水肿，含有大量带有泡沫的黏液，有时还有血液。肺部水肿呈紫色，间质增宽。肺的心叶、尖叶、中间叶切面有大量白色或棕红色泡沫状液体。脾脏肿大，胸腔和腹腔积液，含有纤维素性渗出物。颈淋巴结、纵隔淋巴结及肺门淋巴结肿大、充血、水肿。胃黏膜充血，胃的大弯部表现明显；肠黏膜有出血性炎症。

5.诊断方法

根据流行病史、发病情况、临床症状和病理变化，可初步诊断。实验室诊断采取呼吸道及肺部标本或血清样品，采用鸡胚或细胞进行病毒分离。病毒的核酸鉴定可选用反转录聚合酶链式反应(RT-PCR)，以及荧光定量反转录聚合酶链式反应。血清学方法可选用血凝抑制试验(HI)、微量中和试验、免疫荧光抗体技术(IFA)或酶联免疫吸附试验(ELISA)等。如检测到流感病毒型特异的核蛋白(NP)或基质蛋白(M)及亚型特异的血凝素蛋白，或用RT-PCR法检测到特异的病毒核酸者，均可诊断为流感。患病猪恢复期(发病后2～3周采集血清)血清中抗流感病毒抗体滴度比发病期(发病7 d内采集血清)升高4倍或以上者可诊断为流感。

6.防控方案

(1)免疫接种　仔猪:10周龄首免，2周后加强免疫1次，可产生3个月免疫力；生产母猪:分娩前3周免疫1次，仔猪出生后通过吃初乳获得保护。

使用剂量按疫苗使用说明书规定量实施。由于甲型流感病毒的亚型众多，而且经常发生变异，且各个亚型之间无交叉保护力或交叉免疫力很低，因此，免疫预防一定要结合猪场实际有选择性选用疫苗，不要盲目滥用。

(2)药物防治

方案一:大败毒+施瑞康,拌料;葡萄糖+维生素C+常安舒,饮水。

方案二:赛替咳平+呼毒清+复方磺胺氯哒嗪钠,拌料;高热血毒清+瑞力坦+布他霖,饮水。

(九)猪乙型脑炎防控方案

乙型脑炎(Japanese encephalitis,JE)又称流行性乙型脑炎、日本乙型脑炎,简称乙脑,是由乙型脑炎病毒(Japanese encephalitis virus,JEV)引起的一种严重的人畜共患蚊媒病毒性疾病。猪是JEV最重要的自然增殖动物,母猪表现为流产、产死胎;公猪感染后单侧或两侧睾丸肿大,局部发热,有疼痛感。易感仔猪偶尔出现临床症状,但成年猪或怀孕猪感染后并不表现临床症状,极少数猪出现神经症状。JEV对猪的致死率不高,但使怀孕母猪发生流产、死胎等繁殖障碍且对公猪的损伤无法逆转。

1.病原特性

JEV是一种直径为30～40 nm,二十面体对称的单股RNA病毒,属于黄病毒科(Flaviviridae)黄病毒属(*Flavivirus*)。其粒子呈球形,核酸外有结构致密的脂蛋白囊膜,囊膜面上有穗状纤突,提纯的囊膜突起具有血凝活性,而且只含有糖蛋白,其血凝活性易被破坏。因此,JEV对外界的抵抗力不强,在环境中不稳定,对乙醚、氯仿、脱氧胆酸钠、蛋白水解酶和脂肪水解酶敏感。在56℃下30 min灭活,在－70℃或冻干可存活数年,在－20℃下可保存1年,常用的消毒药都有良好的抑制和杀灭作用,如2%苛性钠,3%来苏儿等。

JEV主要分为3个血清型:JaGAr、Nakayama和Mie(intermediate type),它们具有不同的生物学特性(生长特性和毒力)。JEV各个毒株之间虽然在毒力和血凝性上具有一定差异,但在抗原性方面并无差异,因此使用规定的毒株研制的疫苗在不同地区使用,均能发挥良好的免疫保护效果。

2.流行特点

(1)易感宿主　本病为人畜共患的自然疫源性传染病,多种动物和人均可成被本病传染。目前,已知的被感染的哺乳类、禽鸟类、爬虫类和两栖类动物60余种,多表现为隐性感染,猪的感染率为90%～100%。乙型脑炎必须靠雌蚊作为媒介而传播,带病毒的蚊虫终身带毒,能越冬,且具有传染性,能终身传播,是乙脑病毒的储存宿主。7～9月份为本病的高发期,其与蚊虫的滋生及活动有密切关系。在高温、高湿、蚊虫活动频繁时候最易传播本病,由于猪的饲养量大、种猪更新快,亦可经无症状的带毒猪通过"猪—蚊—猪"的循环传播。

妊娠母猪一般呈隐性感染,病毒经胎盘感染胎儿,对胎儿有致病作用,且只能在母猪分娩时发现。公猪发病后睾丸是逐渐萎缩的,一般要数月甚至半年才会终止。流行病调查显示猪乙型脑炎在我国南方较北方严重,且与种猪的来源、猪群更新情况以及规模有关。

(2)传染源　家畜中的马、猪、牛、羊具有易感性,其中猪和马是重要的宿主。猪是该病最重要的传染源和储存宿主,因其饲养量大、更新快、周期短、新生猪无免疫力,极易被感染成为新的传染源。JEV在感染猪后,病毒血症期维持时间长,血液中病毒滴度高。人类也可成为带毒宿主,但病毒血症期较短,不是主要的传染源。

(3)传播途径　JEV主要依靠带毒吸血雌蚊叮咬而进行传播,已知的有库蚊、伊蚊、按蚊及库蠓,其中三带喙库蚊是本病的主要传播媒介。该蚊嗜猪血,乙脑病毒携带率达9.4%～15.4%,且携带JEV的蚊虫终身保毒,是JEV的主要储存宿主。蚊虫叮咬后,病毒经血液传播到各脏器,然后突破"血脑屏障",在中枢神经系统繁殖,但多数情况下病毒仅停留于内脏,无法通过血脑屏障,因而不引起神经症状,形成无明显症状的隐形感染。

3.临床特征

乙型脑炎一般为散发型隐性感染，可感染任何日龄、性别和品种的猪。人工感染潜伏期一般为3～4 d。猪感染后大多数突然发病，病猪体温骤升至40～41℃，呈稽留热，精神沉郁，食欲减退，饮欲增加，眼结膜潮红，肠音减弱，粪便干燥，时而表面附着灰黄色或灰白色黏液，尿液呈深黄色。病猪或呈现后肢步行不稳，关节肿大等麻痹症状，或呈摆头，乱冲撞，视力减弱等症状，直至后躯麻痹倒地而死。

(1)母猪、妊娠母猪　感染JEV后，首先出现病毒血症，且无明显的临床症状，病毒随血进胎盘侵入胎儿，致胎儿发病甚至死亡，出现死胎、畸形胎或木乃伊胎。其症状只有在流产或者分娩时才被发现。

(2)公猪　感染JEV后主要症状表现为一侧或两侧睾丸肿大，阴囊皱襞消失，发热，有触痛感，触压稍硬，切开肿胀的睾丸，可见鞘膜与白质之间积液，睾丸实质出血并有颗粒状突起。附睾硬化、性欲降低，病毒可从精液中排出，精子活力降低，并含有畸形精子。

(3)仔猪　感染乙脑病毒后少数在哺乳期生长发育正常，大多数在出生后几天内全身痉挛、口吐白沫，倒地不起，一般在1～2 d内死亡。

4.病理变化

流产的胎儿头部肿大，皮下血样浸润，肌肉似水煮样，腹水增多。某些死产猪存在皮下水肿和脑积水。淋巴结出血，肺瘀血、水肿。子宫黏膜充血、出血和有黏液，胎盘水肿或出血。公猪多出现单侧睾丸炎，附睾一般不发炎。病初，睾丸水肿，触摸有热感，比正常时大1倍，经过3～5 d后炎症渐退，睾丸呈现渐进性萎缩、变性、逐渐变硬，与阴囊粘连。

5.诊断方法

依据临床特点(乙脑呈散发性，有明显的脑炎症状。病母猪发生流产、产死胎、木乃伊胎，公猪睾丸一侧性肿大，取病死患畜大脑皮质、丘脑和海马角进行组织学检查，可发现非化脓性脑炎变化等)、流行病学调查(有明显的季节性)可初步诊断，确诊需要进行实验室诊断，包括病原检测和血清学检测。

在诊断时要注意与引起母猪繁殖障碍的伪狂犬病、细小病毒病、猪繁殖与呼吸综合征、布鲁菌病、猪弓形体病、李氏杆菌病等引起的流产相区别，将其他症状与猪脑脊髓炎、神经型猪链球菌病导致的病猪精神沉郁、运动失调、痉挛等神经症状相区别。

6. 防控方案

(1)免疫预防　使用猪乙型脑炎活疫苗(如“科乙宁”)免疫接种。

后备公母猪(无论任何季节引进)：配种前间隔 3～4 周连续免疫 2 次，每次肌注 1 头份，首免日龄在 150 日龄以后。

所有母猪和公猪：每年 2 月底或 3 月初普免 1 次(蚊子出现之前 15～30 d)，由于疫苗免疫 1 次的有效保护期为 6 个月左右，所以建议每年 8 月底或 9 月初再普免 1 次，每次肌注 1 头份。

(2)药物治疗　乙型脑炎暂无特效治疗药物，主要为对症治疗。“施瑞康”+“大败毒”，混饲，“20%甘露醇”静脉注射，以减轻症状。

(十)猪细小病毒病防控方案

猪细小病毒病(porcine parvovirus infection，PPI)是由细小病毒科(Parvoviridae)、细小病毒属(*Parvovirus*)的猪细小病毒(PPV)引起猪的繁殖障碍病之一，大部分发生于初产母猪，感染后主要危害早期的胎儿。母猪不同孕期感染，可分别造成流产、屡配不孕(返情)、假孕(不分娩)、产木乃伊胎、死胎、弱仔、窝产仔数减少及猪群总的繁殖性能下降等，而母猪无明显的其他症状。该病在我国较多的猪场曾以流产风暴形式发生，造成很大经济损失。这种暴发流行已经过去，由于普遍进行了免疫注射，目前多为散发，但血清学阳性检出率高，在诊断时要具体分析。PPV 能引起猪的繁殖障碍、皮炎、肠炎，且能和猪圆环病毒等结合在一起发生混合感染，引起仔猪消瘦综合征（PMWS）和猪呼吸道综合征（PRDC）。猪细小病毒经常与PCV2、PRV、PRRSV等混合感染，主要破坏造血细胞和免疫细胞，导致猪免疫抑制。

1.病原特性

成熟的细小病毒粒子是二十面立体对称的，无囊膜和脂类，基因组是单股DNA。病毒对外界环境的理化因素有很强的抵抗力（对0.5%漂白粉和3%氢氧化钠水溶液敏感），对热稳定，对许多常用的消毒剂都有抵抗力。虽然母猪感染后排出病毒的时间仅为2周左右，但来自急性感染期的分泌物和排泄物的病毒感染力可保持几个月，病猪最初使用的圈舍至少在4个月内仍具有传染性。

2.流行特点

猪是猪细小病毒唯一的易感动物。猪细小病毒病主要引起猪的繁殖障碍，不同年龄、性别和品系的家猪和野猪都可感染，本病主要发生于初产母猪。

病猪、带毒猪及污染的圈舍是主要传染源。病猪可通过粪、尿和精液等多种途径排出病毒，通过消化道和呼吸道水平传播，还可通过胎盘垂直传染，特别是购入带毒猪后，可引起暴发流行。本病具有很高的感染性，易感的健康猪群一旦传入病毒，3个月内几乎可导致猪群100%感染，感染猪较长时间保持血清学反应阳性。

2011年来很多腹泻、早期死亡的猪可同时检测到PPV、PRV、PCV2、PRRSV、猪捷申病毒等，PPV是引发猪的繁殖障碍（又名SMEDI）综合征的重要病原之一。

我国自2007年以来分离出的猪细小病毒的新毒株是与国外毒株杂交而来，能够突破疫苗免疫，疫苗只能保护猪不发病，而不能阻止其感染，这是初生仔猪经常发现抗体和病毒同时存在的原因之一。最近流行的毒株危害较大，不仅在我国，在德国也出现了类似情况，欧美国家原来经典的基因1型细小病毒会造成胎儿5%～18%的死亡率，而新的基因2型细小病毒流行毒株可导致胎儿的死亡率达到85%，且原来经典1型细小病毒所做的疫苗只能保护经典1型细小病毒，用新的流行毒株做成的疫苗才能100%的保护基因2型的细小病毒引起的疾病，也能保护经典1型细小病毒引起的疾病。

3. 临床特征

细小病毒感染的主要特征和仅有的临床症状是母猪的繁殖障碍，其结局主要取决于妊娠期感染病毒的阶段。在妊娠30 d以内感染胚胎，病毒通过胎盘使胎儿致死，死亡胎儿被重吸收而出现返情，返情母猪发情周期不规律，母猪窝产仔数少或屡配不孕，母猪腹围减少；母猪妊娠30～50 d内感染主要发生胚胎死亡而产木乃伊胎；妊娠50～60 d内感染，主要发生流产、产死胎；母猪妊娠70 d后感染，一般不引起病害，有免疫反应，胎儿在子宫内幸存，可产出弱仔或健康仔猪。临床症状有如下5个特点：

(1)配种后出现不规律的返情。

(2)配种后母猪未返情，但腹围也未增大，到期不分娩，用氯前列烯酮诱导分娩排出黑红色胚胎残留物或小于8 cm的木乃伊胎。

(3)妊娠中期或稍后胎儿死亡时，死胎连同羊水均被吸收，此时母猪外表可见的唯一症状是腹围变小，到期分娩或诱导分娩排出大于13.5 cm的木乃伊胎。

(4)正常分娩与延迟分娩，全程感染可产出大小不等的木乃伊胎、死胎乃至弱仔。

(5)母猪没有其他症状，没有流产，也无如乙型脑炎那样发育异常的胎儿，只表现延期分娩。

4. 病理变化

怀孕母猪感染后，缺乏特异性的眼观病变，仅见母猪轻度子宫内膜炎，胎盘部分钙化，胎儿在子宫内有被溶解吸收的现象。受感染胎儿出现不同的发育障碍：木乃伊胎、畸形胎、腐败的黑化胎儿等，胎儿可见到充血、水肿、出血、体腔积液、木乃伊化、坏死等病变。组织学检查可见母猪子宫上皮组织和固有层有局灶性或弥散性单核细胞浸润，死亡胎儿多种组织和器官有广泛的细胞坏死、炎症和核内包涵体，其特征是在大脑、脊髓有浆细胞和淋巴细胞形成的血管套。

5. 诊断方法

根据疾病流行特点（只有猪发病，尤以初产母猪发生多）、临床症状（母猪仅表现繁殖障碍，特别是初产母猪产出木乃伊胎、死胎、弱仔或偶有流产，以木乃伊胎为主；母猪无其他症状），还要参考以上 5 个特点，可怀疑本病。确诊需作实验室检测，取流产胎儿、死胎的脑、肺、肾等病料送检，作细胞培养和鉴定。血凝和血凝抑制试验、荧光抗体试验、酶联免疫吸附试验、乳胶凝集试验、聚合酶链式反应等方法在临诊检测中广泛使用，其中对木乃伊胎进行荧光抗体试验，是进行确认的最好方法。

引起母猪繁殖障碍的原因很多，有传染性和非传染性两方面，传染性因素主要与猪蓝耳病、伪狂犬病、猪瘟、猪乙型脑炎、布鲁氏菌病、衣原体病和弓形虫病引起的流产相区别。

6. 防控方案

使用猪细小病毒病灭活疫苗（如："科细宁"）进行免疫接种。

公猪：每半年免疫 1 次，每次 1 头份；

后备母猪：配种前免疫 2 次，每次 1 头份，2 次间隔时间为 14～21 d，首免日龄在 150 日龄之后；

经产母猪：断奶前后免疫 1 次，每次 1 头份。

五、猪场主要细菌性疫病防控方案

（一）猪场细菌性疾病综合防控方案

规模化猪场细菌病常年不断发生，特别是猪群中发生各种病毒病时，往往都出现细菌病的混合感染或继发感染，导致猪群发病率与死亡率增高，造成重大经济损失。尤其是在当前猪群中免疫抑制性疾病普遍存在；病原体不断发生变异，新的血清型不断出现；滥用抗生素造成细菌耐药性增高，导致"超级细菌"的出现；饲喂发霉变质的饲料，霉菌毒素的危害不断加重；加之饲养环境恶劣，生物安全措施不落实；免疫预防与药物保健不合理等，最终导致猪群细菌性疾病的发病率与死亡率居高不下。因此，规模化猪场在生产中重视猪病毒性疾病防控的同时，一定要加强细菌性疾病的防控，确保猪只的健康生长。

1.贯彻“管重于养，养重于防，防重于治，综合防控”的方针，认真落实各项生物安全措施

(1)搞好“三管”：管理好饲养人员、管理好猪群、管理好饲养环境。

(2)实行分群隔离饲养，落实“全进全出”的饲养管理制度，防治疫病交叉传播。后备猪舍、配种妊娠舍、产房、保育舍、肥育舍、种公猪舍、隔离舍做到“全进全出”，每一批猪只全部出舍后，要及时清扫、冲洗、消毒，空舍 5～7 d 后再进入下一批猪只。

(3)猪舍要保证“三度”、保持“两干”、坚持“一通”。“三度”即猪舍内的正常温度、湿度与饲养密度；“两干”即猪舍内常年保持清洁干净与干燥；“一通”即每天坚持通风，让空气新鲜，减少污染空气对猪只的危害，减少呼吸道疾病的发生。

(4)坚持消毒制度；做好驱虫、灭鼠、杀虫工作；猪场只养猪，不要养犬、猫、牛、羊、鸡、鸭等动物，防止相互传染各种疫病；养猪场要严把饲料采购关，防止霉变饲料危害猪群。

(5)种猪的配种，母猪的分娩、转群、接产，仔猪出生后断尾、剪牙、去势、断奶、免疫接种等环节，要注意降低各种应激反应，保持猪只的自体稳定，可避免诱发猪只各种细菌性疫病的发生。

2.搞好免疫预防，提高猪群的特异性免疫力

在病原学与流行病学研究的基础上，正确地选择和使用血清型匹配的疫苗是控制细菌性疫病的有效手段。有条件的猪场可用自家猪场分离的菌株委托具备资质的单位制作灭活疫苗来进行免疫。

3.针对性的药物保健

平时要根据猪只生长发育的不同阶段可能发生的各种疾病，有目的有针对性地选用某些有效药物通过饲料或饮水中添加，进行药物保健，可有效提高动物机体的免疫力与抗病力，减少各种疾病的发生与流行。但不要滥用或长期使用抗生素。

4.病猪的治疗

猪场一旦确诊有细菌性疾病发生或出现明显的临床症状时，需使用敏感抗菌药物进行治疗，并同时对猪场尚未感染的猪群进行药物预防。

(1)对发病猪只进行隔离，并且对猪舍进行严格消毒。同时要消除各种诱因，加强饲养管理，减少各种应激，尤其做好猪瘟、伪狂犬病、猪繁殖与呼吸综合征等疾病的免疫预防工作。

(2)发病较重时，尽量不要选用本场常用的抗菌药，防止已产生耐药性的问题，首次治疗宜采用注射给药。

(3)如果猪采食和饮水正常，必要时可口服药物与注射药物同时进行。

(4)除选择敏感药物治疗外，必要时可配合转移因子、胸腺肽、干扰素及黄芪多糖等以增强疗效。

(二)副猪嗜血杆菌病防控方案

副猪嗜血杆菌病(haemophilus parasuis，HPS)又称格氏病、纤维素性浆膜炎和关节炎，是由猪副嗜血杆菌引起猪的多发性浆膜炎和关节炎的统称。该病的发生常是与其他细菌或病毒协同作用而致，多以咳嗽、呼吸困难、消瘦、关节炎造成跛行和高热为主要特征。副猪嗜血杆菌病常以继发或并发感染形式出现，使猪群的死淘率大幅增加，随着规模化养猪业的发展，该病的发病率呈现递增趋势。

1.病原特性

猪副嗜血杆菌的唯一自然宿主是猪，该菌在自然条件下无法生存，主要通过易感动物与宿主间相互接触而感染此菌。HPS是猪上呼吸道的常在菌群，可以从1日龄健康猪的鼻腔、支气管分泌物，尤其是大支气管的分泌物中分离到本菌，也可以从患病猪肺中分离到本菌，但实际操作过程中常出现分离率低的情况。在显微镜下观察，HPS是一种多形态、不运动的革兰氏阴性细小杆菌；生长特性呈非溶血性，并为NAD依赖型。已经证实的血清型有15个，另外有20%以上的分离株不能分型。我国当前流行的优势血清型主要为4、5、12和13型。不同菌株毒力各不相同，作为一种猪常见的上呼吸道定植菌，与机体的免疫机能保持着动态平衡的关系，当机体受到应激或感染时易发此病。

2. 流行特点

HPS只感染猪，主要影响2周龄到4月龄猪只，断奶前后和保育阶段易发病，通常见于5～8周龄的猪，发病率一般在10%～40%，严重时死亡率可达50%，有时也感染怀孕母猪和公猪。饲养环境差易诱发该病，断奶、转群、运输、混群及天气变化等也是常见的诱因。

近年来，副猪嗜血杆菌病以新的形式出现于规模化猪场，并成为保育猪发病的主要原因之一。在管理方面，如早期断奶和三点式生产饲养体系可能有助于控制副猪嗜血杆菌病在猪场内的流行，但是被副猪嗜血杆菌较强毒力的菌株早期定居，则可造成这些菌株在整个猪群中散播流行。

3. 临床特征

病猪通常表现体温升高至40.5～42.0℃，厌食、咳嗽、呼吸困难，关节肿胀，尤其是跗关节和腕关节，触摸时疼痛尖叫，跛行、颤抖和共济失调。大部分病猪耳朵、腹部皮肤及肢体末端等处发绀，指压不褪色。病程较长的猪，体温一般正常，主要表现为食欲不振、消瘦、关节肿胀、跛行及被毛粗乱。总之，咳嗽、呼吸困难、关节肿胀、跛行、被毛粗乱是该病的主要临床特征。该病致死的主要原因是副猪嗜血杆菌分泌的毒素造成了内脏表面有大量纤维性渗出物和心包、胸腔、腹腔积液，导致了免疫抑制、肺脏及心脏功能衰竭。

4.病理变化

剖检时可见胸膜炎、腹膜炎、脑膜炎、心包炎、关节炎、筋膜炎及肌炎等多发性炎症，在这些损伤部位可见浆液性或纤维素性炎性渗出物。胸腔、腹腔和关节腔等部位有时可见黄色或淡红色液体，量或多或少，有的呈胶冻状，呈现多发性纤维素性浆膜炎和浆液性关节炎。其他眼观病变主要表现为肺、肝、脾、肾充血与局灶性出血及淋巴结肿胀等。在显微镜下观察这些渗出物，可见纤维蛋白、嗜中性粒细胞和少量的巨噬细胞等。

5.诊断方法

根据疾病流行情况、临床症状及剖检病变，可初步诊断为副猪嗜血杆菌病。采取病料，应用聚合酶链式反应（PCR）技术可进一步确诊。由于本病通常以继发或并发感染形式出现，应注意与圆环病毒病、猪繁殖与呼吸综合征、猪瘟、伪狂犬病、支原体肺炎、猪传染性胸膜肺炎和猪 2 型链球菌病等混合感染时的鉴别诊断。

6.防控方案

（1）药物预防　根据此病在本场的发病规律，可在易感发病日龄前半个月对猪群所用饲料中投药预防。可参考选用下列药物：阿莫西林、氨苄西林、安替可、氟洛芬、雅多康、雅氟康、氟美莱、福多宁。预防用药应避免长期使用一种抗菌药物，至少应半年或一季一换。

（2）免疫接种　在病原学与流行病学研究的基础上，正确地选择和使用血清型匹配的疫苗是控制副猪嗜血杆菌病的有效手段。

①有条件的猪场可用自家猪场分离的菌株委托具备资质的单位制作灭活疫苗来进行免疫。

②制定好适合自己猪场的免疫计划，严格执行疫苗接种程序。仔猪：7～14 日龄首免，3 周后加强免疫 1 次。母猪：首次免疫产前

2个月、1个月连续免疫2次，以后产前1个月免疫1次。

推荐疫苗："科富宁"——副猪嗜血杆菌病灭活疫苗(4、5型)。

推荐理由：①抗原谱广，交叉保护力强，可对1、4、5、12、13和14等6种血清型致病菌产生持久保护力(《猪病学第九版》证实："含血清型4和5的副猪嗜血杆菌的商品化疫苗对血清型12，13或14的菌株具有保护作用。")；②疫苗菌株筛选自中国地方优势血清型流行代表菌株，针对性强；③抗原含量高(40亿/头份)，只需1针，免疫保护持续180 d；④安全，无副作用。

(3)药物治疗

方案一：发病猪"福乐星"或"普乐安"肌肉注射，同群猪每吨饮水添加"施瑞康"500 g，每吨饲料添加"安替可"1 kg＋"氟洛芬"1 kg，连用7～10 d。

方案二：发病猪"易速达"或"瑞可新"肌肉注射，同群猪每吨饲料添加"利高霉素-44"3～4 kg，连用7～10 d。

方案三：每吨饲料添加"布他霖1 kg＋福多宁1 kg＋复方磺胺氯哒嗪钠粉1 kg"，连用7～10 d。

方案四：每吨饲料添加"雅多康"1 kg＋"雅氟康"1 kg，连用7～10 d。

(三)猪链球菌病防控方案

猪链球菌病(swine streptococcal diseases，SS)是由多种不同群的致病性链球菌引起的动物和人类共患的一种多型传染病，本病呈世界性分布。

1.病原特性

链球菌属的细菌种类繁多，自然界中分布广泛。在健康动物及人呼吸道、生殖道等也有链球菌存在。能引起猪链球菌病的病原复杂，主要有马链球菌兽疫亚种、猪链球菌、马链球菌类马亚种以及兰氏分群中D、E、L群的链球菌等。我国流行的主要病原为马链球菌兽疫亚种和猪链球菌2型。

2.流行特点

不同年龄、品种和性别的猪均易感，但哺乳和断奶仔猪最易感，怀孕母猪的发病率也高。一年四季均可发生，但以5～11月较多，7～10月可出现大流行。地方性流行时多呈败血型，短期波及全群，猪群一旦发生往往持续不断，很难清除。饲养管理不当、不良的环境因素和应激使机体抵抗力下降，使外源性链球菌乘虚而入是造成链球菌病发生的主要诱因。

患病、隐性感染和康复后带菌猪是主要传染源。隐性感染猪在扁桃体和上呼吸道正常带菌，因此是最危险的传染源。病猪的鼻液、唾液、尿、血液、肌肉、内脏和关节内均可检出病原体，经呼吸道、消化道、受伤皮肤和黏膜等各种途径均可感染。未经无害化处理的病死猪肉、内脏及废弃物是散播本病的主要原因。

3.临床特征

猪链球菌病程一般为2～8 d，如果不及时治疗，死亡率可高达70%～80%。在最急性的病程中，常见不到症状就死亡，或突然不吃食，体温升到41～42℃，卧地不起，呼吸急迫，很快死于败血症。急性病例的病程长一些，常可见到典型的症状，如体温升至42～43℃，精神沉郁，厌食，头低垂，病猪喜欢喝水，眼结膜充血、潮红，流泪，呼吸急促，心跳加快到130次/min以上，病猪迅速消瘦，极度脱水。临死前出现明显的神经症状，如共济失调，麻痹，四肢做划水状动作，颈部强直，角弓反张，震颤，全身出血，死亡时从全身天然孔流出暗红色血液。急性不死的耐过猪逐渐转为慢性，病猪呈现一肢或四肢关节炎、关节肿胀，触之有明显疼痛感，站立困难，终因极度脱水、麻痹而死。

(1)最急性型或肺出血型　此型病猪多发生在中大猪，高密度、湿热的小气候是诱因，生长快、肥胖的个体易发生。高密度使得小环境中链球菌易于富集到超大剂量感染；湿热气候使换气更频繁，肺泡毛细血管充血，防卫力下降；生长快的肥胖个体使心肺负荷比其他个体大，适应性较差。大感染量的链球菌从呼吸道吸入，容易突破呼吸系统的防卫屏障，在肺泡内大量繁殖，形成剧烈的出血性炎症。猝死是肺出血型的特点，没有任何先兆，突然发生高度呼吸困难，一两分钟至数分钟之内死亡。

(2)脑膜脑炎型　为链球菌突破血脑屏障进入中枢神经系统所致，实则是链球菌形成菌血症后扩散到脑组织的结果。病程比肺出血型长，发病开始就有神经症状，或在有明显败血症后突然发生。表现头颈偏斜，作转圈运动，或间歇性癫痫样发作，有的可见眼球水平震颤。

(3)典型败血症型　体温升高到42℃左右，呈稽留热，常有浆液鼻汁，眼结膜充血、红肿，有的病例在眼结膜、口腔黏膜、阴道前庭黏膜上可见出血点或出血斑，腹下四肢远端皮肤呈紫红色，可以出现呼吸困难、轻度腹泻或便秘，病程几天到1周左右。

(4)脓毒败血症型　此型由败血症型迁延而来，或者局部创伤感染灶先形成脓肿，当机体抵抗力下降时，脓肿壁被擦挤破裂，链球菌由脓肿扩散进入血液形成败血症。原发感染灶多在乳腺、乳头、肩颈部，以母猪、中大猪多见。若由败血症迁延而来，可见病猪经初期治疗后病情有好转，体温基本恢复到正常水平或略高一点，食欲也有所恢复，但难以达到病前水平，后突然发生体温升高，再次呈现败血症症状。若由局部原发性脓肿扩散而来，可见原发性脓肿形成期病猪没有明显症状，甚至原发性脓肿也难为人们发现，后来脓肿可扩散成流注性脓肿，再扩散进入血液形成脓毒败血症，亦可以直接扩散进入血液形成脓毒败血症。此时病猪表现间歇热型，即在非扩散期体温正常，扩散期体温升高并呈现食欲下降等败血症的症状。发热期与不发热期反复交替，最后衰竭死亡。

(5)关节炎型　这类链球菌病主要侵害四肢关节，临床表现为一肢或几肢的关节发生肿胀、跛行和红肿热痛机能障碍，严重者后肢拖地，后肢瘫痪，匍匐样采食饮水，有的后躯皮肤碰地擦伤。此类型很容易恶化为全身败血症状。

(6)脓肿型(局部型)　链球菌一般定居在扁桃体，易引起支气管肺炎。机体抵抗力强大时，加上治疗有效果，于是全身症状集中于颈咽部，形成肿块脓肿包。症状较轻时，开始肿块坚硬，有热感，影响采食；随着病程发展肿块慢慢变软，有波动感，形成脓汁脓包，小的脓包身体可以自行吸收，大的脓包要进行手术切开。

链球菌病的以上各型在一定条件下可以相互转化，最棘手的是多种病的混合感染。

4.病理变化

(1)肺出血型　全肺体积高度增大，呈暗红色，左右对称性分布，以膈叶最明显，切面流出大量血液，肺小叶的网状结构不清晰，沿气道切开，可见气管与支气管黏膜红肿充血，细支气管至肺小叶实质全被黑红色血液或血凝块填塞，且多伴有心内膜出血。脾脏的颜色、大小、质地无异常，除肺门淋巴结出血水肿外，其他淋巴结未见异常，腹腔亦不见纤维素细丝附着。

(2)典型败血症型　除了有多组织器官的出血性炎症(心外膜、心肌、心内膜、胃、十二指肠、淋巴结等)外，示病性病变第一是腹腔脏器浆膜上有比发丝还细小的纤维素丝，常常只有一两根细丝，极易为不正规剖检术式或粗心大意所破坏而漏检；第二是脾脏高度瘀血肿胀，一般是同等体重健康猪的2～3倍，呈蓝黑色，切面哆开，流出多量黑红色液体，切面模糊，不见正常脾小体与脾小梁结构，刮取物呈泥糊状。

(3)脑膜脑炎型　当链球菌在发生菌血症的第一时间就突破血脑屏障侵犯脑组织，且病程较短的病例只能见到脑组织硬膜、软脑膜与脑实质的出血，脑回展平，脑回沟中常见凝固的血丝或血条。如果脑组织只是链球菌扩散侵犯的多器官组织之一，那么在见到上述脑病变的同时还可见典型败血症的病变，这对于确诊是极为关键的。

(4)脓毒败血症型　由于病程长，病尸多消瘦，呈恶病质状，败血症的病损较典型败血症轻，可以找到原发病灶，以及由原发化脓灶引起的流注性脓肿，甚至内脏的转移性化脓灶。

5.诊断方法

根据疫病的流行特点、临床症状、病理变化以及实验室检验等做出诊断。在临床上,如发现高烧,结膜潮红发炎,呼吸促迫,有神经症状,或者出现关节肿胀,疼痛跛行等,可怀疑为猪链球菌病,但是临床诊断只能是初步诊断,必要时通过实验室检验才能确诊。现场诊断时要注意鉴别诊断。肺出血型应与中暑、弓形虫病、伏马毒素中毒相鉴别,脑膜脑炎型应与脑型猪瘟区别,脓毒败血症型应与其他化脓菌引起的脓毒败血症区别,关节炎型应与猪支原体关节炎(MPS)、猪副嗜血杆菌病(HPS)、外伤等区别。

6.防控方案

(1)免疫接种　母猪:产前 1 个月免疫 1 次 ,每次 2 mL。仔猪:14～21 日龄免疫 1 次,每次 2 mL。

推荐疫苗:"科链宁"——猪链球菌病三价灭活疫苗(2 型 LT 株、7 型 YZ 株、C 群 XS 株)。

推荐理由:①抗原谱广,含 2 型、7 型和 C 群,代表中国地方优势血清型流行代表菌株;②抗原含量高,每头份 30 亿;③免疫保护持续时间长,注射 1 次可保护 180 d;④安全,无副作用。

(2)药物预防

方案一:乳猪使用美国硕腾公司的长效抗生素得米先于 3、7、21 d 3 针保健,断奶保育猪使用硕腾公司的盐酸头孢噻呋晶体注射液"易速达"保健,在保育猪疾病易发期的饲料中添加"利高-44",也可在 7～10 日龄、断奶转群当天,断奶后有规律发病前使用"易速达"保健等措施。

方案二:流行地区的猪场在饲料中添加"施瑞康"+"常安舒"。

方案三:流行地区的猪场在饲料中添加"瑞力坦"+"福多宁"。

(3)药物治疗

方案一:发病猪肌肉注射"易速达"或"速解灵",同群猪饲料添加"利高-44"。

方案二:发病猪肌肉注射"福乐星",同群猪饮水中添加"灵乐星”+“胜多协”，饲料中添加“福乐星”+“胜多协”。

方案三：发病猪肌肉注射“灵乐星”，同群猪饮水中添加“施瑞康”，饲料中添加“福乐星”+“胜多协”。

方案四：发病猪肌肉注射“灵乐星”，同群猪饲料添加“布他霖+弓链克+复方阿莫西林粉”，连用 7～10 d，饮水中添加布他霖。

链球菌病的治疗要快、急，用药要很、准，不能拖延。

(四)猪传染性胸膜肺炎防控方案

猪传染性胸膜肺炎(porcine infectious pleuropneumonia，PCP)是由胸膜肺炎放线杆菌(*Actinobacillus pleuropeumoniae*，APP)引起猪的一种高度传染性呼吸道疾病，又称为猪接触性传染性胸膜肺炎。本病临床上以急性出血性纤维素性胸膜肺炎和慢性纤维素性坏死性胸膜肺炎为特征，多呈最急性和急性病程而突然死亡，也有表现为慢性或呈衰弱性消瘦。

1. 病原特性

病原体为胸膜肺炎放线菌(原名胸膜肺炎嗜血杆菌，亦称副溶血嗜血杆菌)，为小到中等大小的球杆状到杆状，具有显著的多形性。菌体有荚膜，不运动，革兰氏阴性，为兼性厌氧菌，其生长需要血中的生长因子，特别是 V 因子，但不能在鲜血琼脂培养基上生长，可在葡萄球菌周围形成卫星菌落。

APP 血清型众多，目前已鉴定出 15 个血清型，我国流行的优势血清型为 1、2、3、7 型，各型之间缺乏交叉免疫保护力及存在耐药性，给治疗带来较大困难。

本菌对外界抵抗力不强，对常用消毒剂和温度敏感，一般消毒药即可杀灭，在 60℃下 5～20 min 内可被杀死，4℃下通常存活 7～10 d。不耐干燥，排出到环境中的病原菌生存能力非常弱，而在黏液和有机物中的病原菌可存活数天。对结晶紫、杆菌肽、林肯霉素、壮观霉素有一定抵抗力。对土霉素等四环素族抗生素、青霉素、泰乐菌素、磺胺嘧啶、头孢类等药物较敏感。

2. 流行特点

各种年龄的猪对本病均易感，本病最常发生于育成猪和成年猪。本病的发生多呈最急性型或急性型病程而迅速死亡，急性暴发猪群，发病率和死亡率一般为 50%左右，最急性型的死亡率可达 80%～100%。其发病率和死亡率与毒力、环境因素和其他疾病（如 PR、PRRS）的存在有关。

病猪和带菌猪是本病的传染源。种公猪和慢性感染猪在传播本病中起着十分重要的作用。APP 主要通过空气飞沫传播，在感染猪的鼻腔、扁桃体、支气管和肺脏等部位是病原菌存在的主要场所，病菌随呼吸、咳嗽、喷嚏等途径排出后形成飞沫，通过直接接触而经呼吸道传播。也可通过被病原菌污染的车辆、器具以及饲养人员的衣物等而间接接触传播。小啮齿类动物和鸟也可能传播本病。

本病的发生具有明显的季节性，多发生于 4～5 月和 9～11 月。饲养环境突然改变、猪群的转移或混群、拥挤或长途运输、通风不良、湿度过高、气温骤变等应激因素，均可引起本病发生或加速疾病传播，使发病率和死亡率增加。

3. 临床特征

人工感染猪的潜伏期为 1～7 d 或更长。由于动物的年龄、免疫状态、环境因素以及病原的感染数量的差异，临诊上发病猪的病程可分为最急性型、急性型、亚急性型和慢性型。

（1）最急性型　突然发病，病猪体温升高至 41～42℃，心率增加，精神沉郁，废食，出现短期的腹泻和呕吐症状，早期病猪无明显的呼吸道症状。后期心衰，鼻、耳、眼及后躯皮肤发绀，晚期呼吸极度困难，常呆立或呈犬坐式，张口伸舌，咳喘，并有腹式呼吸。临死前体温下降，严重者从口鼻流出泡沫血性分泌物。病猪于出现临诊症状后 24～36 h 内死亡。有的病例见不到任何临诊症状而突然死亡。此型的病死率高达 80%～100%。

（2）急性型　病猪体温升高达 40.5～41.0℃，严重的呼吸困难，咳嗽，心衰。皮肤发红，精神沉郁。由于饲养管理及其他应激条件的差异，病程长短不定，所以在同一猪群中可能会出现病程不同的病猪，如亚急性或慢性型。

(3)亚急性型和慢性型　多于急性期后期出现。病猪轻度发热或不发热，体温在39.5～40.0℃之间，精神不振，食欲减退。不同程度的自发性或间歇性咳嗽，呼吸异常，生长迟缓。病猪不爱活动，驱赶猪群时常常掉队，仅在喂食时勉强爬起。慢性期的猪群症状表现不明显，若无其他疾病并发，一般能自行恢复。同一猪群内可能出现不同程度的病猪，当有应激条件出现时，症状加重，猪全身肌肉苍白，心跳加快而突然死亡。病程几天至1周不等。

4.病理变化

主要病变存在于肺和呼吸道内，肺呈紫红色，肺炎多是双侧性的，并多在肺的心叶、尖叶和隔叶出现病灶，其与正常组织界线分明。最急性死亡的病猪气管、支气管中充满泡沫状、血性黏液及黏膜渗出物，无纤维素性胸膜炎出现。发病24 h以上的病猪，肺炎区出现纤维素性物质附于表面，肺出血、间质增宽、有肝变。气管、支气管中充满泡沫状、血性黏液及黏膜渗出物，喉头充满血性液体，肺门淋巴结显著肿大。随着病程的发展，纤维素性胸膜炎蔓延至整个肺脏，使肺和胸膜粘连。常伴发心包炎，肝、脾肿大，色变暗。病程较长的慢性病例，可见硬实肺炎区，病灶硬化或坏死。发病的后期，病猪的鼻、耳、眼及后躯皮肤出现发绀，呈紫斑。

(1)最急性型　气管和支气管内充满泡沫状带血的分泌物。肺充血、出血和血管内有纤维素性血栓形成。肺泡与间质水肿。肺的前下部有炎症出现。

(2)急性型　喉头充满血样液体，双侧性肺炎，常在心叶、尖叶和膈叶出现病灶，病灶区呈紫红色，坚实，轮廓清晰，肺间质积留血色胶样液体。随着病程的发展，纤维素性胸膜肺炎蔓延至整个肺脏。

(3)亚急性型　肺脏可能出现大的干酪样病灶或空洞，空洞内可见坏死碎屑。如继发细菌感染，则肺炎病灶转变为脓肿，致使肺脏与胸膜发生纤维素性粘连。

(4)慢性型　肺脏上可见大小不等的结节(结节常发生于膈叶)，结节周围包裹有较厚的结缔组织，结节有的在肺内部，有的突出于肺表面，并在其上有纤维素附着而与胸壁或心包粘连，或与肺之间粘连。心包内可见到出血点。

在发病早期可见肺脏坏死、出血，中性粒细胞浸润，巨噬细胞和血小板激活，血管内有血栓形成等组织病理学变化。肺脏大面积水肿并有纤维素性渗出物。急性期后则主要以巨噬细胞浸润、坏死灶周围有大量纤维素性渗出物及纤维素性胸膜炎为特征。

5.诊断方法

根据本病主要发生于育成猪和架子猪以及天气变化等诱因的存在，比较特征性的临床症状及病理变化特点，可做出初诊。确诊要对可疑的病例进行细菌检查。本病应注意与猪肺疫、猪气喘病进行鉴别诊断，实验室诊断包括直接镜检、细菌的分离鉴定和血清学诊断。

6.防控方案

(1)免疫接种　母猪：首次免疫，产前2个月、1个月连续免疫2次，以后产前1个月免疫1次。仔猪：断奶左右免疫1次，3周后加强免疫1次。

推荐疫苗："科肺宁"——猪传染性胸膜肺炎疫苗(1、2、7型)。

推荐理由：①抗原谱广，含1、2、7型，代表中国地方优势血清型流行代表菌株；②安全，无副作用。

(2)药物预防

方案一：确定该病通常暴发的时间，提前采取策略性投药：每吨饲料添2～3 kg利高霉素44＋300 g阿莫西林。

方案二：发病前期通过饮水"瑞必特"(硕腾公司生产，主要成分为酒石酸泰乐菌素)作预防性投药效果更好。

方案三：每吨饲料添加复方布他磷可溶性颗粒1 000 g＋氟多

宁 1 000 g+复方磺胺氯哒嗪钠粉 300 g,连用 5～7 d。

方案四:每吨饲料添加复方布他磷可溶性颗粒 1 000 g+氟美莱 500 g+瑞力坦 500 g,连用 10 d。

(3)药物治疗

方案一:发病猪"福乐星"肌肉注射,同群猪"安替可"+"红弓灭"拌料,"施瑞康"+"胜多协"饮水。

方案二:发病猪"普乐安"肌肉注射,同群猪"施瑞康"+"福乐星"拌料,"安替可"饮水。

方案三:发病猪"易速达"肌肉注射,同群猪利高霉素 44+400 g 阿莫西林拌料。

方案四:发病猪"瑞可新"肌肉注射,同群猪"雅定兴"+"雅氟康"拌料。

(五)猪传染性萎缩性鼻炎防控方案

猪传染性萎缩性鼻炎是由支气管败血波氏杆菌(*Brodetella bronchiseptica*,Bb)和产毒素多杀巴氏杆菌(toxigenic *Pasteurella multocida*,T+Pm)引起的猪的一种多发性慢性呼吸道传染病。该病的主要特征为慢性鼻炎、颜面部变形和鼻甲骨萎缩。病猪发育迟缓,对饲料利用率降低,有时伴有急性、慢性支气管炎,仔猪感染甚至出现死亡,给养猪业带来严重的经济损失。尤其是猪被 2 种菌混合感染后,其呼吸道结构和功能受损,机体抵抗力降低,其他病原(如支原体、副猪嗜血杆菌、猪流感病毒、猪繁殖与呼吸综合征病毒等)趁机从呼吸道侵入,引起猪呼吸道综合征,增加猪群病死率。

1.病原特性

产毒素多杀性巴氏杆菌和支气管败血波氏杆菌是引起猪萎缩性鼻炎的病原。支气管败血波氏杆菌是一种细小能运动的革兰氏阴性杆状或球状菌,本菌严格需氧。根据毒力、生产特性和抗原性有 3 个菌相,其中病原性强的菌相是有荚膜的Ⅰ相菌,具有表面 K 抗原和强坏死毒素(类内毒素)。Bb-Ⅰ相菌株单独不能引起进行性萎缩性鼻炎(PAR),只能引起非进行性萎缩性鼻炎(NPAR),但Bb与多杀性巴氏杆菌毒素源菌株荚膜血清型A或D株联合感染,能引起鼻甲骨严重损害、鼻吻变短和鼻出血,称为进行性萎缩性鼻炎。

用多杀性巴氏杆菌D型或A型株毒素单独给健康猪接种,可以发生猪传染性萎缩性鼻炎和严重病变(进行性萎缩性鼻炎)。多种应激因素、营养、管理和继发的微生物感染如绿脓杆菌、嗜血杆菌及毛滴虫等,可加重病情。Pm和Bb的抵抗力不强,一般常用消毒剂均可使其灭活,包括季铵盐化合物、碘制剂、戊二醛等。

2.流行特点

本病各年龄的猪都可感染,最常见于2～5月龄的猪,生后几天至数周的仔猪感染时,症状较重,发生鼻炎后多能引起鼻甲骨萎缩;年龄较大的猪感染时,可能不发生或只产生轻微的鼻甲骨萎缩,但一般表现为鼻炎症状,症状消退后可成为带菌猪;Bb对3周龄以上仔猪的感染力明显下降。

病猪和带菌猪是主要传染源。病菌存在于上呼吸道,通过飞沫传播,经呼吸道感染。本病的发生多数是由患病母猪或带菌母猪传染给仔猪的。不同栏圈仔猪混群后通过水平传播,扩大到全猪群。

本病在猪群中传播较慢,多为散发或地方流行。如果不引进带菌猪,一般不会发生此病。猪圈潮湿、寒冷,猪群拥挤、缺乏运动,饲料缺乏营养如缺乏钙、磷等矿物质,以及缺乏青绿饲料、应激因素等,常易诱发或加重发病。

3.临床特征

6～8周龄仔猪感染后出现鼻炎症状,打喷嚏呈连续或断续性发生,呼吸有鼾声;鼻孔流出少量清亮黏性鼻液,有些病猪可因剧烈喷嚏而发生不同程度的血性鼻漏。病猪常因鼻炎刺激黏膜而表现不安,如摇头、拱地、搔抓或摩擦鼻部直至摩擦出血。严重时,因打喷嚏用力,鼻黏膜破损而流血,甚至喷出单侧性的鼻甲骨碎片。

由于鼻泪管阻塞,泪液增多,在内眼角下皮肤上形成弯月形的湿润区,被尘土沾污后黏结成黑色痕迹,称为“泪斑”。经2～4周后,多数病猪进一步发展,引起鼻甲骨萎缩,鼻腔阻塞,有明显的鼻变形。当鼻腔两侧损伤大致相等时,鼻腔的长度和直径减少,使鼻腔缩小,可见到病猪的鼻缩短,鼻端向上翘起,鼻背皮肤发生皱褶,下颌伸长,上下门齿错开,不能正常吻合;当一侧鼻腔病变较严重时,可造成鼻子歪向一侧,甚至成45°角歪斜;由于鼻甲骨萎缩,致使额窦不能以正常速度发育,以致两眼之间的宽度变窄,头的外形发生改变。

病猪体温、精神、食欲及粪便等一般正常,即使出现明显症状时,体温也不一定升高。应该注意的是,该病不限于单纯的鼻病,也常导致整个机体的新陈代谢障碍,生产停滞,有的成为僵猪。如伴发其他呼吸道传染病如支原体肺炎、猪繁殖与呼吸综合征或副猪嗜血杆菌病等可加重病情,严重的可导致死亡。

4.病理变化

大多数病例鼻甲骨下卷曲受损,鼻甲骨上下卷曲及鼻中隔失去原有的形状,鼻甲骨萎缩,卷曲变小而钝直,严重时甚至消失,形成空洞,鼻中隔弯曲。镜下病变检查发现鼻甲骨板的纤维化,鼻黏膜层的炎性变化及退变过程。

5.诊断方法

根据疾病流行特点(只有猪发生,2～5周龄猪多发)、临床症状(频繁打喷嚏、鼻塞、呼吸困难、流鼻涕、鼻歪斜、眼角内侧有泪斑、生长缓慢等典型症状)和剖检病变(鼻甲骨不同程度萎缩)可以作出确诊。必要时可进行细菌学和血清学检查。

6.防控方案

(1)免疫预防

免疫程序:健康怀孕母猪首免在产前6和2周分别接种2次,以后产前2周接种1次,每头猪每次无菌肌肉注射2 mL。

推荐疫苗:克伟(硕腾公司生产)。

推荐理由:①含有保护鼻腔完整性的 B. b 和纯化的 Pm 类毒素是该疫苗最重要的成分,再增加 Pm 成分,可明显降低猪只的易感性,能更有效地控制猪萎缩性鼻炎。②产生的抗体高,仅免疫母猪,仔猪则无需免疫即可获得 3～4 个月的坚强保护。

要重视免疫技术:正确的注射部位和针头长度(母猪建议使用 45 mm,至少 38 mm)。

(2)药物预防　母猪分娩前 5～7 d 开始投用磺胺氯达嗪钠,直到分娩结束。

在哺乳期日粮中添加用复方磺胺类(500 g/t)。

仔猪出生第 3、10、15 d 注射长效土霉素或阿莫西林 0.25～0.5 mL,断奶第 3 天和第 10 天分别注射长效土霉素或阿莫西林。或仔猪断奶后日粮中每吨添加土霉素或金霉素或复方磺胺类,连续4 周。

(3)药物治疗

方案一:每吨饲料添加布他霖+氟多宁+复方磺胺氯哒嗪钠,连用 5～7 d。

方案二:发病猪"瑞康达"肌肉注射,同群猪饲料中添加"施瑞康"+"胜多协"+"常安舒",连用 5～7 d。

方案三:发病猪"普乐安"肌肉注射,同群猪饲料中添加布他霖+氟美莱+瑞力坦,连用 5～7 d。

(六)猪丹毒防控方案

猪丹毒(swine erysipelas,SE)是由猪丹毒杆菌(*Erysipelothrix rhusiopathiae*)引起的一种急性热性传染病,其主要特征为高热、急性败血症(急性)、皮肤疹块(亚急性)、慢性疣状心内膜炎及多发性非化脓性关节炎(慢性)等。

1. 病原特性

猪丹毒杆菌为革兰阳性杆菌,或直或稍弯曲,兼性厌氧,不产生芽孢,无荚膜,无鞭毛,单在或呈 V 形、堆状或短链排列,易形成长丝状。猪丹毒杆菌至今已发现了 26 个血清型,我国从各地分离的猪丹毒菌株经血清学鉴定，致病菌株多为 1a 型和 2 型。

猪丹毒杆菌对盐腌、烟熏、干燥、腐败或日光等自然因素的抵抗力较强，但不耐热，阴暗环境中可存活 30 d 以上，阳光下可存活 10～12 d，在饮水中可存活 5 d，在污水中可存活 15 d，在深埋的尸体中可存活 7～10 个月，在盐渍肉、腊肉中可存活 4 个月，15 cm 厚的肉内，煮沸 2～3 h 才可将其杀死。在病死猪的肝脏、脾脏内，4℃存活 159 d 毒力仍然强大，在猪粪便中 12℃能存活 1～6 个月。碱性土壤有利于猪丹毒杆菌存活，但其容易被普通消毒剂杀死。常用的消毒药均可在 5～15 min 内将其杀死，如 1%氢氧化钠、5%生石灰乳、2% 福尔马林等，但其对石炭酸（在 0.5% 石炭酸中可存活 99 d）和酒精不敏感。

2. 流行特点

猪丹毒主要发生于猪，不同年龄的猪都能感染，以 3～5 月龄的架子猪发病率最高，但近年来哺乳仔猪、母猪、公猪也有较多发病。病猪、带菌猪是最重要的传染源，35%～50% 的健康猪的扁桃体和其他淋巴组织中存在此菌，通过粪便和鼻腔分泌物向外排菌，污染饲料、饮水、土壤、用具和圈舍等，通过消化道、损伤的皮肤、吸血昆虫传播，多发生于炎热、多雨和蚊蝇活跃的季节。

近几年来，猪病已由单一性发生逐渐成为混合性感染、继发性感染，再加上各种免疫抑制性因素引起猪群免疫力下降成为猪病难防的重要原因，而猪丹毒的散发和季节性暴发可能与此密切相关。

3. 临床特征

（1）急性败血型　在流行初期有 1 头或数头猪不表现任何症状而突然死亡，其他猪相继发病。多数病猪体温升高达 42～43℃，稽留热，虚弱，不愿走动，卧地，停食，时有呕吐；结膜充血，呈暗红色，眼角很少有分泌物；粪便干硬呈栗状，附有黏液，后期发生腹泻。发病 1～2 d 后，病猪皮肤上出现红斑，继而发紫，其大小和形状不一，以耳、颈、背、腿外侧较多见，指压褪色，随即又恢复红色。病程为 3～4 d，病死率在 80%左右。急性感染的妊娠母猪可能会发生流产，流产很可能是由发热引起的，哺乳母猪可能出现无乳。

(2)亚急性疹块型　通常预后为良性，其特征是在皮肤表面出现疹块。病初少食、精神沉郁，口渴，便秘，体温 41℃以上。发病 2～3 d 后在胸、腹、背、肩及四肢等部位出现界线分明的大小不等的红色疹块，多呈方块形、菱形，压之褪色，随即又恢复红色。之后瘀血、紫红色，压之不褪。以后结痂似龟壳样，俗称“打火印”。疹块发生后，体温开始下降，病势减轻，经 1～2 周后部分病猪可康复。若病情较重或长期不愈，则有部分或大部分皮肤坏死，久而变成皮革样痂皮。当病情恶化时，也可发展为败血症而死亡。

(3)慢性型　一般由上述两型转来，分为皮肤坏死、心内膜炎和关节炎 3 种主要病变。皮肤坏死病变一般单独发生，而心内膜炎和关节炎往往同时发生。

皮肤坏死：背部、肩部、耳朵、蹄部和尾部等处皮肤肿胀、隆起、坏死、结痂或形成黑色干硬的皮革样病灶。病猪食欲无明显变化，体温正常，生长发育不良，经 2～3 个月坏死的皮肤脱落，遗留一片淡色无毛的疤痕，一些病猪的耳壳、尾尖和蹄甲发生坏死、脱落。

心内膜炎：消瘦，贫血，呼吸困难，可视黏膜发绀，厌走动，强迫运动时则运行吃力，行动缓慢，偶见突然倒地死亡；听诊时心脏有杂音，心跳加速、亢进，有心内杂音和心律不齐等变化。后期病猪常因心脏麻痹而突然倒地死亡。

关节炎：病猪腿僵硬、疼痛。急性期过后则以关节的变形为主，病猪卧地不起，运动困难，生长缓慢，消瘦。病程数周至数月。

4. 病理变化

败血型猪丹毒主要以急性败血症的全身变化和体表皮肤出现红斑为特征。鼻、唇、耳及腿内侧等处皮肤和可视黏膜呈不同程度的紫红色。全身淋巴结高度肿大，充血出血，切面多汁，呈浆液性出血性炎症。胸部肋骨出血；喉头充血出血，扁桃体高度肿大和充血、出血。肝脏充血。心内外膜小点状出血。肺脏充血、水肿。脾脏肿大呈暗红色或樱桃红色，质度柔软，包膜紧张，边缘变钝，切面脾髓隆起，红白色界限不清（“白髓周围红晕”现象），用刀易剥脱大量脾髓组织。消化道有卡他性或出血性炎症，胃底及幽门部尤其严重，黏膜发生弥漫性出血。十二指肠及空肠前部发生出血性炎症。肾脏常发生急性出血性肾小球肾炎的变化，体积增大，呈弥漫性暗红色，纵切面皮质部有小红点。此外，怀孕母猪流产、死胎，种公猪睾丸充血出血。

疹块型猪丹毒以皮肤疹块为特征变化。慢性型关节炎是一种多发性增生性关节炎，关节肿胀，有多量浆液性纤维素渗出液，黏稠或带红色。慢性心内膜炎常为溃疡性或花椰菜样疣状赘生性心内膜炎，多由肉芽组织和纤维素性凝块组成，一般死于栓塞症或心功能不全。

5.诊断方法

急性丹毒难以根据仅出现发热、食欲不振和倦怠症状的个别猪做出诊断，然而在有多头猪出现这些症状时，皮肤损伤和跛足很可能至少出现在一些病例中，且这将支持临床诊断。

丹毒对于青霉素反应极为强烈，24 h 内症状有显著改善，这一情况也支持本病的诊断。典型的菱形皮肤损伤具有诊断价值。酶联免疫吸附测定试验（ELISA 方法）是群体性慢性感染诊断的可靠手段。

6.防控方案

（1）药物预防

方案一：种猪群，雅定兴 1 kg/t，均匀拌料，连用 7～10 d；保育猪、肥育猪：10％阿莫西林-克拉维酸钾（4∶1）预混剂，1 kg/t，均匀拌料，连用 7～10 d。

方案二：“施瑞康”500 g/t＋“常安舒”750 g/t”，均匀拌料。

方案三：“瑞必泰（泰乐菌素）”1.25 kg/t，均匀拌料。

（2）免疫接种　在 SE 流行地区，特别是防疫条件较差的中小型猪场，应接种 SE 疫苗进行预防。在大多数情况下，猪在达到上市日龄前能够获得充分的保护力。急性病例可能会在应激之后发生，疫苗可能无法预防关节炎型或心脏病型猪丹毒。不同菌株的抗原性差异较大，因此，由某一菌株制成的疫苗不可能对所有野毒株都有相同的免疫效果。即将产仔的妊娠母猪不建议接种。

(3)药物治疗

方案一：发病猪“福乐星”肌肉注射，同群猪饲料中添加“施瑞康”+“五毒清”。

方案二：发病猪“普乐安”肌肉注射，同群猪饮水中添加“施瑞康”+“常安舒”。

方案三：全群猪饮水中添加“高热血毒清”+“复方布他磷”+“瑞力坦”+葡萄糖+维生素 C，连用 3～5 d。

(七)猪肺疫防控方案

猪肺疫(swine plague)是由多种杀伤性巴氏杆菌(destruction of *Pasteurella multocida*)所引起的一种急性传染病，俗称“锁喉风”，“肿脖瘟”。主要特征为败血症，咽喉及其周围组织急性炎性肿，或表现为肺、胸膜的纤维蛋白质渗出性炎症。本病分布很广，多呈零星散发，常继发于其他传染病。

1. 病原特性

多杀性巴氏杆菌属巴氏杆菌科巴氏杆菌属，为革兰氏染色阴性，两端钝圆，中央微凸的球杆菌或短杆菌。不形成芽孢，无鞭毛，不能运动，所分离的强毒菌株有荚膜，常单在。用病料组织或体液涂片，以瑞氏、姬姆萨或美蓝染色时，菌体多呈卵圆形，两极着色深，似两个并列的球菌。本菌为需氧及兼性厌氧菌。在血清琼脂上生长的菌落，呈蓝绿色带金光，边缘有窄的红黄光带，称为 Fg 型，菌落呈橘红色带金光，边缘或有乳白色带，称为 F0 型；不带荧光的菌落为 Nf 型。本菌对直射日光、干燥、热和常用消毒药的抵抗力均不强，但在腐败的尸体中可生存 1～3 个月。在中国，猪肺疫多由 5：A、6：B 血清型引起，其次为 8：A 和 2：D 血清型。

多杀性巴氏杆菌的抵抗力不强，干燥后 2～3 d 内死亡，在血液及粪便中能生存 10 d，在腐败的尸体中能生存 1～3 个月，在日光和高温下立即死亡，1%火碱、5%的生石灰乳、2%来苏儿、1%漂白粉等能迅速将其杀死。

2.流行特点

多杀性巴氏杆菌能感染多种动物，猪是其中一种。不同品种，不同年龄的猪均有易感性，小猪和中猪发病率较高。病猪和带菌猪是传染源，病原菌主要存在于肺脏、肠管和呼吸道中，随分泌物和粪便排出体外，经呼吸道、消化道及损伤的皮肤而感染本病。一般认为本菌是一种条件性病原菌，当猪处在不良的外界环境中，如寒冷、闷热、气候剧变、潮湿、拥挤、通风不良、营养缺乏、疲劳、长途运输等，致使猪的抵抗力下降，这时病原菌大量增殖并引起发病。另外病猪经分泌物、排泄物等排菌，污染饮水、饲料、用具及外界环境，经消化道而传染给健康猪，也是重要的传染途径。也可由咳嗽、喷嚏排出病原，通过飞沫经呼吸道传染。此外，吸血昆虫叮咬皮肤及黏膜伤口都可传染。本病一般无明显的季节性，但以冷热交替，高温季节，气候剧变，潮湿，多雨发生较多，一般呈散发性或地方流行性。营养不良、长途运输、饲养条件改变等因素促进本病发生，经常集中发病。

3.临床特征

根据病程长短和临床表现分为最急性、急性和慢性型。

最急性型：未出现任何症状，突然发病，迅速死亡。病程稍长者表现体温升高到 41～42℃，食欲废绝，全身衰弱，卧地不起，呼吸困难，心跳急速，可视黏膜发绀，皮肤出现紫红斑。咽喉部和颈部发热、红肿、坚硬，严重者延至耳根、胸前。病猪呼吸极度困难，常呈犬坐姿势，伸长头颈，有时可发出喘鸣声，口鼻流出白色泡沫，有时带有血色。一旦出现严重的呼吸困难，病情往往迅速恶化，很快死亡。死亡率常高达 100%，自然康复者少见。

急性型(胸膜肺炎型)：本型最常见。体温升高至 40～41℃，初期为痉挛性干咳，排出痰液呈黏液性或脓性，呼吸困难，口鼻流出白沫，有时混有血液，后变为湿咳、痛咳。随病程发展，呼吸更加困难，常作犬坐姿势，胸部触诊有痛感。精神不振，食欲不振或废绝，皮肤出现淤血性出血斑，后期衰弱无力，卧地不起，多因窒息死亡。病程 5～8 d，不死者转为慢性。

慢性型：主要表现为肺炎和慢性胃肠炎。时有持续性咳嗽和呼吸困难，有少许黏液性或脓性鼻液。关节肿胀，常有腹泻，食欲不振，营养不良，有痂样湿疹，发育停止，极度消瘦，病程 2 周以上，多数发生死亡，病死率 60％～70％。

4. 病理变化

最急性型：全身黏膜、浆膜和皮下组织有出血点，尤以喉头及其周围组织的出血性水肿为特征。切开颈部皮肤，有大量胶冻样淡黄或灰青色纤维素性浆液。全身淋巴结肿胀、出血。心外膜及心包膜上有出血点。肺急性水肿。脾有出血但不肿大。皮肤有出血斑。胃肠黏膜出血性炎症。

急性型：除具有最急性型的病变外，其特征性的病变是纤维素性肺炎。主要表现为气管、支气管内有多量泡沫黏液。肺有不同程度肝变区，伴有气肿和水肿。病程长的肺肝变区内常有坏死灶，肺小叶间浆液性浸润，肺切面呈大理石样外观，胸膜有纤维素性附着物，胸膜与病肺粘连。胸腔及心包积液。

慢性型：尸体极度消瘦、贫血。肺脏有肝变区，并有黄色或灰色坏死灶，外面有结缔组织，内含干酪样物质；有的形成空洞，与支气管相通。心包与胸腔积液，胸腔有纤维素性沉着，肋膜肥厚，常常与病肺粘连。有时在肋间肌、支气管周围淋巴结、纵隔淋巴结及扁桃体、关节和皮下组织见有坏死灶。

5. 诊断方法

本病的最急性型病例常突然死亡，而慢性病例的症状、病变都不典型，并常与其他疾病混合感染，单靠流行病学、临床症状、病理变化难以确诊。在临床检查应注意与急性猪瘟、咽型猪炭疽、猪气喘病、传染性胸膜肺炎、猪丹毒、猪弓形虫等病进行鉴别诊断。实验室检查应取静脉血(生前)、心血、各种渗出液和各实质脏器涂片染色镜检。猪肺疫可以单独发生,也可以与猪瘟或其他传染病混合感染,采取病料做动物试验,培养分离病源进行确诊。

6.防控方案

(1)药物预防

方案一:易发阶段在饲料中添加“利高霉素 44”。

方案二:易发阶段在饲料中添加“氟洛芬”+“常安舒”。

方案三:易发阶段在饲料中添加“福多宁”+“布他霖”。

(2)免疫接种

①猪肺疫活疫苗:使用时要按瓶签规定加入 20%氢氧化铝生理盐水稀释,皮下或肌肉注射 1 mL。本苗在注射前 7 d 及注射后 10 d 内,不能使用抗菌素及磺胺类药物。

②猪肺疫灭活苗:使用时各种猪不论大小每头皮下或肌肉注射 5 mL,本苗在注射前应充分振摇。

③口服猪肺疫活疫苗:使用时要按瓶签规定用冷开水稀释,与饲料充分搅拌均匀后让猪食用。本苗只能口服,不能注射,临产母猪不能用本苗。本苗不得与发酵饲料、酸碱过强的饲料、含抗菌饲料搅拌。使用本苗前后 3~5 d,猪只禁用抗菌素与磺胺类药物。

④猪瘟、猪丹毒、猪肺疫弱毒三联冻干疫苗:按瓶签规定的头份数,以等量的 20%氢氧化铝生理盐水稀释(即每 1 头份加入 1 mL)。每头猪(不分大小)肌肉注射 1 mL。未断奶的仔猪采用两次免疫法,即未断奶(或刚断奶)时注射 1 次,断奶 2 个月后再注射 1 次,注射剂量 1 mL。

(3)药物治疗

方案一:发病猪“氟洛芬”+“瑞康达”肌肉注射,同群猪“氟洛芬”+“施瑞康”饮水或拌料。

方案二:发病猪“易速达”或“瑞可新”一针注射,同群猪在饲料中添加利高霉素 44。

方案三:发病猪大剂量青霉素＋大剂量链霉素肌肉注射,同群猪在饲料中添加“氟洛芬”＋“常安舒”。

方案四:发病猪“氟洛芬”肌肉注射,同群猪在饲料中添加“高热血毒清”＋“布他霖”＋“赛替咳平”。

(八)猪增生性肠炎防控方案

猪增生性肠炎(porcine proliferative enteropathy,PPE),又称猪回肠炎(porcine ileitis),是由胞内劳森氏菌(*Lawsonia intracellularis*,LI)引起的接触性传染病,以回肠及盲结处近端的结肠、盲肠高度增生为特征。临床上主要表现为四大类型:猪肠腺瘤病(PIA)、局限性回肠炎(RE)、增生性出血性肠炎(PHE)、坏死性肠炎(RI)。胞内劳森氏菌被认为是猪肠道疾病综合征的关键病原之一,隐性感染猪多,易被忽视,不同年龄阶段猪只感染率在5%～100%之间,感染猪死亡率不高,但能严重降低饲料报酬率,猪增生性肠炎是一种具有重要经济意义的世界性疾病。

1.病原特性

PPE的病原是一种专性细胞内寄生菌。该菌呈小弯曲形、逗点形、S形或直的杆菌,大小为(1.25～1.75) μm×(0.25～0.34) μm,具有波状的3层膜作外壁,无鞭毛,无柔毛,革兰氏染色阴性,抗酸染色阳性。该菌为严格细胞内寄生,微嗜氧,能通过0.65 μm的滤膜,不能通过0.20 μm的滤膜。在5～15℃环境中至少能存活1～2周,细菌培养物对季铵消毒剂和含碘消毒剂敏感。

2.流行特点

目前回肠炎具体的传播机制还并不清楚,但粪-口途径是劳森菌感染最主要的途径,肥猪感染该菌后,可带毒几个星期,母猪可能会长期隐性带毒。在适宜的条件下,劳森菌可在猪舍环境中存活1周以上,污染的饲养员的鞋子或者其他媒介物,如老鼠的脚,可能是劳森菌在不同猪舍间传播的主要媒介。

胞内劳森氏菌(LI)易感动物很多,包括猪、仓鼠、大鼠、兔等杂食动物;雪貂、狐等肉食动物;马、鹿等草食动物,以及鸵鸟、鸸鹋等鸟类。猪场内的鼠类很有可能会因为接触感染猪的粪便而被自然感染，而被感染的鼠类也很有可能再去感染其他的猪群，使得猪群的感染率很高。此外，某些环境因素也可诱发增生性肠炎的发生，这些因素包括各种应激反应，如转群、混群、过热、过冷、昼夜温差过大、湿度过大、密度过高等；频繁引进后备猪；过于频繁的接种疫苗；突然更换抗生素造成菌群失调。

3.临床特征

回肠炎的发病分为 4 个阶段，包括小肠腺体、淋巴增生；坏死性回肠炎；局部性回肠炎；增生性、出血性肠炎。回肠炎的临床表现主要分为急性型、慢性型和亚临床型 3 种类型。

(1)急性型　较少见，常见于 4～12 月龄的青年猪。这些猪常发生急性出血性贫血，面部发黑。排黑色柏油样稀粪，并可发生突然死亡，有些猪在不表现粪便异常的情况下死亡，仅仅表现明显苍白。感染猪的死亡率大约为 50%，未死亡的猪经较短的时间可痊愈。怀孕母猪可能发生流产，多数流产发生在急性临床症状出现后 6 d 内。

(2)慢性型　本型最常见，多发生于 6～20 周龄的断奶仔猪。主要表现为消瘦，皮肤苍白，精神沉郁，生长迟缓。有的出现不同程度的厌食和行动迟钝。间歇性下痢，粪便变软、变稀或呈糊状或水样，有时混有血液或坏死组织碎片。如症状较轻及无继发感染，有的猪在发病 4～6 周后可康复，但有的猪则成为僵猪而淘汰。

(3)亚临床型　感染猪有病原体存在，却无明显症状或症状轻微，因而常不引起人们的关注，但生长速度慢和饲料转化率低。

4.病理变化

剖检病变多见于小肠末端 50 cm 和邻近结肠的上 1/3 处。剖检可见回肠、结肠前部和盲肠的肠管肿胀，管径变粗，浆膜下和肠系膜水肿，回肠肠管外形变粗，肠壁增厚，肠壁浆膜面呈现明显的脑回样花纹；肠黏膜表面无光泽，有少量坏死组织碎片；肠系膜淋巴结肿大，颜色变浅，切面多汁。急性型的病猪有的肠腔内有大量暗红色血样内容物和凝血块。

感染猪肠切片 H.E 染色，可见肠绒毛变短平，表层肠上皮细胞局部脱落；肠黏膜增厚，有大量增生的肠腺，隐窝、黏膜上皮细胞及肠腺上皮细胞增生，细胞核明显增多重叠排列，细胞核分裂相增多，杯状细胞减少；隐窝和腺上皮细胞充满炎性细胞，腺腔有不同程度的扩张，腺腔内有均质红染浆液性渗出物，黏膜固有层有轻度或中度的淋巴细胞、浆细胞和少量嗜中性白细胞浸润；黏膜下层淋巴组织明显增生并形成淋巴小结。

5.诊断方法

(1)鉴别诊断　鉴别诊断主要应与猪痢疾、肠出血性综合征(hemorrhagic bowel syndrome，HBS)、猪沙门氏菌病、猪密螺旋体等疾病相区别。

①猪痢疾(SD)的主要症状是排黏性血痢，各种年龄的猪均可感染，但以 7～12 周龄仔猪多发。病理变化集中于大肠，可见大肠黏液性出血性或坏死性炎症。取急性病猪新鲜病料镜检可见大量弯曲状密螺旋体。

②猪沙门氏菌性肠炎的临床症状为顽固性腹泻，多发于 3 周龄左右仔猪，发热，粪便灰白色或黄绿色，恶臭。病变集中于盲肠和结肠，肠黏膜肥厚，有灰绿色溃疡病变，肝有点状灰黄色坏死灶。

③肠出血性综合征(HBS)的临床症状为生长发育良好的猪突然死亡，尸体苍白或膨胀，小肠壁菲薄，充满血液或肠扭转，胃内充满食物。无肠壁肥厚和增生病变。

④猪肠道密螺旋体病(PIS)的临床症状为黏液性腹泻，重症病例有黏液碎片或血块。主要发生于断奶仔猪，病变只限于盲肠和结肠，肠黏膜增厚，有溃疡病变。结肠黏膜抹片，革兰氏染色，在显微镜下可观察到大量螺旋体。

(2)实验室诊断

①免疫组织化学检查法：检查出小肠或结肠增生的黏膜上皮细胞内的劳森菌，即可确诊。

②聚合酶链式反应(PCR):可检查出病猪粪便中含有的劳森氏菌。

6. 防控方案

(1)药物预防

方案一:回肠炎高发期饲料中连续添加“优壮”可控制本病。

方案二:饲料中添加“金泰康”,后备母猪配种前连用 7～10 d,生产母猪产前产后各连用 7～10 d,可有效降低仔猪回肠炎的早期感染。

方案三:在断奶仔猪换料后“金泰康”连用 10～15 d,可有效降低中大猪回肠炎感染。

(2)药物治疗

方案一:发病期每吨饲料添加“利高霉素 44” 2～3 kg。

方案二:发病猪“福乐星”+“爱若达”肌肉注射,同群猪饲料中添加“安替可”+“优壮”。

方案三:发病期每吨饲料添加“枝原净”150 g。

(九)猪渗出性皮炎防控方案

猪渗出性皮炎(EE) 又称葡萄球菌性皮炎、皮脂溢性皮炎,俗称“猪油皮病”,是由表皮葡萄球菌(*Staphylococcushyicus*)引起的一种接触性皮肤传染病。患猪出现全身性病变,呈现油腻、黏湿、污秽、棕色痂皮的皮肤,但无瘙痒症状,严重影响猪只的生长发育,甚至成为僵猪,重者可引起脱水和败血症而导致死亡。该病呈散发性,但对个别猪群的影响较大,即部分猪群或品种有易感性,特别是新建立或新扩充群体。

近年来,由于规模化生产以及饲养密度大、空气污浊、卫生状况差和仔猪互相撕咬等原因,导致本病的发病率逐年上升。目前不少人对该病缺乏认识,甚至将其误诊为猪疥癣、皮炎肾病综合征、猪痘、湿疹及缺锌症等,延误了治疗时机而影响了防治效果。

1. 病原特性

引起猪渗出性皮炎的病原菌有 3 种,包括猪葡萄球菌(*S. hyi-*

cus)、产色葡萄球菌(*S. chromogenes*)和松鼠葡萄球菌(*S. sciuri*),这3种葡萄球菌是微球菌科(Micrococcaceae)葡萄球菌属(*Staphylococcus*)的成员。由于引起猪渗出性皮炎的葡萄球菌与猪葡萄球菌(*S. hyicus*)有很近的关系,并认为是引起猪渗出性皮炎的主要原因之一,最终从分类上将猪葡萄球菌确定为猪渗出性皮炎的病原。猪葡萄球菌为革兰氏阳性球菌,是致病菌,至少已经鉴定出6种血清型。

猪葡萄球菌可以分为毒力型和无毒力株。EE的感染发病与菌株的毒力或猪只的易感性有关。毒力型猪葡萄球菌感染仔猪后产生脱落毒素,脱落毒素是引起渗出性皮炎的主要原因之一。大肠杆菌作为环境中的常见病原菌之一,是该病继发感染的主要细菌,并且容易引起菌血症,存在广谱耐药性,严重阻碍该病的防控。

2.流行特点

猪渗出性皮炎(EE)可分为最急性型、急性型和亚急性型,主要感染哺乳仔猪和断奶仔猪(5～35日龄仔猪较常见),成年猪也偶见轻微的感染,1日龄的新生仔猪也能发生。同一窝仔猪可在短时间内相继感染发病。发病仔猪通常表现全身渗出性发炎,几天后脱水死亡。发病率10%～100%,死亡率5%～90%。仔猪渗出性皮炎呈散发性,没有明显的季节性,多暴发于新投入使用猪舍及猪舍卫生状况差、饲养管理不善、消毒不彻底时容易感染发病。

猪渗出性皮炎主要通过接触传播,是由携带致病菌的猪群传入干净的猪群,然后携带致病菌的母猪接触传播新生仔猪使其发病。猪葡萄球菌可储藏于青年母猪外阴中,经初产母猪的产道垂直传播给新生仔猪。因此,当动物机体皮肤和黏膜破损、抵抗力降低时,可通过损伤的皮肤和黏膜,或呼吸道、消化道而发生感染。

仔猪渗出性皮炎的发生还需要其他一些诱发因素,包括营养不良(缺锌和维生素)、疥螨感染、玫瑰糠疹、栏舍粗糙、免疫力差(尤其是初产母猪的后代仔猪)、皮肤表层缺乏竞争菌丛、卫生差、空气不流通、湿度大、皮肤破损、遗传易感性等。另外,PCV2、

PPV和霉菌毒素超标很可能是促使猪渗出性皮炎发生的重要诱因。

3.临床特征

仔猪发病初期食欲、粪便、体温及精神状态基本正常，没有任何明显变化。后期则表现怕冷，不愿行走，反应迟钝，精神沉郁，吸乳无力，饮水减少，排黄白色夹有凝乳块的稀粪，部分病仔猪由于脱水而死亡，即使治疗耐过猪外观也很难看，生长缓慢，基本上失去经济价值。仔猪发病时间略有差异，基本上在3～5日龄开始。发病仔猪先从嘴角、下颌、眼圈无毛或少毛的皮肤损伤处出现红色斑点和丘疹，皮肤发红、多汗、带有黏性，继而斑点破溃，并向颊部及耳后蔓延，3～4 d后蔓延至全身。炎症溢出的渗出液与舍内尘埃、皮屑以及污垢汇集形成油腻的外观，用手触摸感到油腻，并有难闻气味。

4.病理变化

死尸干枯、脱水、消瘦，病变部位皮肤呈黑色结痂状，增厚干裂，剥离痂皮后露出的真皮组织呈桃红色，外周淋巴结肿大或出血。心、肝、肺等脏器无明显变化，腹股沟淋巴结肿大、出血，肠壁变薄，充满黄色或白色稀薄内容物，其他病理变化不明显。

5.诊断方法

(1)细菌分离培养　将仔猪皮肤结痂处用酒精棉球消毒后，用刀片刮取，接种环无菌操作将病料接种于液体大豆酪蛋白琼脂培养基(TSA)，经37℃培养24 h后，再用接种环勾取液体接种血液琼脂培养平板，在37℃继续培养24 h，观察平板并划取单个菌落做革兰氏染色，显微镜下镜检。在血液琼脂培养基平板上细菌生长良好，较大的菌落周围有明显的溶血环，菌落呈灰白色。用接种环勾取单个菌落，蘸取生理盐水涂抹于载玻片上，革兰氏染色，在油镜下检查为革兰氏阳性。

(2)鉴别诊断　应注意易与该病混淆的其他皮肤病相区别。猪痘是由痘病毒引起的接触性传染病，仅是局部损伤，不是由创伤感染，不发痒，也无油性渗出物，很少致死。疥螨会出现瘙痒，皮肤脱毛、结痂、增厚，发生皱褶或龟裂，但结痂后无渗出物、无臭味，死亡率低，另外可以找到螨虫。癣为扩散性的表层病变，可分离到真菌。玫瑰糠疹呈环状扩散，不致死，病变部不含脂质。缺锌症断奶猪常以表皮增厚、皮肤皲裂及对称性干燥病变为特征，死亡率低。湿疹多发于断奶后保育猪，无传染性，有奇痒，无腹泻，很少致死。慢性湿疹，皮肤肥厚，形成皱褶，最终发生象皮病。圆环病毒所致皮疹，病猪皮肤上出现圆形或不规则的隆起，呈现中央为黑点的红色、紫红色斑块或斑点，大小不一，无渗出物，必要时还可以通过分离细菌和生物鉴定方法加以确诊。

6. 防控方案

(1)药物预防　母猪进产房前用“百胜”严格消毒，母猪肌肉注射通灭(1%多拉菌素)，母猪产前、产后 7 d 用利高霉素-44 保健。

(2)药物治疗

方案一：发病猪和同窝猪“福乐星”＋“倍特壮”肌肉注射，“可瑞斯”用植物油研磨成糊，患处涂抹，同群猪“施瑞康”＋“常安舒”饮水。

方案二：发病猪和同窝猪“普乐安”＋“倍特壮”肌肉注射“可瑞斯”用植物油研磨成糊，患处涂抹，同群猪“福乐星”＋“常安舒”饮水。

方案三：发病猪和同窝猪“瑞可新”或“易速达”肌肉注射，“百胜”对发病部位进行涂抹与消毒。

六、猪场主要寄生虫病防控方案

(一)猪场寄生虫病综合防控方案

1. 当前猪场寄生虫病的流行现状

在多数情况下，猪只感染寄生虫后并不表现明显的临床症状，只有少数寄生虫如弓形虫、球虫、结肠小袋纤毛虫、疥螨等严重感染时才会表现出明显的临床症状和死亡。寄生虫对养猪业的危害主要表现为慢性营养性消耗所造成的经济损失。

(2)猪场寄生虫的种群结构随猪场环境和饲养条件的改变发生了明显的变化，曾经一度使养猪业蒙受巨大损失的姜片吸虫、肺线虫、棘头虫、刚棘鄂口线虫等寄生虫，由于规模化饲养使得猪场的卫生环境和饲养条件明显改善，阻断了中间宿主与寄生虫或终末宿主——猪的联系，这类寄生虫的种群数量已明显下降；不需要中间宿主参与的土源性寄生虫的种群数量呈上升趋势，如球虫、结肠小袋纤毛虫、毛首线虫(鞭虫)、猪蛔虫、类圆线虫、疥螨等随着猪场的猪群规模和饲养密度的增加而频频发生。

2.目前猪场主要的寄生虫病类型

(1)寄生在猪消化道的寄生虫

①猪蛔虫，主要引起仔猪肺炎和生长发育不良。

②猪毛首线虫，主要引起仔猪腹泻。

③结肠小袋虫，主要引起仔猪腹泻和继发脓性结肠炎。

④猪等孢球虫，主要引起哺乳仔猪腹泻。

⑤艾美耳球虫，主要引起哺乳后期仔猪和断乳仔猪腹泻。

⑥隐孢子虫，引起2月龄以内哺乳或断乳仔猪腹泻。

⑦兰氏类圆线虫，主要引起哺乳仔猪腹泻。

(2)寄生在猪呼吸道的寄生虫　猪后圆线虫(肺线虫)，寄生于猪的支气管和细支气管，可引起猪的肺炎。生前可检测猪粪便中的虫卵，死后在气管或肺脏中发现虫体而诊断。

(3)寄生在猪皮肤上的寄生虫

①猪疥螨，可引起猪的皮炎，影响其生长发育。

②蠕形螨，引起猪的皮炎，影响其生长发育。

(4)全身性寄生虫　刚地弓形虫，可引起猪高热、病死率高，怀孕母猪流产或产死胎。

3.猪场寄生虫病的防控

(1)通过驱虫、淘汰和净化等措施控制传染源；通过加强环境和饲养卫生，消灭中间宿主和传播媒介等措施切断传播途径；通过药物治疗、免疫接种、加强营养和饲养管理、改善猪舍的内外环境，提高动物福利等，以保护易感动物。

(2)驱虫是猪场寄生虫病防控措施中的重中之重，猪场应在做好流行病学调查的基础上，找出本场或本地寄生虫群落中的优势种群，把它作为驱虫的主要对象，根据寄生虫的生活发育史和感染规律(包括季节性感染动态)，科学合理地制定驱虫计划。

(3)正确选用驱虫药物是影响驱虫效果的重要因素。总体要求是应选择广谱、高效、安全(低毒)的驱虫药。临床上应采用交替用药或联合用药，以减少或消除耐药性和毒副作用的影响。在进行大规模驱虫时必须先做小区试验，先期进行安全性与大面积使用的可行性论证后，才能进行大面积驱虫，同时应该做好药物禁忌和二次用药的相关性论证工作。

(4)一般在动物驱虫后 5 d 内，对所有驱过虫的猪群的粪便应及时收集、统一集中进行生物热处理，防止重复感染和污染环境，并在 1 个月左右的时间内进行粪样抽查，检验驱虫效果。

(二)仔猪球虫病防控方案

猪球虫病(swine coccidiosis)是由猪的艾美耳球虫和等孢球虫寄生于猪肠上皮细胞引起的一种原虫病，是引起仔猪腹泻的主要原因之一，在临床上常表现为并发感染或继发感染。

1. 病原特性

猪球虫病的病原有很多种，已发现猪球虫有 8 种艾美尔球虫和 2 种等孢子球虫，由猪等孢球虫引起的新生仔猪的球虫病是猪最重要的原虫病。猪球虫在宿主体内进行无性世代(裂殖生殖)和有性世代(配子生殖)2 个世代繁殖，在外界环境中进行孢子生殖。卵囊随粪便排到外界，刚排出的卵囊内含有一个单细胞的合子。在适宜的氧气、湿度和温度条件下，卵囊经孢子化发育至感染阶段。当孢子化卵囊被猪吞入后，子孢子释出，进入肠腔，钻入肠上皮细胞，在上皮细胞内变成圆形滋养体。滋养体经裂殖生殖发育为裂殖体，裂殖体成熟后，每一个裂殖体含有许多裂殖子。当宿主细胞破坏崩解时，裂殖子从成熟的裂殖体释出，进入肠腔。

当逸出的裂殖子侵入其他肠细胞，就可能发育形成新一代裂殖体或配子体。在进行了 2～3 代裂殖生殖之后便开始转入配子生殖；裂体生殖的代数依球虫的种类而定，但所有虫种最终都要形成配子体。

有性阶段的虫体是大配子体和小配子体。大配子体积较大，通常在一个宿主细胞仅有一个大配子；而小配子体一般数量较少，但含有许多高度运动的、带鞭毛的小配子，这种小配子相当于高等动物的精子。最终含有小配子体的宿主细胞崩解，小配子逸出，进入肠腔，进而钻入含有大配子的肠细胞，使大配子受精。受精后的合子形成卵囊壁，发育成为卵囊。当卵囊成熟后，宿主细胞崩解，卵囊进入肠腔，然后，未孢子化的卵囊随粪便排出，在体外进行孢子生殖。

宿主细胞是由于裂殖生殖、配子生殖和卵囊释放而遭受破坏。由于每一个裂殖体都含有大量的裂殖子，并可能发生几代裂殖生殖，因此吞食的 1 个卵囊具有破坏数千或数百万个肠细胞的能力。无性生殖的代数与裂殖体释放裂殖子的数量，以及完成生活史所需要的时间均随球虫种类不同而有变化。由于每个虫种的无性生殖的代数、产生裂殖子的数量，以及潜在期均保持相对的稳定。故而，每一种球虫具有破坏一定数量的宿主细胞的潜能。这也许就是有些球虫种类比其他虫种更具有致病性的一个原因。

2.流行特点

本病只发生于仔猪，且多发于 7～11 日龄的乳猪，成年猪多为隐性感染；病猪和带虫猪是本病最主要的传染来源；消化道是本病的主要传播途径。当虫卵随病猪的粪便排出体外，污染了饲料、饮水、土壤或用具等时，虫卵在适宜的温度和湿度下发育成有感染性的虫卵，仔猪误食后，就可发生感染。当猪感染球虫后，机体可产生免疫力，但不同种属球虫间无交叉免疫。由于这种免疫力的作用，在经地方流行性感染过的猪群中，在感染时则仅带有少量球虫，而不显临床症状。但当受某种不利因素影响时，如严寒气候、饲料突然变换或并发其他感染等，机体的免疫力和稳定性就可能被破坏而导致疾病暴发。此外，本病的发生还与仔猪的年龄、病原的数量等有关。仔猪机体的内因不仅影响本身的感染与发病，而且对于球虫在体内进行有性和无性繁殖的持续发展所造成的内源性侵袭也具有一定影响。

本病的发生常与气温和雨量的关系密切，通常多在温暖的月份发生，而寒冷的季节少见。在我国北方从4～9月末为流行季节，其中以7～8月最为严重；而在南方一年四季均可发生。

3.临床特征

腹泻是该病主要的临床症状，病初仅少量仔猪腹泻，其粪便成糊状，为乳白色或棕褐色，患猪精神萎靡，食欲稍下降，体温、呼吸正常，病情持续2～4 d后，大部分仔猪排出黄色或乌黑色的带泡沫的黏性稀粪，仔猪身体沾满粪便。病猪体况差，消瘦，皮肤变暗、变白，无弹性，精神倦怠，喜卧，食欲大减，被毛粗乱、无光泽，眼窝下陷，增重缓慢。随着病情发展，有的仔猪大便失禁，不断排出带血及黏液的稀粪，其味恶臭，病猪肛门周边红肿，并频频努责。不同窝的仔猪症状的严重程度往往不同，即使同窝仔猪不同个体受影响的程度也不尽相同。若并发细菌性疾病、病毒性疾病或其他寄生虫病，死亡率相当高。仔猪球虫病一般均取良性经过，可自行耐过而逐渐康复；但感染虫体的数量多，腹泻严重的仔猪，可能会死亡。成年猪感染时一般不出现明显的症状。

4.病理变化

尸体剖检所观察的特征是急性肠炎，主要见于空肠和回肠，炎症反应较轻，仅黏膜出现浊样颗粒化，有的可见整个黏膜的严重坏死性肠炎。眼观特征是黄色纤维素坏死性假膜松弛地附着在充血的黏膜上。肠内容物稀薄，混有血液和黏液，呈暗红色，肠系膜淋巴结肿胀或充血，肛门松弛。乳糜的吸收随病情的严重性而变化。

肠道的组织学变化特点是肠黏膜上皮细胞坏死脱落，其程度因球虫的数量、繁殖速度而不同。肠腔上皮细胞多含有不同发育期的球虫，含有球虫的坏死上皮细胞脱落入肠腺腔内，形成很多细胞碎屑。当上皮脱落后，于固有层及肠腺腔内即有白细胞浸润，其中含有大量嗜酸性白细胞。

显微镜下检查发现空肠和回肠的绒毛变短，约为正常长度的一半，其顶部可能有溃疡与坏死。在有些病例，坏死遍及整个黏膜，球虫内生发育阶段的各型虫体存在于绒毛的上皮细胞内，少见于结肠。在病程的后期，可能出现卵囊。

5.诊断方法

根据发病特点、临床症状、剖检变化及发病猪伴有的食欲减退、消瘦，皮肤变暗、变白，被毛粗乱、无光泽，发育不良，生长缓慢，病程稍长即脱水死亡，且病猪用抗菌素药物治疗无效可初步诊断。粪便饱和盐水漂浮法检查，若发现球虫卵囊即可确诊。

(1)粪便卵囊检查方法

①粪便卵囊检查时间：仔猪吞食球虫卵囊 3 d 后开始出现腹泻，腹泻开始于卵囊排出的前一天，而卵囊产出的高峰出现在临床症状出现后的 2～3 d，所以对产房的多窝仔猪进行粪便涂片或粪便漂浮检查时应在临床症状出现后的 2～3 d 时进行。

②仔猪粪便直接涂片镜检法：称取粪便样品 1 g，用 5 mL 生理盐水稀释，将稀释后的样品均匀涂于载玻片中央，镜检。

③饱和盐水漂浮法：利用比重较大的饱和盐水，使比重较小的虫卵漂浮在溶液表面，从而达到富集目的。称取粪便 1 g 置于含少量饱和盐水的青霉素小瓶中，将粪便充分捣碎并与盐水搅匀后除去粪中的粗渣，再缓慢加入饱和盐水至液面略高于瓶口但不溢出为止，在瓶口覆盖载玻片一张，静置 15 min 后，平持载玻片向上提起后迅速翻转，使有饱和盐水一面向上，镜检。

④Teleman 法：该方法是最有效的卵囊检出法，因为乙醚能去除粪便中的脂肪物质。将 1 g 粪便置于 5 mL 5%的醋酸溶液中，摇动制成悬液，让悬液沉淀 1 min，用筛过滤于一离心管中，加入

等量的乙醚，将混合液强烈摇动后，经 1 500 r/min 离心 1 min 后，将管中由污物形成的环分隔开的上清液(由乙醚和一层酸形成)抛弃，沉淀物中即含卵囊。将沉淀物用少量水稀释并混合均匀，取数滴如此形成的悬液置于载玻片上，然后对其进行镜检(100×或400×)。

(2)鉴别诊断　在腹泻期间卵囊可能并不排出，因此粪便漂浮检查卵囊对于猪球虫病的诊断并无多大价值。确定性诊断必须从待检猪的空肠与回肠检查出球虫内生发育阶段的虫体。各种类型的虫体可以通过组织病理学检查，或通过空肠和回肠压片或涂片染色检查而发现，后一种方法对于实际工作者来说是一种快速而又实用的方法。用于血液涂片检查的任何一种染色方法(如瑞氏、姬氏、新甲基蓝)均能将新月形的裂殖子染成紫蓝色。球虫病必须区别于轮状病毒感染、地方性传染性胃肠炎、大肠杆菌病、梭菌性肠炎和类圆线虫病。由于这些病可能与球虫病同时发生，因此也要进行上述疾病的鉴别诊断。

6. 防控方案

仔猪在 3～6 日龄（5 日龄最佳）口腔灌服 1 mL“百球清”(每毫升含 25 mg 甲苯三嗪酮)，不仅可预防和治疗球虫病，而且可杀死体内球虫，一次服药可促进仔猪获得抗球虫终生免疫力。

(三)猪疥螨病防控方案

猪疥螨病(sarcoptidosis)是由节肢动物蜘蛛纲、螨目的疥螨所引起的一种接触传染的寄生虫病，俗称疥癣、癞。由于虫体在皮肤内寄生，从而破坏皮肤的完整性，使猪瘙痒不安，导致生长发育不良，逐渐消瘦，甚至死亡。

1. 病原特性

疥螨寄生在猪皮肤深层由虫体挖凿的隧道内，呈淡黄色龟状，背面隆起，扁平，腹面有 4 对短粗的圆锥形肢，虫体前端有 1 个钝圆形口器。疥螨的口器为咀嚼型，在宿主表皮挖凿隧道，以皮肤组织和渗出的淋巴液为食，在隧道内发育和繁殖。疥螨全部发育过程都在宿主体内度过，发育过程包括卵、幼虫、若虫和成虫 4 个阶段。雌雄交配后，雄虫不久死亡，雌虫可在隧道中存活 4～5 周产卵，一条雌虫一生可产 40～50 个虫卵。虫卵孵化出幼虫，幼虫爬到皮肤表面，在皮肤上开凿小穴，在里面蜕化为若虫，若虫钻入皮肤挖掘穴道，在里面蜕化为成虫。虫卵至成虫发育周期为 8～22 d，平均 15 d。

2. 流行特点

各种年龄、品种的猪均可感染该病。

主要是由于病猪与健康猪的直接接触，或通过被螨及其卵污染的圈舍、垫草和饲养管理用具间接接触等而引起感染。幼猪有挤压成堆躺卧的习惯，这是造成该病迅速传播的重要原因。此外，猪舍阴暗、潮湿，环境不卫生及营养不良等均可促进本病的发生和发展。秋、冬季节，特别是阴雨天气，该病蔓延较快。猪疥螨病主要为直接接触传染，也有少数间接接触传染。直接接触传染，如患病母猪传染哺乳仔猪，病猪传染同圈健康猪，受污染的栏圈传染新转入的猪。

3. 临床特征

(1)皮肤过敏反应型　较为常见，又容易被忽视，主要感染乳猪和保育猪。本病一年四季都可以发生，以春夏交季、秋冬交季较为多见。过度挠搔及擦痒使猪皮肤变红，组织液渗出，干涸后形成黑色痂皮。感染初期，从头部、眼周、颊部和耳根开始，后蔓延到背部、后肢内侧。猪感染螨虫后，螨虫在猪皮肤内打隧道并产卵，吸吮淋巴液，分泌毒素；3 星期后皮肤出现病变，常起自头部，特别是耳朵、眼、鼻周围出现小痂皮，随后蔓延至整个体表、尾部和四肢，出现红斑、丘疹、黑色痂皮，并引起迟发型和速发型过敏反应，造成强烈痒感。由于发痒，影响病猪的正常采食和休息，并使消化、吸收机能降低。病猪常在墙壁、猪栏、圈槽等处摩擦病变部位，造成局部脱毛。寒冷季节因脱毛，裸露皮肤，体温大量散发，体内蓄积脂肪被大量消耗，导致消瘦。有时继发感染严重时，引起死亡。猪疥螨感染严重时，造成出血，结缔组织增生和皮肤增厚，导致患猪皮肤损坏，容易引起金色葡萄球菌综合感染，造成猪发生湿疹性渗出性皮炎。患部迅速向周围扩展到全身，并具有高度传染性，最终造成猪体质严重下降，衰竭而死亡。

(2)皮肤角化过度型　有时称为猪慢性疥螨病，主要见于经产母猪、种公猪和成年猪。随着猪感染疥螨病程的发展和过敏反应的消退(一般是几个月后)，出现皮肤过度角质化和结缔组织增生，可见患猪皮肤变厚，形成大的皮肤皱褶、龟裂、脱毛，被毛粗糙多屑。常见于成年猪耳廓内侧、颈部周围、四肢下部，尤其踝关节处形成灰色、松动的厚痂，经常用蹄子搔痒，或在墙壁、栅栏上摩擦皮肤，造成脱毛和皮肤损坏、开裂、出血。

经产母猪及种公猪皮肤过度角化的耳部，是猪场内螨虫的主要传染源，仔猪常在吃奶时受到母猪感染。经产母猪身体、耳部皮肤过度角化，肥猪皮肤瘙痒，在墙壁上摩擦皮肤，用后蹄搔痒。患猪剧痒、脱毛、结痂、皮肤皱褶或龟裂，和金色葡萄球菌混合感染后形成湿疹性渗出性皮炎，患部逐渐向周围扩展，以及具有高度传染性为该病特征。

4.诊断方法

猪疥螨病的诊断通过肉眼临床观察可以做出初步诊断，如需进一步确诊要进行实验室诊断。一般采取直接涂片法就能确诊：选择患病皮肤与健康皮肤交界处，剪毛，用凸刃小刀蘸油、水、液体石蜡等，刮下表层痂皮，再刮至稍微出血为止。将刮取的皮屑病料涂于载玻片上，滴加一些液体石蜡，低倍镜检活螨虫。

5.防控方案

方案一：全场猪群同一天全部注射“通灭”(多拉菌素)，每33 kg体重只要注射1 mL，1年注射2次，在每年的秋季进行。

方案二：全场公猪、母猪在每年春秋季2次注射“通灭”；仔猪在转群的时候注射“通灭”1次。

方案三：母猪产前30 d开始，每吨饲料添加“驱达舒”1 000 g，连用 10～15 d；仔猪转群后，每吨饲料添加“驱达舒” 800 g，连用 10～15 d。

(四)猪弓形虫病防控方案

猪弓形虫病(toxoplasmosis)是由刚第弓形虫引起的一种人畜共患原虫病，又称弓形体病。本病以高热、呼吸及神经系统症状、动物死亡和怀孕动物流产、死胎、胎儿畸形为主要特征。

1.病原特性

弓形体又名弓形虫、弓浆虫、毒浆虫，是一种单细胞寄生原虫，只能在活的有核细胞内生长繁殖。弓形虫在宿主细胞内寄生，不同发育阶段有不同的形态类型，整个发育过程需 2 个宿主。生活史包括有性生殖和无性生殖 2 个阶段，前者只在终宿主猫科动物的小肠上皮细胞内进行，经大配子体(雌配子体)和小配子体(雄配子体)发育形成两性配子，雌雄配子结合最终形卵囊，随猫粪便排至外界发育成熟而具有感染力。

弓形虫在整个发育过程中出现 5 种不同的虫体形态类型，即滋养体(速殖子)、包囊、裂殖体、配子体和卵囊。其中滋养体和包囊是在中间宿主(人、猪、犬、猫)体内形成的；裂殖体、配子体和卵囊是在终末宿主(猫)体内形成的。当猫吃入弓形虫的包囊后，便在肠壁上皮细胞内开始生殖，其中一部分虫体经肠系膜淋巴结到达全身各处，并发育为滋养体和包囊体；另一部分虫体在小肠内大量繁殖，最后变为大配子体和小配子体，大配子体产生雌配子，小配子体产生雄配子，雌雄配子结合为合子，合子再发育为卵囊。随猫粪便排出的卵囊量较大，当猪吃进这些卵囊后，引发猪弓形虫病。

2.流行特点

不同品种、年龄、性别均可发生，但以肉猪多发，本病发生无明显季节性，但以 7、8、9 月高温、闷热、潮湿的暑天多发。通过下列感染途径感染：通过胎盘、子宫、产道、初乳感染；通过采食被弓形虫包囊、卵囊污染的饲料、饮水或捕食患弓形虫病的鼠雀等感染；

通过猪呼吸道和皮肤伤口等感染。病畜和带虫者的肉、内脏、血液、渗出液、排泄物均可能有弓形虫，多种昆虫、蚯蚓，可以传播卵囊，人及猴、犬、狼、沙狐、家兔、猫、猪、牛、山羊、骆驼、禽类等多种动物均能感染。

3. 临床特征

(1)急性期　体温 40.0～42.9℃，稽留持续 3～10 d 或更长，食欲减少，精神沉郁，喜卧，鼻镜干，流水样鼻液，粪多干燥，呈暗红色或煤焦油样，稀粪少见，乳猪、断奶不久的仔猪排水样粪不恶臭，有的病猪粪便干稀交替，呼吸困难，呈腹式呼吸。眼结膜充血，在耳根、下肢、股内侧、下腹部可见紫红斑或间有小出血点，界限分明。有的病猪耳部上形成痂皮，甚至发生干性坏死，随病程病情发展，呼吸困难，行走摇晃，不能站立，卧地不起，体温下降死亡。怀孕猪流产或产出死胎，即使产出活仔，也急性死亡或发育不全，不会吮奶，或为畸形怪胎，母猪在分娩后自愈。仔猪死亡率可达 30%～40%，甚至 60%以上。

(2)亚急性期　体温升高，减食，精神委顿，呼吸困难，发病后 10～14 d 产生抗体，虫体发育受到抑制，病情慢慢恢复。咳嗽及呼吸困难的恢复需一定的时间。如侵害脑部，发生癫痫样痉挛，后躯麻痹，运动障碍，斜颈等，有的病例失明。

(3)慢性期　外表看不到症状，生长受阻成僵猪，部分食欲不振，精神欠佳，间有间歇性下痢，后躯麻痹。

4. 病理变化

下肢、下腹、耳、尾部瘀血或发绀，口流泡沫，肛门血样粪污，腹股沟淋巴结肿大。肺淡红或橙黄，有的缩小，有的膨大，表面有小出血点，膈叶、心叶可见不同间质水肿，有胶冻样物质，气管、支气管含有泡沫液体。肠系膜淋巴结髓样肿胀如粗绳索样，切面外翻多汁，肝门、肺门、颌下淋巴结肿大 2～3 倍，淡黄色。肝混浊肿胀，硬度增加，呈黄褐色，切面外翻，表面有灰白色或灰黄色坏死灶，胆囊肿大，黏膜有出血点和溃疡。脾肿大，有的萎缩，脾髓如泥状，肾呈黄褐色，表面见到针尖大出血点和坏死灶。胃有出血点和出血斑及溃疡，肠黏膜肥厚、潮红、糜烂和溃疡，空肠、结肠有点状、斑状出血，盲肠、结肠见小指大和中心凹陷溃疡，胸腹腔有黄色透明积液，也有的呈混浊。

5.诊断方法

弓形虫病在临床表现、病理变化和流行病学上均有一定的特点，但仍不足以作为诊断的依据，结合实验室检查方可确诊。在临床诊断时，应注意与猪瘟、猪丹毒、猪肺疫、猪链球菌病、猪附红细胞体病、焦虫病等鉴别。实验室诊断方法主要是动物接种、涂片镜检（将可疑病畜或病尸的组织或体液涂片、压片或切片）、补体结合反应、中和抗体试验、血液凝集试验或荧光抗体法等。

6.防控方案

(1)药物预防

方案一：易发阶段饲料中添加“雅安兴”。

方案二：易发阶段饲料中添加“附克舒”+“复方磺胺氯哒嗪钠粉”。

方案三：易发阶段饲料中添加“红弓灭”+“胜多协”。

(2)药物治疗

方案一：发病猪“畜必治”+“爱若达”肌肉注射，同群猪“胜多协”+“常安舒”饮水或拌料。

方案二：发病猪“畜必治”+“灵乐星”肌肉注射，同群猪“磺胺间甲氧嘧啶”+“TMP”拌料。

(3)用药注意事项

①剂量要足，首次剂量要加倍；

②根据药物在体内的维持时间严格按时用药；

③不能过早停药，治疗本病一个疗程需要 5～7 d，通常到第 5 天时，猪体温下降，出现食欲，但此时不可停药，必须继续用药 1～2 d，否则易复发，且复发后治疗极其困难；

④治疗要及时，急性弓形体病在发病 3 d 内治疗非常有效；发

病 5 d 后，治愈率会很低，即使症状消失，虫体也会进入组织形成包囊，使病猪成为带虫者。

（五）猪蛔虫病防控方案

猪蛔虫病（ascariosis）是由猪蛔虫寄生于猪小肠引起的一种线虫病，呈世界性流行。我国猪群的感染率为 17%～80%，平均感染强度为 20～30 条。感染本病的仔猪生长发育不良，增重率可下降 30%。严重患病的仔猪生长发育停滞，形成“僵猪”，甚至造成死亡。

1. 病原特性

猪蛔虫是一种大型线虫。活体呈淡红色或淡黄色，体表光滑，是一种形似蚯蚓，前后两头稍尖的圆柱状，死后呈苍白。口孔由三个唇片呈“品”字形围成，背唇较大，两侧腹唇较小，三个唇片内缘各有一排小齿。背唇外缘两侧各有一个大乳突，两腹唇外缘内侧各有一个大乳突，外侧各有一小乳突。雄虫长 15～25 cm，宽约 3 mm。雌虫长 20～40 cm，宽约 5 mm。雄虫尾端常向腹面弯曲，形似钓鱼钩，泄殖孔开口距尾端较近，有一对等长的交合刺，无引器，泄殖孔前后有许多小乳突；雌虫尾端较直，稍钝，生殖器为双管形，由后向前延伸，两条子宫汇合为一个短小的阴道，阴门开口于虫体腹中线前 1/3 与中 1/3 交界处腹面中线上，肛门距虫体尾端较近。

虫卵有受精卵和未受精卵之分。受精卵为短椭圆形，黄褐色，大小为(50～75) μm×(40～50) μm，壳厚，最外一层为凹凸不平的蛋白膜；未受精卵呈长椭圆形，大小为 90 μm×40 μm，壳薄，多数没有蛋白膜或很薄且不规则，内容物为很多油滴状的卵黄颗粒和空泡。

2. 流行特点

猪蛔虫主要寄生于猪，仔猪易感性比成年猪强。患病或带虫猪是主要传染源，其粪便中有虫卵存在，污染饲料、食物、饮水而散播传染。本病主要经口感染，猪采食了被感染性虫卵污染的饮水和饲料而受到感染。母猪的乳房也极易被污染，使仔猪于吸奶时感染。

本病一年四季都可发生，尤其在10～12月份猪体内蛔虫的感染率和感染强度最高，而夏初感染率降低。3～5个月龄仔猪体内终年有蛔虫寄生，到6～7月龄，开始有排虫现象。轻中度感染猪的带虫现象可维持1.5～2.0年。成年母猪也可能有1%～10%带虫者。虫卵对各种环境因素的抵抗力很强，在一般消毒药内均可正常发育。

3.临床特征

猪蛔虫病的临床症状随着猪只的年龄大小、猪体质的好坏、感染的数量以及蛔虫的发育阶段的不同而有所不同。成年猪抵抗力较强，故一般无明显症状，一般以3～6个月大的猪比较严重。早期感染时，即幼虫移行期间，由于虫体移行引起肺炎，表现轻微的咳嗽，呼吸加快，食欲减退，体温升高到40℃左右。较为严重的病例，表现精神沉郁、呼吸短促和心跳加快、缺乏食欲，或者食欲时好时坏，有异嗜癖营养不良。有的生长发育受阻，成为僵猪。严重病例，呼吸困难、急促不规律，常伴发沉重而粗厉的咳嗽，并有呕吐、流涎和腹泻等。成年猪寄生数量不多时症状不明显，但因胃肠机能遭受破坏，常有食欲不振、磨牙和增重缓慢。

4.病理变化

蛔虫病的发展阶段不同，其幼虫和成虫所引起的病理学变化不同。发病初期，病变主要见肠、肝和肺，呈现以中性粒细胞和嗜酸性粒细胞浸润为主的炎症反应和肉芽肿形成。小肠黏膜出血、轻度水肿、浆液性渗出。在幼虫移行时，引起肝脏局灶性实质损伤及间质性肝炎，肝细胞浑浊肿胀、脂肪变性、局灶性坏死和出血，有时可见暗红色的虫道。幼虫由肺毛细血管进入肺泡时，造成肺支气管黏膜上皮脱落，肺表面有大量出血点或暗红色的瘀斑，肺组织致密，肺泡内充满水肿液，肺组织沉于水，此时，在肺组织中常可发现大量虫体。后期，肝组织出现斑点状纤维化，形成蛔虫斑。小肠中可发现数量不等的虫体寄生，数量少时肠道无明显变化，数量多时呈卡他性肠炎，肠黏膜散在出血点或出血斑，严重时可见溃疡，有时虫体数量很多缠交在一起堵塞肠管，甚至造成肠破裂，引起腹膜炎，肠和肠系膜以及腹膜粘连。偶尔可见虫体转入胆道，造成胆管堵塞。如果虫体转入胰管，则造成胰管炎。后期可在肝脏表面和切面见到白色纤维化结节、肝脏局灶性肝硬变等。

5.诊断方法

一般幼猪体型消瘦、发育不良就可怀疑为此病，但确诊需用直接涂片法或饱和食盐水浮集法检查粪便中的猪蛔虫卵。剖检时可在小肠发现虫体，或在肺脏发现蛔虫幼虫进行诊断。

漂浮法检查虫卵：取粪便 10 g，加饱和食盐水 100 mL，混合，通过 60 目铜筛，滤入烧杯中，静置 0.5 h，则虫卵上浮，用一直径 5～10 mm 的铁丝圈与液面平行接触以蘸取表面液膜，抖落于载玻片上，如此多次蘸取不同部位的液面，加盖玻片镜检。

6.防控方案

(1)药物预防

方案一：每年春、秋两季各注射“通灭”1 次。

方案二：每季 1 次在全群猪饲料中添加“驱达舒”(母猪配种后 45 d 内慎用)。

(2)药物治疗

方案一：伊维菌素 0.3 mg/kg 体重，皮下注射；丙硫苯咪唑 3～6 mg/kg 体重，每日 1 次内服，连用 3 d。1 周后饲料中添加“优壮”，连用 5 d。

方案二：发病猪“通灭”注射、“爱若达”肌肉注射，同群猪饲料中添加“驱达舒”。

七、猪场其他疫病防控方案

(一)猪附红细胞体病防控方案

猪附红细胞体病(eperythrozoonsis，EPE)是由猪附红细胞体

(*Eperythrozoon suis*)寄生于猪的红细胞表面、血浆及骨髓中所引起的以溶血性贫血、黄疸、发热为特征的人畜共患病。本病虽在人和多种畜禽及野生动物中均有发生,但以对猪发病报道的最多。该病主要由吸血昆虫传播,也可和其他疾病混合感染,临床表现出不同的综合症状。

1.病原特性

附红细胞体是一种多形态生物体,对其分类一直存有争议。根据《伯吉氏鉴定细菌学》(1984 年版)的分类,附红细胞体属于立克次体目,无浆体科 ,附红细胞体属。但近年对猪附红细胞体 16S rRNA 基因序列的分析认为,猪附红细胞体应归属于柔膜体目支原体属,并改名为猪嗜血支原体。

猪附红细胞体呈多态性,环形、卵圆形、逗点形或杆状等形态不一,大小为 (0.3～1.3) μm×(0.5～2.6) μm。常单独或呈链状附着于红细胞表面,也可围绕在整个红细胞上,还有的游离在血浆中。猪附红细胞体在发育过程中,大小和形状也可发生改变。处于未成熟阶段的猪附红细胞体没有感染性。

猪附红细胞体对于干燥和化学药剂抵抗力弱,但对低温的抵抗力强。一般常用消毒药均能杀死该病原,如在 0.5%石炭酸中 37℃ 3 h 就可以被杀死,但在 4℃时可保存 15 d,在冰冻凝固的血液中可存活 31 d,在加了 15%甘油的血清中－79℃可保持感染力 80 d,冻干保存可存活数年。猪附红细胞体体外培养条件十分苛刻,目前尚不能在非细胞培养基上培养。

2.流行特点

猪附红细胞体的生活史至今尚不清楚,故其自然传播途径也不十分明确。目前认为本病主要通过血液或含血的物质传播,如舔食断尾的伤口,互相斗殴或喝被血污染的尿而发生附红细胞体感染。本病多发于夏秋季节或多雨天气,吸血昆虫(虱、刺蝇、牛虻、蚊子和疥螨等)是猪附红细胞体病的主要传播媒介。病原体可通过胎盘垂直传播给胎儿;交配时,公猪也可通过血污染的精液传染给母猪;消毒不彻底的注射、去势、打耳号等,病原体则可经伤口传播。猪附红细胞体病的流行与不良的饲养方式、气候条件等应激因素也有很大关系。猪附红细胞体病在非应激条件下多呈现隐性感染,较少表现临床症状。

3.临床特征

潜伏期 6～10 d,体温可升高至 40～42℃。根据病程长短可分为 4 种类型。

(1)最急性型　少见,多表现为突然死亡,全身红紫,指压不褪色,有的患猪突然瘫痪,食欲废绝,无端嘶叫或痛苦呻吟,肌肉颤抖,四肢抽搐。死亡时口、肛门排血。病程 1～3 d。

(2)急性型　表现为皮肤黏膜苍白和黄疸,体温升高至 42℃左右,食欲不振、精神委顿、贫血、黄疸,背腰、四肢末端等部位皮肤有明显的紫红斑块,特别是耳廓边缘发绀,是本病的特征性症状,持续感染的猪耳廓边缘大部分坏死。急性感染存活后的猪只生长缓慢,慢性感染的猪只表现为消瘦、苍白,一般在腹下可见出血点。

(3)亚急性型　患猪体温升高达 39.3～42.0℃,死前体温下降。初期精神委顿,食欲减退但饮水增加,而后食欲废绝,饮水量明显下降或不饮,患猪颤抖转圈或不愿站立,离群卧地,尿少而黄。病初便秘,粪球带有黏液或黏膜,之后腹泻,有时便秘和腹泻交替出现。后期病猪耳朵、颈下、胸前、肢下、四肢内侧等部位皮肤红紫;指压不褪色,有时身体各部位皮肤的红紫连成一片,整个猪呈红色,所以常称为“红皮猪”。并且毛孔出现淡黄色汗迹,有的病猪流涎,呼吸困难,咳嗽,眼结膜发炎。病程 3～7 d,或死亡,或转为慢性经过。一旦有继发和混合感染,则病情较重。

(4)慢性型　患猪体温在 39.5℃左右,食欲不佳,主要表现为贫血和黄疸。患猪全身被毛粗乱无光泽,皮肤燥裂,层层脱落,但不痒。黄疸程度表现不一,皮肤和眼结膜呈淡黄色,有时皮肤呈现橘黄色。尿呈黄色,大便干如栗状,表面带有黑色至鲜红色血液。患此病后,新生仔猪因过度贫血而死亡,断奶仔猪不能发挥最佳生长性能，肥育猪生长缓慢、出栏延迟，母猪常流产、死胎、不发情或发情后屡配不孕，乳头肿大坚硬、泌乳障碍，公猪性欲减退，精子活力减低。此时，患猪易继发其他疾病，引起全身出现脓肿、溃疡、丘疹或结节，两眼或一侧眼结膜长期红肿、流泪，有灰黄色眼屎，呼吸困难，咳嗽，腹泻等。病程长，死亡或成为僵猪。

4.病理变化

尸体消瘦，耳廓、腹下、四肢内侧有出血性紫斑，全身皮肤、黏膜、皮下脂肪黄染，血液凝固不良、稀薄、呈樱桃红色。肌肉色泽变淡，肝脏土黄色，肿大，切面多汁呈黄色。胆囊肿大，胆汁充盈、黏稠、黄染。脾脏严重肿大，暗黑色，质地软。肾包膜易剥离、外膜有散在的针尖或粟米大小的出血点。胃高度膨胀，胃、肠道、膀胱充血、出血。全身淋巴结充血肿胀，切面有液体渗出。胸膜及心包积液，心肌苍白，心脏冠状沟水肿。肺部无明显变化，偶见细小坏死灶或肿胀、瘀血、水肿。脑膜充血，有针尖大小的出血点。

肝脏有含铁血黄素沉积，肝有点状出血，肝细胞混浊、肿胀，并形成空泡变性、颗粒变性。肝索排列紊乱，中央静脉扩张、水肿，小叶间胆管扩张，汇管区结缔组织增生，可见少量白细胞。肝小叶界限不清，肝小叶中央区肝细胞病变严重。脾小体中央动脉扩张、充血、出血，有含铁血黄素沉积，滤泡纤维素增生。脾小体生发中心扩张，窦腔内可见多量网状细胞、巨噬细胞，脾小梁充血、水肿。淋巴结被膜充血、皮质淋巴窦扩张，淋巴结充满淋巴细胞和网状内皮细胞，生发中心扩大；肾小管变性、坏死；心肌变性，心肌纤维有细胞浸润；肺间质水肿，肺泡壁因血管充血扩张及淋巴细胞浸润而增厚，肺泡腔内有少量纤维素性浆液渗出；脑血管内皮细胞肿胀，脑膜充血、出血，脑血管周围有圆形细胞浸润及液性或纤维素性渗出，脑实质可见散在出血点。

5.诊断方法

根据流行病学、临床症状及病理变化可做出初步诊断，临床上应注意与猪肺疫、猪气喘病、猪弓形体病、蓝耳病、传染性胸膜肺炎等鉴别诊断，通过直接镜检、动物试验、血清学检测和分子生物学技术等实验室检查以进一步确诊。

6. 防控方案

(1)药物预防

方案一：母猪产后使用“得米先”一针保健特别有效；针对仔猪容易急性发生，在仔猪3、7、21 d“得米先”三针保健的基础上，仔猪断奶后再用”得米先“进行1～3针保健可有效预防猪附红细胞体病。

方案二：饲料中添加洛克沙生50 mg/kg或阿散酸(对氨苯砷酸)100 mg/kg，连续使用30 d。使用砷制剂时，注意剂量，搅拌均匀，防止中毒。

方案三：该病高发季节，每月“附克舒”500 g/t拌料1次，每次连用7～10 d。

(2)药物治疗

方案一：发病猪“瑞康达”+“氟洛芬”肌肉注射，同群猪“红弓灭”+“常安舒”饮水或同时拌料。

方案二：全群猪“附克舒1 000 g/t +哒舒秘1 000 g/t +高热血毒清500 g/t”，拌料，连用7～10 d。

(二)猪支原体肺炎防控方案

猪支原体肺炎(mycoplasmal pneumonia of swine，MPS)，又称猪气喘病、猪地方流行性肺炎(swine enzootic pneumoniae，SEP)、猪霉形体肺炎(mycoplasma hyopneumoniae，Mhp)，是由猪肺炎支原体(*Mycoplasma hyopneumoniae* 或 *M. suipneumoniae*)引起猪的一种慢性、接触性呼吸道传染病。主要症状为咳嗽和气喘，病变的特征是融合性支气管肺炎。在猪舍条件良好、管理措施得当，且不伴发其他疾病的情况下，这种病对猪群的影响较小。该病多呈慢性经过，但常发生其他细菌或病毒的继发感染，是造成猪呼吸道病综合征的最主要原发病，是导致当前猪病发病复杂、难以有效控制的重要原因。

1. 病原特性

猪肺炎支原体属于支原体科支原体属，革兰氏阴性菌，存在于病猪的呼吸道(咽喉、气管、肺组织)、肺门淋巴结和纵隔淋巴结中，具有多形性，其中常见的有球状、环状、椭圆形，无细胞壁。姬姆萨染色或瑞氏染色，常呈两端浓染。本菌对温热、日光、腐败和消毒剂的抵抗力不强。一般常用的化学消毒剂和常用的消毒方法均能达到消毒的目的。

猪肺炎支原体能在无细胞的人工培养基上生长，但发育极为困难，要求有严格的培养条件，分离用的培养基大多是组织培养平衡盐类溶液，加入乳清蛋白水解物、酵母浸出物及猪血清，培养材料中必须没有其他支原体存在。本菌对乙醚敏感，对葡萄糖能利用并产酸，1∶5 000 的美蓝溶液可抑制生长。适于在 37℃有氧条件下培养。在固体培养基上生长缓慢，在接种后培养 7～10 d，才能用肉眼观察到针尖大小露珠状、圆形、中央隆起、边缘整齐的小菌落。有些老龄菌落中心稍凹陷，不像一般支原体的“荷包蛋”状菌落。

猪肺炎支原体对外界自然环境及理化学因素的抵抗力不强，病原体随病猪咳嗽、喘气排出体外，污染猪舍墙壁、地面、用具，其生存时间一般不超过 36 h；日光、干燥及常用的消毒药液，都可在较短时间杀灭病原。病肺组织中的病原体在－15℃可保存 45 d，在 1～4℃存活 7 d。在甘油中 0℃可保存 8 个月，在－30℃可保存 20 个月仍有感染力。冻干的培养物在 4℃可存活 4 年。一般常用的化学消毒药剂均能达到消毒目的。对青霉素、链霉素和磺胺不敏感。在人工感染时，用金霉素、土霉素、卡那霉素、林肯霉素、泰乐菌素等广谱抗生素，可阻止肺炎病变发展。

猪肺炎支原体可用猪肺埋块、猪肾和猪睾丸细胞进行继代培养。将该菌人工接种乳兔连续传代至 600 代后，可使其毒力减弱，回归猪体对猪的致病力减弱，并仍能保持使猪体产生较好的免疫原性。

2.流行特点

猪肺炎支原体属条件性致病菌，主要经呼吸道感染，侵害呼吸道上皮细胞。仔猪多数在哺育栏中即从患病母猪身上得到感染，发生过喘气病的病猪在症状消失后一年多仍可向体外排菌，猪场一旦受到喘气病感染后，则很难根除。

通常由携带病原的猪只传播，天气条件适宜的情况下喘气病病原通过风媒传播最远可达 3 km。该病原离开猪体后会很快死亡，尤其是在干燥的环境中。新引进的猪只也常会引入病原。

本病可以左右许多疾病的病情，其总是使病毒性疾病例如猪繁殖与呼吸综合征(PRRS)或猪流感(SI)或圆环病病毒(PCV2)发生后损失巨大；总是使细菌性疾病尤其是放线杆菌胸膜肺炎(APP)、副猪嗜血杆菌病(Hps)、巴氏杆菌病(PM)发生后难以治疗。有继发感染的情况下使本病造成的后果更严重。

3.临床特征

本病的潜伏期依受感染时气候、饲养管理和猪只个体不同而有差异，一般平均在 4～10 d，有的可达 1 个月以上，主要临床特征为咳嗽和气喘。

病的早期，病猪特别是小猪，主要症状就是咳嗽，在吃食、剧烈跑动、早晨出圈、夜间和天气骤变时发生最多，大多为单声干咳。病猪体温、精神、食欲都无明显变化，此时常常被人们忽视。病的中期，出现喘气症状，腹部随呼吸动作而有节奏的扇动，呈明显的腹式呼吸，特别是在站立不动或静卧时明显，呼吸次数每分钟为 40～70 次，甚至达到 100 次左右，小猪为多。病的后期，呼吸急促，呼吸次数增多。重病猪呈犬坐姿势，张口呼吸或将嘴支于地面而喘息，表情十分痛苦，咳嗽次数少而沉溺，似有分泌物堵塞，难以咳出。听诊肺部有干性或湿性啰音，呼吸音似拉风箱样。这时病猪精神委顿，食欲废绝，体温可能超过 40.5℃，被毛粗乱，结膜发绀，怕冷，行走无力，最后可因衰竭窒息而死亡。有其他继发病时，病猪体温升高、不食、腹泻，全身情况恶化，并有继发病的相应症状。

临床发病率的升高与下列因素有关：群体大、密度高、拥挤、通风控制不良、猪舍保温条件不好、温度波动大、有贼风、寒冷、低温低湿、空气中二氧化碳和氨气含量高、空气中灰尘太多、空气等环境中细菌含量高、猪只转移、注射疫苗、混群等情况造成应激，连续生产，不进行喷雾带猪消毒，存在其他并发疾病，尤其是蓝耳病、圆环病毒病、放线杆菌胸膜肺炎、猪流感以及伪狂犬病等。在疾病易感期更换日粮，饲粮营养水平不够等都会引起本病的发生。

4.病理变化

本病的主要病变在肺、肺门淋巴结和纵隔淋巴结。肺尖叶、心叶、中间叶、膈叶的前下部，形成左右对称的淡红色或灰红色、半透明状、界限明显、似鲜嫩肌肉样病变，俗称“肉变”。随病情加重，病变色泽变深，坚韧度增加，外观不透明，俗称“胰变”或“虾肉样变”。肺门和纵隔淋巴结显著肿大。如无继发感染，其他内脏器官多无明显病变。

在病的早期急性病例，主要是支气管周围炎及融合性间质性肺炎，小支气管及血管周围出现淋巴样细胞增生，形成“管套”。肺泡腔内充满浆液性渗出物，其中混有中性粒细胞、淋巴样细胞和脱落的肺泡上皮细胞。随之，发生融合性支气管肺炎，小支气管周围的肺泡腔充满多量炎性渗出物，其中混有淋巴细胞和脱落上皮细胞，小支气管周围及肺泡间组织有淋巴样细胞。小支气管黏膜上皮脱落，管腔内充满多量炎性渗出物。

5.诊断方法

根据临床症状（干咳和气喘，肺病变的猪生长发育不良，饲料消耗增加，生长速度降低，疾病易感性增加）以及死后剖检（肺部对称性的肉样或胰样病变），结合对肺部损伤的组织学检查可以初步作出诊断。通过血清学检查（酶联免疫吸附试验 ELISA）、对肺部切面涂片进行组织学检查、荧光抗体试验(FAT)、聚合酶链式反应(PCR)而确定疾病。

6.防控方案

(1)药物预防　利高霉素-44、瑞必泰、金泰、福多宁、氟美莱、氟洛芬、安替可等在饲料中阶段性使用。

(2)免疫接种

免疫程序:仔猪7～10日龄初免,2～3周后再加强免疫1次。

推荐疫苗:硕腾公司生产的支原体疫苗"瑞富特"。

推荐理由:注射"瑞富特",可同时降低支原体和蓝耳病、伪狂犬、猪流感等疾病混合感染后的肺炎病变,对减轻蓝耳病病毒、圆环病毒病感染有很大的作用;可明显减少巴氏杆菌病、副猪嗜血杆菌感染和传染性胸膜肺炎的发生。使用疫苗后,记忆细胞就会迅速识别支原体抗原,快速产生细胞免疫保护和产生大量的循环抗体,免疫保护至少可以维持150～210 d。

(3)药物治疗

方案一:发病猪"福乐星"肌肉注射,同群猪饲料中添加"安替可"+"红弓灭"。

方案二:发病猪"灵乐星"肌肉注射,同群猪饲料中添加"福乐星"+"红弓灭"。

方案三:发病猪"瑞康达"肌肉注射,同群猪饲料中添加"灵乐星"+"红弓灭"。

方案四:发病猪"瑞可新"肌肉注射,同群猪饲料中添加"利高霉素-44"。

方案五:发病猪"瑞可新"肌肉注射,同群猪饲料中添加"瑞必泰"。

方案六:发病猪及同群猪饲料中添加"赛替咳平"+"头孢林"。

(三)母猪子宫炎-乳房炎-无乳综合征防控方案

母猪子宫炎-乳房炎-无乳综合征(MMA)是指母猪产后因各

种原因引起的子宫内膜炎、乳房炎、无乳或少乳症，又称母猪三联症。多发生于高温高湿的夏季，由于天气潮湿多雨、通风不良、贼风侵袭，助产中消毒不严格，滞产或难产时操作不妥而损伤产道，产前便秘，饮水不足，或者受到附红细胞体、链球菌、葡萄球菌、大肠杆菌、克雷博氏菌、绿脓杆菌感染而引起。有时也可因营养障碍、代谢紊乱、环境应激等引起本病。仔猪出生后吸吮患病母猪乳汁后，先于3～5日龄发生腹泻，后慢慢消瘦、死亡，严重影响母猪的生产效益、仔猪的断奶成活率和生长发育。

1.临床特征

母猪产后表现为食欲减退或废绝，便秘，尿少无力，体温升高至40℃以上，畏寒战栗，心跳和呼吸加快，随后乳汁减少，喜卧或卧地不起，乳房肿胀不退，从阴道内流出白色脓性或棕褐色黏液，气味恶臭，恶露不尽。仔猪因无乳或缺乳迅速消瘦、衰竭或因感染疾病而死亡。

2.病理过程

发病的母猪开始表现为“不洁猪”，即产后母猪因发生子宫内膜炎而自阴道不断排出脓性黄白色或红色液体。对不洁猪不及时处理和治疗，进而发展为母猪子宫炎-乳房炎-无乳或少乳症，即母猪产后三联症。管理不善的猪场发病率可达3%～10%，发病猪治愈率不到20%，发生MMA的母猪有80%以上是治不好的，主要靠预防。

MMA的主要原因是由于产后母猪体内黄体没有被完全溶解，造成母猪体内孕酮水平较高，内源性PGF2α分泌不足。内源性PGF2α分泌不足可造成母猪生殖道酸碱度降低使致病菌更容易侵入、子宫内膜上皮对病菌和白细胞的通透性降低、母猪体内淋巴细胞活性和巨噬细胞吞噬作用降低、母猪免疫反应延滞、母猪子宫收缩无力，因分娩而扩大的子宫没有及时回复原状，子宫内膜恶露滞留。

子宫恶露滞留引起病原菌感染而发生子宫内膜炎，滞留病理炎性有毒产物进入母猪血液循环或病原菌突破局部防御由子宫侵入全身，造成产后母猪发热、废食、乳房炎和毒血症，严重者发生死亡。

导致 MMA 的原因还有母猪产程过长、内分泌紊乱、缺乏运动、便秘、过肥过瘦、生殖道细菌感染、产仔应激、母猪饲养环境肮脏、消毒不严格、饲料营养不够、母猪分娩无力等。

母猪的子宫炎在管理不善的猪场发病率高、治愈率低、时间长，急性则会慢慢地变成慢性、隐性，影响母猪的发情配种受孕，母猪屡配不孕被淘汰半数以上是由于子宫炎所致。

母猪无乳、少乳或乳房炎，临床上可见 2 种类型：一种是急性无乳综合征，母猪产后不食、体温升高至 41℃以上、呼吸促迫、阴门红肿、阴道内流出污红色分泌物、乳房红肿、趴卧不让仔猪吮乳；另一种是亚临床无乳综合征，母猪食欲无明显改变或减退，体温正常或略有升高，阴道内不见或偶尔可见污红色分泌物，乳房苍白扁平，少乳或无乳，仔猪不断地用力拱撞乳房吮乳，食后仔猪下痢、消瘦。亚临床无乳综合征常因母猪症状不明显，因而容易被养猪人员忽视。

3. 防控方案

(1)药物预防

方案一：临产前母猪使用"律胎素"，对产后母猪实施生理盐水内加长效抗菌素静脉滴注，哺乳饲料中添加"欧酸肥 S"。

方案二：产前、产后各 7～10 d，母猪饲料中添加"利高霉素-44"。

方案三：产仔后最迟 8 h 以内，母猪一次肌肉注射"得米先" 10 mL，体温高、采食量差的母猪注射 20 mL。

(2)药物治疗

方案一：对于出现全身症状的母猪，静脉注射：①0.9%盐水

500 mL＋青霉素 800 万 U＋链霉素 300 万 U＋地塞米松 10 mg；②5％葡萄糖 250 mL＋安钠咖 10 mL；③5％葡萄糖 250 mL＋维生素 C 50 mL＋ATP 5 支；④0.9％盐水 500 mL＋小苏打 50 mL。一次输完以上液体，一天一次。

方案二："福乐星"＋"倍特壮"肌肉注射，"常安舒"＋"灵乐星"饮水或拌料。

方案三："普乐安"＋"倍特壮" 肌肉注射，"常安舒"＋"施瑞康" 饮水或拌料。

参考文献

[1] 蔡宝祥. 家畜传染病学[M]. 北京：中国农业出版社,2001.

[2] 陈允义. 猪乙型脑炎免疫失败原因及防治[J]. 四川畜牧兽医,2001,28(11):44 .

[3] 马增军,芮萍,吴建华,等. 猪附红细胞体人工感染及药物治疗初步研究[J]. 河北职业技术师范学院学报,2001(3):17-20.

[4] 王祥,何国声. 猪乙型脑炎血清抗体 DIGFA 检测方法的建立与应用[J]. 畜牧兽医学报,2002,(2):200-204 .

[5] 律祥君,崔金良,田耘,等. 猪附红细胞体的免疫学研究[J]. 中国兽医杂志,2002(6):22-23.

[6] 冯继金. 种猪饲养技术与管理[M]. 北京:中国农业大学出版社,2003.

[7] 刘杰,杨建德,刘文周,等. 猪萎缩性鼻炎研究进展[J]. 中国兽医杂志,2003,39(11):30-32.

[8] 马增军,芮萍,吴建华,等. 猪传染性萎缩性鼻炎疑似病猪的病原分离及血清学调查[J]. 中国兽医科技,2003,33(9);42-43.

[9] 甘孟侯. 目前我国畜禽疫病发生的现状及控制[J]. 畜牧与兽医,2004(7/8):1-3.

[10] 韦进,吕宗吉,谢明权. 附红细胞体和血巴通氏体在 16S rRNA 分类系统中的分类位置[J]. 中国人兽共患病杂志,2004,20(5):441-443.

[11] 李昌文,仇华吉,童光志. 猪细小病毒研究进展[J]. 动物医学进展,2004,25(1):36-38.

[12] 梁大明,郎晨辉,郝明远,等. 副猪嗜血杆菌病的诊断及其综合防治[J]. 中国动物保健,2004,6:42-44.

[13] 谢庆阁. 口蹄疫[M]. 北京:中国农业出版社,2004: 16-48.

[14] 李凯伦,崔玉苍. 猪鸡疫病免疫诊断技术[M]. 中国农业出版社,北京,2004:211-213.

[15] 涂长春. 中国猪瘟流行病学现状与防制研究[D]. 学位论文. 北京:中国农业大学,2004.

[16] 翁亚彪,胡毅军,李岩,等. 广东集约化猪场结肠小袋纤毛虫感染情况调查[J]. 热带医学杂志,2005,5(6):827-829.

[17] 蔡宝祥. 家畜传染病学[M]. 4 版. 北京:中国农业出版社,2005:201-205.

[18] 甘孟侯. 当前我国猪传染病的发生特点及防治对策[J]. 中国兽医杂志,2005 (5): 64-66.

[19] 甘孟侯. 中国猪病学[M]. 北京:中国农业出版社,2005:251-257.

[20] 蔡旭旺,刘正飞,陈焕春,等. 副猪嗜血杆菌的分离培养和血清型鉴定[J]. 华中农业大学学报,2005,24(1):55-58.

[21] 宁宜宝,王琴,赵耘. 猪瘟病毒持续感染与猪瘟预防控制[J]. 中国兽药杂志. 2005. 39(5):31-35.

[22] 徐士清,郑根泉,颜建龙. 我国猪粪尿无公害处理技术的最新研究进展[J]. 猪业科学,2005(1): 36-40.

[23] 张朝阳. 猪细小病毒感染及其防制[J]. 中国畜牧兽医,2006,33(12):22.

[24] 车勇良,陈少莺,魏宏,等. 猪乙型脑炎病毒 RT-PCR 检测方法的建立[J]. 福建农业学报,2006,(3):228-230.

[25] 王永康. 我国猪病严重的原因浅析[J]. 上海畜牧兽医通讯,2006(4):70-71.

[26] 沈瑞玲. 推行畜禽健康养殖对策的探讨[J]. 福建畜牧兽医,2006(4): 82-84.

[27] 范伟兴. 猪病防治技术问答[M]. 济南: 三东科学技术出版

社,2006：49.
[28] 罗宗刚,王红宁,黄勇,等.规模化猪场繁殖障碍性疾病的血清学调查[J].养猪,2006(2)：33-36.
[29] 文明,袁翠霞,徐景峨,等.种猪场猪萎缩性鼻炎的净化[J].畜牧与兽医,2007,39(13):60-62.
[30] 杜念兴.猪瘟免疫失败原因解析[J].畜牧与兽医,2007,39(11):1-3.
[31] 李辉,梁智选,任玉红,等.猪附红细胞体病研究进展[J].猪业科学,2007(04):23-27.
[32] 周福东,涂庆祯.畜禽产品安全与健康养殖[J].上海畜牧兽医通讯,2007(2)：63-65.
[33] 中共中央国务院. 关于积极发展现代农业扎实推进社会主义新农村建设的若干意见[Z].2007.
[34] 王辉,郭艳华,王爱国,等.猪增生性肠病及其免疫预防[J].畜牧与兽医. 2007,10：61-62.
[35] 阮景军.重新评估猪细小病毒的危害性[J].畜牧兽医杂志,2007,26(4):25-26.
[36] 林太明.猪鞭虫病的诊治[J].养猪,2007(2):47.
[37] 邓永,徐高原.猪乙型脑炎研究进展[J].养殖与饲料,2007,(6):43-46 .
[38] 冯会权,巴彩凤,苏玉虹,等.附红细胞体病研究综述[J].安徽农业科学,2007(17):5180-5182.
[39] 杨培昌,曹兴萍,高自寿,等.云南省楚雄州猪乙型脑炎流行情况血清学调查[J].动物医学进展,2008,(5):109-112 .
[40] 臧莹安,丁发源,田允波.限制疾病的传播——新形势下对养殖场生物安全的再认识[J].中国兽医杂志,2008,44(5):87-88.
[41] 张银田.我国重大动物疫病防控应急体系现状及存在问题探

讨[J].兽医导刊,2008(9):9-11.

[42] 马少祥.规模化猪场疾病防治中存在的问题及对策[J].畜牧兽医杂志,2008,27(4):74-75.

[43] 于桂阳,规模化猪场生物安全体系的构建[J],中国动物保健,2008(11):54-57.

[44] 罗玲,杨峻,艾地云,等.猪增生性肠炎的研究现状及防治措施[J].湖北畜牧兽医. 2008,1:22-24.

[45] 梁皓仪.不同蓝耳病疫苗的免疫效果—抗体效价分析[J].养猪,2008,8(4):70-72.

[46] 房献忠,付强,张清华,等.猪乙型脑炎研究进展[J].中国畜禽种业,2008,19:73-76.

[47] 花象柏.猪蓝耳病疫苗预防探讨[J].兽药与饲料添加剂,2008,13(3):1-3.

[48] 黄贤波,余旭平,金江烽.猪细小病毒的研究进展[J].黑龙江畜牧兽医,2008,11:30.

[49] 曹伟.猪细小病毒病诊断与防治[J].猪业科学,2008,2):12.

[50] 胡天正,杨锁柱.浅谈养殖场生物安全体系[J].中国动物检疫,2008,25(4):8-9.

[51] 赵以云,王强,左瑞华,等.猪乙型脑炎的诊断与科学防治[J].畜牧与饲料科学,2009,(7):8-11 .

[52] 萧桂萍,罗旋.规模化猪场主要疫病监测及防制[J].中国畜牧兽医,2009,36 (2): 122-124.

[53] 温学治.规模化猪场疫病流行动态及其防治策略[J].湖北畜牧兽医,2009 (3) : 31-32.

[54] 孙洪,王志亮.生物安全在猪生产中的应用[J].畜禽业,2009,11:45-47.

[55] 陈国宇.我国猪病变得越来越复杂[J].今日畜牧兽医,2009(3):13-16.

[56] 丁友庆,徐兴斌. 规模化养猪场生物安全体系建设初探[J]. 贵州畜牧兽医,2009(4):28-29.

[57] 郑宇辰,规模化猪场的生物安全措施[J]. 猪业科学,2009(2):48-49.

[58] 谢丽华. 广西猪增生性肠炎病原的初步研究[D]. 硕士学位论文. 南宁:广西大学,2008.

[59] 阴明亮. 规模化养猪场的生物安全措施[J]. 畜禽业,2009(9):54-55.

[60] 曹广芝,赵鸿璋. 猪增生性回肠炎的研究进展[J]. 中国畜牧兽医,2009,36(4): 169-171.

[61] 曹晋蓉,占松鹤,王非,等. 不同类型猪蓝耳病疫苗的免疫探讨[J]. 中国动物检疫,2009,26(9):56-57.

[62] 温学治. 规模化猪场疫病流行动态及其防治策略[J]. 湖北畜牧兽医,2009 (3):31-32.

[63] 杨汉春. 2008 年我国主要猪病流行概况与防控对策[J]. 猪业科学,2009 (1):76-77.

[64] 萧桂萍,罗旋. 规模化猪场主要疫病监测及防制[J]. 中国畜牧兽医,2009,36 (2): 122-124.

[65] 施晓明. 规模化猪场猪病的综合防疫措施[J]. 上海畜牧兽医通讯,2009,(1):76-77.

[66] 魏少中. 一起猪附红细胞体病并发猪蛔虫病的诊治[J]. 畜禽业,2009,(5):84-85.

[67] 于桂阳. 规模化猪场生物安全体系的构建[J]. 中国动物保健,2009,(1):24-25.

[68] 李伟,尹红轩,张光辉. 等. 浅谈生物安全体系在猪规模化养殖中的应用[J]. 中国畜牧杂志,2009,45(18):14-16.

[69] 唐闫利. 规模化猪场生物安全体系的建立[J]. 中国动物保健,2009(1):37-40.

[70] 黄涛,汤德元,徐健,等.猪瘟"带毒母猪综合征"现象的研究现状[J].中国动物保健,2009,11(5):37-41.
[71] 赵以云,王强,左瑞华.猪细小病毒感染的诊断及防制策略[J].畜牧与饲料科学,2009,30(7-8):42-45.
[72] 李小军,王永茂,钟文超.规模化猪场疫病防控难的探析及对策[J].上海畜牧兽医通讯,2009,(1):78-79.
[73] 杨汉春.2008 年我国主要猪病流行概况与防控对策[J].猪业科学,2009 (1) : 76-77.
[74] 何世成,范仲鑫,刘道新,等.规模化猪场猪瘟猪繁殖与呼吸综合征血清学调查与分析[J].中国兽医杂志,2009,45(4):48-49.
[75] 陈国宇.我国猪病变得越来越复杂[J].今日畜牧兽医,2009 (3) : 13-16.
[76] 徐凯,徐志文,郭万柱,等.四川省规模化猪场猪瘟的流行病学调查[J].养猪,2010(2):65-67.
[77] 叶土发.一起猪毛首线虫病的诊治[J].养猪,2010(2):51.
[78] 宣长和.猪病学[M].北京:中国农业大学出版社,2010:318-327.
[79] 李文华,王安,赵庆枫,等.豫东地区猪瘟流行情况调查及防治研究[J].中国动物保健,2010(1):69-71.
[80] 蓝树明.规模猪场建立生物安全体系的必要性[J].国外畜牧学:猪与禽,2010,30(2):87-89.
[81] 杨琼,王小晶.猪场生物安全体系的建立[J].畜禽业,2010(7):38-39.
[82] 赵西彪,于钦秀.易被忽略的生物安全细节[J].今日养猪业,2010(2):24-25.
[83] 徐洪江.规模化猪场生物安全体系的建立及其操作[J].养殖技术顾问,2010(8):82.

[84] 季青亚,龚生举,孙世轩,等.新型伊维菌素微球片剂的制备及其对猪蛔虫病的疗效观察[J].中国兽医科学,2010(12):1307-1311.

[85] 林琳,江斌,吴胜会,等.福建省部分规模化猪场小袋纤毛虫感染情况调查[J].中国兽医杂志,2011,47(9):42-43.

[86] 于攀顺.猪瘟免疫失败原因浅析[J].动物医学进展,2011,32(10):117-120.

[87] 王振玲,邓志峰,张永东,等.发酵床猪鞭虫和猪结节虫混合感染病例诊治[J].中国兽医杂志,2011,47(11):79-80.

[88] 钟小艳,凌洪权.黎朝燕.猪口蹄疫免疫抗体检测方法比较[J].中国畜牧兽医文摘,2011,27(6):50-52.

[89] 高世杰,窦永喜,程爱华,等.母源抗体对猪口蹄疫疫苗免疫应答的影响[J].中国兽医学报,2011,31 (1):45-48.

[90] 马玉杰,孙浩然,李秀芹,等.猪渗出性皮炎的诊断与防治措施[J].中国畜禽种业,2011(11):15.

[91] 李文春,陈希宇,王东峰.现代养猪保健方案[J].当代畜牧,2011(11):19-20.

[92] 崔蕾,马长宾,刘向鹏,等.不同猪蓝耳病疫苗对仔猪免疫效果比较试验[J].中国畜牧兽医文摘,2011,27(5):127-128.

[93] 刘开元,周道,刘旗,等.口蹄疫、高致病性猪蓝耳病不同疫苗免疫效果分析[J].湖南畜牧兽医,2011,12(6):9-10.

[94] 李长征,王习济.浅谈猪渗出性皮炎诊断与防治[J].中国畜禽种业,2011(4):15.

[95] 王晓云.猪细小病毒病的诊治体会[J].现代畜牧兽医,2012(6):54.

[96] 徐迎伟.猪业健康可持续发展的新出路[J].今日养猪业,2012(4):47.

[97] 刘自逵,朱中平,黄建平.规模猪场母猪生殖健康管理的新模

式[J].农业知识,2012(15):26-27.

[98] 陈旭斌,朱平菊,和东来.规模猪场生猪保健的误区和对策[J].中国猪业,2012(4):48.

[99] 王永辉.猪场中药保健存在的问题与发展趋势[J].今日畜牧兽医,2012(1):28-29.

[100] 曲耀进.浅谈消毒工作与猪病防控[J].畜禽业,2012(9):23-24.

[101] 谢春河.浅析影响规模猪场药物消毒效果的因素[J].国外畜牧学:猪与禽,2012(4):58-59.

[102] 杨绪湖,陈吉红.浅谈规模化猪场消毒技术的应用[J].中国动物保健,2012,14(5):35-37.

[103] 伊学文.规模猪场消毒技术及其存在的误区[J].中国畜牧兽医文摘,2012,28(4):122.

[104] 董联合,张保平,刘书伦.谈规模化猪场消毒的应用[J].猪业科学,2012(1):79-80.

[105] 王琴,范学政,赵启祖,等.猪瘟防控技术研究进展[J].中国兽药杂志,2012,47(9):58-61.

[106] 刘美华,刘梅,黄廷贺.猪场消毒存在的问题及应采取的措施[J].吉林畜牧兽医,2012(3):32.

[107] 张雷.杜俊成,张代涛,等.规模化猪场生物安全体系建设要点[J].贵州畜牧兽医,2012(1):59-62.

[108] 马冠华,李尚超.猪瘟免疫失败原因分析[J].中国畜牧兽医文摘,2012,28(4):117.

[109] 王琴.猪瘟流行现状及中国猪瘟净化策略[J].中国猪业,2012(10):45-47.

[110] 陈希文,尹苗,程安春.猪繁殖与呼吸综合征免疫学研究进展[J].养猪,2005(1): 25-29.

[111] 李本科.副猪嗜血杆菌病最新研究进展[J].中国动物检疫,

2012,2(95):64-68.

[112] 刘国海,刘艳,张梦.规模猪场动物程序免疫和药物预防保健方案[J].今日畜牧兽医,2012(11):28-30.

[113] 周小红.猪口蹄疫免疫抗体合格率影响因素在研究[J].北京农业,2012(12):21-22.

[114] 仇华吉.猪瘟疫苗的现在和将来[J].河南畜牧兽医,2012,33(6):33-34.

[115] 李娇,王金良,沈志强,等.荧光定量PCR检测方法在猪瘟诊断上的应用研究进展[J].养猪,2012(6):98-101.

[116] 刘志杰,曾智勇,汤德元,等.猪繁殖障碍病毒性疫病六重PCR检测方法的建立及应用[J].畜牧兽医学报,2012,43(9):1429-1436.

[117] 郝飞,张华,汤德元,等.我国规模化猪场主要病毒性疫病的综合防控对策[J].畜牧与兽医,2012,44(10):86-89.

[118] 张长英,侯正录.青海乌兰猪场猪蛔虫病感染调查及防治[J].中国兽医杂志,2012(4):80-81.

[119] 李东春,尹春博.夏季多发病之猪附红细胞体病研究进展[J].猪业科学,2012(5):50-52.

[120] 黄志坚.三明市禽隐孢子虫感染情况调查[J].福建畜牧兽医,2012,34(6):14-16.

[121] 司唯,姚琳,贾立军,等.猪附红细胞体感染途径研究[J].动物医学进展,2012(12):85-87.

[122] 王守君,单艳君,李慧威.猪高热病的原因分析[J].养殖技术顾问,2013(3):104.

[123] 万遂如.关于猪瘟的净化问题[J].养猪,2013(4):94-97-99.

[124] 张彦广,吴予君,李辉,等.关于猪瘟防控的体会[J].中国畜禽种业,2013(2):34-35.[3]

[125] 张熙艳,赵攀峰.猪瘟的诊断与防治措施[J].中国畜牧兽医

文摘,2013(2):173.

[126] 张仕权,张闯.规模养猪场如何控制猪瘟[J].江西饲料,2013(2):24-26.

[127] 沈志强.猪瘟疫苗的研究概况、选择及科学使用[J].饲料与畜牧:规模养猪,2013(2):37-41.

[128] 王彬,潘海波,徐博文,等.猪口蹄疫的防控措施[J].猪业科学,2014(1):54-56.

[129] 张海明,王艳丽,田野,等.猪口蹄疫的流行特点[J].猪业科学,2014(1):34-35.

[130] 张淑刚,周绪斌.猪口蹄疫的免疫与疫苗应用[J].猪业科学,2014(1):42-45.

[131] Edwards S,Fukusho A,Lefevre P C,et al. Classical swine fever:the global situation[J]. Vet Microbiol,2000,73(2-3):103-119.

[132] Laddomada A. Incidence and control of CSF in wild boar in Europe[J]. Vet Microbiol,2000,73(2-3):121-130.

[133] Lorena J, Barlic-Maganja D, LojkiC M, et al. Classical swine fever virus (C strain) distribution in organ samples of inoculated piglets . Vet erinary Microbiology, 2001, 81 (1):1-8.

[134] Artois M,Depner K R,Guberti V,et al. Classical swine fever (hogcholera) in wild boar in Europe[J]. Rev Sci Tech,2002,21(2):287-303.

[135] Hoelzle L E,Adelt D,Hoelzle K,et al. Development of a diagnostic PCR assay based on novel DNA sequences for the detection of Mycoplasma suis(Eperythrozoon suis) in porcine blood[J]. Vet Microbiol,2003,93: 185-196.

[136] Dawkins M S ,Donnelly C A ,Jones T A. Chicken welfare

is influenced more by housing conditions than stocking density [J]. Nature,2004,327:342-346.

[137] Messick J B. Hemotrophic mycoplasmas(hemoplasmas):a review and new insights in-to pathogenic potential. Vet Clin Pathol,2004,33:2-13.

[138] Suh DK Song JC. Prevalence of Lawsonia intracellularis, Brachyspira hyodysenteriae and Salmonella in swine herds. J Vet Sci. 2005,6(4): 289-293.

[139] Hoelzle L E,Helbling M,Hoelzle K,et al. First Light Cycler real-time PCR assay for the quantitative detection of Mycoplasma suis in clinical samples [J]. J MicrobiolMethods,2007,70(2):346-354.

[140] Hoelzle K,Grimm J,Ritzmann M,et al. Detection of antibodies against Mycoplasma suis using recombinant antigens and correlation of serological results to hematological findings [J]. Clin Vaccine Immunol, 2007, 14 (12): 1616-1622.

[141] Weissenback H,Mrakovcic M,Ladinig A et al. In situ hybridization for Lawsonia intracellularis • -specific 1 6s rRNA sequence in paraffinembedded tissue using a digoxigenin—labeled oligonucleotide probe. J Vet Diagn Invest. 2007 May,19(3): 282. 285.

[142] Hoelzle LE . Haemotrophic mycoplasmas: Recent advances in Mycoplasma suis [J]. Veterinary Microbiology, 2008,130:215-226.

[143] Sellers R,Gloster J. Foot-and-mouth disease: A review of intranasal infection of cattle,sheep and Pig[J],The Veterinary Journal,2008,177(2):159-168.

[144] Hoelzle L E. Haemotrophic mycoplas-mas: Recènt advances in Mycoplasma suis[J]. Veterinary Microbiology, 2008,130:215 -226.

[145] Zhang Shoufa,Ju Yulin,Jia Lijun,et al. Establishment of an efficientenzyme-linked immunosorbent assay for the detection of Eperythrozoonsius antibody in swine[J]. J Vet Med Sci,2008,70(10):1143-1145.

[146] Groebel K,Hoelzle K,Wittenbrink M M,et al. Mycoplasma suis invades porcine erythrocytes[J]. Infect Immun, 2009,77(2):576-584.

[147] Vincent C. Lucaa, b, Jad AbiMansoura, Christopher A. Nelsona and Daved H. Fremonta, b Crystal Structure of the Japanese Encephalitis Virus Envelope Protein[J]. Virol. 2012,86(4):2337-2346.